破圈

购物中心开发思维的革新

只有脱离地产的复制性开发思维，
才有购物中心的未来。

商业开发前期业务管理
Retail Development Engineering Management

[韩] 卢泰彻 著
孙江 王玉 秦哲楠

上海文艺出版社

PART2

写在前面

真正的发现之旅非发现新景观，而是有新的目光。

——马赛尔·普鲁斯特（Marcel Proust）小说家 / 艺评家

和卢老师相识，是在 2010 年筹开深圳的一家社区型购物中心时。当时国内的购物中心市场方兴未艾，刚刚拿到项目的我们，疯狂地把对购物中心的各种憧憬装到一个只有 35 000 平方米的改造项目里，希望项目的各方面都得像个大气的购物中心，而当时还是设计顾问的卢老师给了我们做类百货型购物中心的建议，这个在当时极不给甲方面子的做法最终取得了成功。从那时开始，我们就习惯叫他卢老师，给我们上的第一堂课就是遵循商业的规律，而不是单纯的开发商逻辑，好的商业项目并不是流行综合体，它本身应有一种平衡持久的美感，这也是商业对于社会呈现的最大的善意。

此后，卢老师成了我的同事，我们有机会更深入的探讨和推进商业地产开发遇到的各种问题，很多问题在当下的中国极具代表性，同时我们相邻的韩日又有相对成熟的解决方法，遂萌生了创作这本书的想法。本书的内容均是这些年工作及考察过程中记录下来的所感所想，大致分成三个部分：第一部分主要是从商业的视角，而不是开发商视角，解读商业地产当中对于开发的定义；第二部分是商业开发过程中的工作方法与方法背后的逻辑；第三部分是韩日市场的案例部分。这本书既是一本超长的工作总结，一本鉴证中国商业地产发展的备忘录，同时也是一位老朋友对于商业思维革新的寄语。

国内有很多人对商业地产感兴趣，也有很多这方面的书籍，有从金融方面讲的，有从工程开发的角度讲的，也有从最流行的数字化来讲的……但我觉得更重要的还是形而上的思考，你的认知决定了你的行为，形而上决定了形而下，一个人的日常生活衣食住行并没有什么特别之处，正是人情味和烟火味会让我们的商业更可爱可亲，与众不同。

做商业就像是一个巨大的拼图，你很难在刚刚开始时，就意识到那些杂乱的碎片意味着什么，但只要坚持一片一片狠狠地接着拼下去，很快就会发现那个碎片对于整体的价值。卢老师将多年的工作心得拼成了这本路书，希望能助力大家“拼得更快，更好一些”，再次感谢卢老师和为本书出版提供帮助的每一个人。

孙　江

2022 年 5 月 4 日于深圳

序言

根据专业媒体数据统计，中国购物中心出现于20世纪90年代初期，2006年进入快速发展期。至今全国已有超过6 000家门店，且2020年进入筹备期的项目约计800个，预计2025年全国已开业门店将达到1万余家，拓展速度迅猛。而我们生活的周边也随处可见各种购物中心和待开发的施工现场。

随着购物中心的快速扩张，人民的生活品质和便利性提高，但也产生了一些新问题新现象。购物中心开发企业在前期策划阶段都会针对新项目“量身打造”其特有的定位规划和主题，从而“实现”项目与项目之间的差异化。但当真正开业后，消费者眼中却并未发现新门店和以往常去的门店之间有什么不同之处，多数时候都会觉得相差无异。有成功的购物中心开发经验的专家和专业人士们都说与众不同定位的购物中心才算成功，但为何消费者眼中的购物中心都还是相似度很高？除了建筑及环境的差异以外，想要打造商业定位和布局与环境融合的差异化、同时兼顾独有故事性的购物中心项目为何如此不易？

只要开店就能创造利润的时代已经逝去，具有差异化定位的购物中心才能成功。随着项目日益增多，所谓的优良立地、核心地段现在已经少之又少。而商业竞争不仅存在于同业态之间，其他零售业态也加入了这场没有硝烟的战役。在竞争如此激烈的情况下，单一复制生产产品的快速拓展方式已经不再适用，现有购物中心的开发和定位如果还按照原有思路推进，将很难再打造出具有价值且能收获高利润的成功购物中心。在快速拓展的模式下，不由引发出一系列的思考：这样的模式下开发出的购物中心是如何制订商业规划的？在前期策划过程中，从哪些维度进行思考研究定位的？依靠设计与建筑开发速度为开店倒排时间轴的购物中心项目，本质的开发逻辑是否存在问题？笔者认为，现在正是重新思考这些问题的重要时刻。

在当今购物中心开发初期阶段，如何做好每一道选择题，如何聚焦问题、明确开发流程以及策划打造“顾客价值实现”的成功购物中心？对此，笔者结合现有实际操盘的项目以及国外成功研发的购物中心案例进行剖析。希望能够打破传统购物中心开发中的“枷锁”，写出一本真正对购物中心开发透彻研究并有明确指引作用的书。

目前国内购物中心开发阶段最薄弱的部分是缺少具有开发之前进行全过程实操经验的专业业务（Retail Develop Engineering Management）板块。在国内大部分购物中心开发过程中，商业策划版块（包括但不限于：定位、业态业种规划等）和环境设计版块是分开推进的。因为在传统理念中认为这两个版块是完全不同的专门领域，于是开发商理所当然地认为应该拆分进行，而问题恰好就出现在此。这好比舞台和演员的关系，在购物中心开发阶段，商业策划和环境设计是密不可分的。其中尤为重要的是：在消费者的眼中，这是一个完整的商业中心，他们是不会去单独区分商品和环境两个概念的。甚至，好的商业开发策划团队也应该了解招商、营运部门的基本业务，这样的前策才能更加完善、更加贴合消费者的需求。当然，对消费者有充分的了解，这是最基本的要求。所以，这本书中将会重点描述商圈分析及其意义所在，同时凸显购物中心开发过程中前期最重要的两大组成部门——商业规划及环境设计的创造过程。虽然笔者已最大限度地整理了该版块专业负责人的业务内容，但实践出真知，实际项目操盘过程中也会因为各种因素迸发出新的问题或是现象，这是不可预知的，所以书中未能提及的内容还望读者见谅。

遗憾的是，本书没有详细记述各个部门的具体业务进行办法，只是以介绍业务为主要内容。但是，笔者以介绍之前国内没有的专业业务领域为想法进行了著述。韩国、日本等地的成功项目与国内以环境为主开发的购物中心项目截然不同，笔者特别选择了这些实际进行的海外案例业务为基础进行了记述，从中能看得到新的购物中心开发逻辑。希望这本书能对中国购物中心的开发起到些许助力作用，期待购物中心开发初期阶段的专业认识能得到认同，再次感谢为这本书提供过帮助的人。

Roh，Tae-chol

卢泰彻

PART1

一、关于商圈分析

1. 商圈分析

开发商业（零售业态）前期都要作“商圈分析”，何为商圈分析？商圈分析具体包含什么？或者说人们口中所谓的“商圈分析”的概念和定义是否正确？这些问题还有待推敲。

根据开发商业设施而进行的调查分析，其表述方法有很多，并且会随着撰写者随意编制，实际上“商圈分析”并无明确的定义。商圈调查、立地调查、立地分析、商圈分析、市场调查、市场分析、位置调查、位置分析等众多的表述方式其实都是同一含义。商圈调查与立地调查有何差异，商圈分析与市场分析又有何差异？如果不是针对商业设施而是与商品营销相关则有可能存在差异，但只局限于商业设施则不存在差异。即为进行商业设施开发而对所需各项事项调查分析，并通过调查分析判断对象立地的合理性或制定符合对象立地的商业设施定位及开发战略。

每一处商业都具有其特有的立地商业特性。从商业设施角度考虑满足开店营业可视为立地条件；但是从消费者角度出发，可以方便购买商品才会成为其优选的购买场所。因此，商业作为立地商业中的一种，根据店铺的背景环境及其合理性进行推进，最终商业设施的开店成果会各不相同。由此得出，在选定立地的基础上打造最为合适的店铺或是为进行商业设施的开发选择符合开发业态的立地，这是在商业设施开发阶段需要最先慎重思考的事项，这同样是影响商业设施成败的最基本的战略性课题。

而进行调查分析的目的是什么，成果又是什么？这并非只是一份单纯的报告书，而是为商业设施制定成功战略的基础资料，是通过此资料制定出的“开发战略的成果”。

因此，将此阶段称作“商圈分析”，内容涵盖了从选址分析到业态业种规划（Tenant Mix）和在建商业设施的前期全过程。购物中心开发前期核心是商业规划及商业环境（设计）两个部分，两者是不可分开的部分，互相交叉点很多。比如设定了非常准确的定位和商品战略及规划，但建筑上却没能体现定位、无法符合适合商品落地的条件，就很难期待项目的成功；反过来，建筑本身非常独特，但不能满足其功能性，并且与商业定位匹配度有一定差异，则成功的几率也会大大降低。所以，商圈分析的核心点是将商业规划和有关建筑及环境方面的业务一起进行。虽然商业规划专业的人不一定要是建筑方面的专家，但其必须具备在商业开发时期对商业产生较大影响力的建设版块指导工作的能力！而如果作商业规划的时候不了解招商和租户（品牌）的特点和需求，在没有充分考虑后期项目整体运营情况下推进项目规划设计工作，这也是不完整的商圈分析。所以笔者认为“商圈分析”不仅是商业定位和规划的问题，必须涵盖商业开发的全过程。

商圈分析方法有核对表格法（check list）、类推法、稀有分析、模型分析等技术性方法。分析方法存在差异，但是简而言之就是要找到：开发项目的客群在哪里？着眼于店铺开发方向、规模立地条件等寻找客群中的目标顾客，再找出目标顾客的生活方式（LIFE STYLE）、购物相关各项需求事项以及购买行为，从而打造出满足目标顾客的商业。目前大多采用核对表格法与类推法相结合的方式。（考虑此处并非商圈分析技术性方法的研究，因而省略具体方法）

“商圈分析”大体分为“立地调查分析”、“设定开发方向”和“制定战略、战术”三大阶段，其中“立地调查分析”又分为包含“内因分析”和“外因分析”；“设定开发方向”包含“制定开发战略（Marketing Plan/定位）”和“设定开发概念”；“制定战略、战术”阶段分为“制定MD战略”与“业态业种规划”两个阶段。以上所有囊括了从最基础的调查分析开始至招商团队参与设定入驻品牌阶段为止的内容。可能大家会认为商圈分析阶段内容过于扩大化，但这样做是要涵盖原因、过程以及结果的所有阶段，从而形成一套体系化的概念。如果是为商业设施开发而进行的选址决策，则仅进行立地调查分析阶段即可。如果是针对已立项的商业设施开发，则需进行整套阶段的深度工作。

■ 商圈分析业务概念图

2. 何是 Retail Develop Engineering Management 业务?

1) Retail Develop Engineering Management / 商业开发前期业务管理

前序中阐述了购物中心商圈分析的意义和需要关注的重点工作内容。那么问题来了，商圈分析该由谁来主导，又由哪个部门来完成呢?

就目前现状观察，国内商业公司在购物中心开发的全过程中，几乎没有一个部门可以完整、独立地从项目开发初期做到开业，始终如一地推行规划落地，开展相应的工作。现有绝大多数实施的管理办法是：拿地选址由拓展开发部门进行，商业定位及规划（策划）由招商研策部门进行，环境设计则由设计或工程管理部门进行，而整个统筹工作则由项目公司负责。如此推进就容易导致各项工作之间缺乏连续性且不切实际，后期更是变更频现，甚至会出现开业后项目整体与最初的定位规划及环境设计大相径庭的现象。正因如此，由“从一而终”的专业部门贯彻推进项目的必要性已经产生。

这个部门根据专业性可分为三大职能：项目的可行性判断、商业定位以及建筑设计相关业务为第一职能；支持项目建设与招商部门的相关业务为第二职能；品牌定位、招商以及项目筹开运营准备工作为第三职能。而在项目整体推进过程中，不仅是从商业规划、环境设计单方面考虑解决问题，而是要租赁、营运、财务等多线条共同参与、综合判断、协调推进项目，这才是建立项目的基础条件。目前来看，现在常见的招商、营运等部门承担的职能是对项目整体经营方向产生巨大影响的核心业务版块，但核心问题是目前国内的很多团队只是停留在基础的品牌洽谈和现场营运管理阶段，专业度较弱且部分公司对其业务的重要性认识不足。筹建期项目要想摆脱同质化严重的情况，每个项目必须设定清晰的定位及主体。因此，购物中心的开发必须充分做好相应的策划工作，并且建立能够按照前期规划的目标进行实施推进的专业团队。

RDEM 业务的要求是：在具有完全不同属性的商业策划（规划）和环境设计领域的专业性的基础上，能够同时了解从购物中心的选址到运营的全过程。所以，需要从业人员具备关于购物中心业态相当高的专业性。总而言之，必须同时具备专业性（Specialist）和多面性（Generalist）。因此，为了培养这些专业人才，需要花费大量的时间和精力。为了打破目前只注重速度和规模的扩张、没有开发具有差异化竞争力的购物中心的现实，为了开发成功的购物中心，必须培养专业人才。

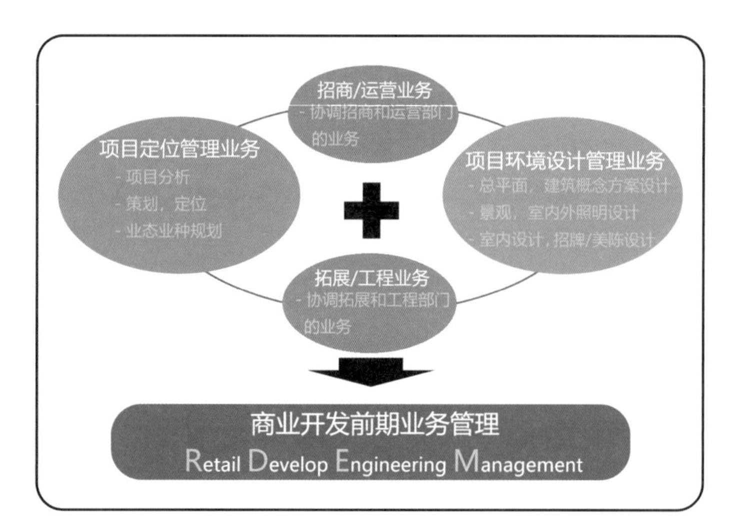

■ RDEM 业务概念

2）核心业务内容简述

（1）关于项目商业规划、项目战略以及业态业种规划类工作

可选定商业顾问咨询公司推进或公司自有专业团队跟进，包括但不限于以下几项：

A. 商圈分析

区域商业环境研究，区域商业发展概况及趋势评判，项目周边环境。

B. 定位方向

定位思考，辐射商圈，目标消费者，档次规模，商业主题。

C. 业态定位

项目业态组合原则，业态配比建议，业态亮点提炼，项目主力店、次主力店品牌推荐。

D. 业态组合

项目建筑参数，楼层业态规划，业态配比方案。

E. 品牌组合

各类型租户软硬件需求，品牌组合方案，招商落地可能性分析。

F. 租金测算

商业市场租金调研，主力租户租金水平预测，各业态租户平均租金水平预测，项目首五年租金收益测算等等。

（2）关于环境设计

结合项目定位及主题，推进建筑设计及室内环境设计、景观设计、标识设计等相关设计工作，并配合设计院完成概念 / 基本设计工作及完成成果物产出，同时与相关部门沟通及协调，综合各部门意见后向公司决策汇报。

环境设计涉及许多不同领域专业设计工作，并且是实现整体商业规划最重要的前提基础条件，所以更需要重视并且由具有丰富实操经验的专业团队执行该项工作。

A. 项目地块的规划条件分析

容积率的合理性及实用性分析，建筑密度及塔楼密度的合理性建议，建筑退界的合理性建议，建筑限高的合理性建议，各功能建筑面积配比的合理性建议，地下空间的再拓展可能性建议，周边道路及环境的相关分析。

B. 总体商业规划布局

项目总体商业规划和布局的合理性评估，商业价值最大化布局的规划策略及建议，塔楼和塔楼、塔楼和裙楼的关系建议，持有型物业和出售型物业的关系建议，各建筑板块功能的布局优化及建议：根据地块内各板块需求进行比例调配、各功能模块的互动关系优化及建议，主要商业人流、车流来向和导入分析，效率最大化的规划调整建议，项目特色和亮点的分析。

C. 商业动线的设计

商业主要出入口的位置建议及设计优化，商业落客区及车流规划建议及优化，商业人车分流（或干扰性）的建议及优化，商业内部主要水平交通动线的最合理化建议及设计优化，商业垂直交通的设计优化及建议：客用电梯、观光梯、扶梯及跨层梯安排是否合理，是否能有效拉动垂直人流，商业动线的清晰化及引导的优化建议，商业人流动线安排与商业经营的需求匹配性分析。

D. 商业后勤服务的设计

后勤货运出入口的最合理化安排建议，后勤货运动线合理及高效率运转的建议及设计优化，卸货区数量、位置及布置的合理化建议及优化，后勤货运电梯的位置及数量的建议及设计优化，卸货平台、货运通道、仓库等后勤设施的设计，垃圾清运及设施配置。

E. 商业运营及配套设施的设计

物业用房的配置建议及设计优化，客用卫生间的数量、位置及布局的设计优化及建议，母婴用房、残疾人设施的布置建议及优化，员工卫生间、员工餐厅的合理化建议，主次服务台的配置建议及设计优化，高端客户或会所用房的配置设计，多种经营点的位置。

F. 商户店铺分隔及空间适用性设计

商业的有效面积（得房率）评判及优化调整，根据市场需求对各业态店铺形状、大小及深度比例要求，根据对租户需求的了解对店铺分隔及面积安排的调整，主要租户的位置安排及空间适用性优化，各业态商户的展示性需求分析，各业态商户的空间需求分析，及特殊业态的空间及交通打造手法，根据各业态商户的位置对后勤用房、消防楼梯、设备设施的调整。

G. 建筑形态及外立面设计的把控

建筑形态设计的评估及优化，特殊品牌对外展示面的要求，及对外立面设计的调整，建筑外立面风格的把控，建筑外立面材质，建筑外立面与商户内部布置的互动性需求，主入口的形象设计把控，项目主要 logo 与 LED 屏的位置、大小及可视性把控。

H. 商业地下空间的设计把控

地下停车场及停车设施的把控，地下停车场与商业楼层的联通性、便利性设计优化，地铁连接口、通道及扩展区的设计优化，地铁商业（如有）的合理化建议与要求，人防对商业空间的影响及合理化。

I. 室内空间及装修设计把控

对室内公共空间如中庭、通道尺度等的合理化，对各楼层和主要商业空间净高的合理化，根据动线及业态分布对节点性空间的设置，公共区域的室内装修风格、主题分区概念的把控，大尺度室内空间，如入口挑空空间、中庭及其他特殊空间等的设计把控，电梯厅、卫生间、休息区、连桥等设计的合理化设计把控，公共区域室内设计的铺地形式、拦河高度、拦河剖面、吊顶设计等的把控，公共空间室内设计与商户之间联动性的把控。

J. 景观设计把控

景观设计风格、主题的评估，景观空间与商户的互动联系评估，室外场地竖向设计的设计把控，高差大的场地的“多首层”的设计，各个区域室内外高差的合理化设计把控，对室外广场位置、尺度及配置的把控，下沉广场的位置、大小、跟商户的互动及跟其他专业的配合协调的把控，室外重要景观节点的设计把控。

K. 灯光设计把控

外墙泛光照明设计的把控，外墙特殊灯光效果与商户之间互动联系，室内灯光设计效果的把控，室内公共空间照度的合理化，室外场地及景观的灯光设计把控。

L. 标识设计把控

外立面 logo、出入口标识、广告位等的设计把控，广告位与后期运营需求之间的合理化，室内标识系统的点位、数量及位置的合理化把控，停车场导视系统的把控，场地道旗、精神堡垒、车行导视、景观标识等的设计把控，标识系统设计与商业主题相互映衬的把控。

M. 关键设备及材料选型

根据项目设计及进度需求，参与关键性的可能影响效果的材料、设备及工艺，包括幕墙主要材料（石材、玻璃、金属板等）、内装材料（地面铺贴、天花装饰、栏杆、扶手等）、外墙泛光灯具、室内照明和特殊效果灯具、遮阳卷帘、屋顶天窗、防火卷帘等的样板选型，并提出合理化。

N. 设计进度和关键节点的审图

依据工程进度，对设计总体进度及各专业进度配合提出合理化，听取重要设计顾问的重要节点的汇报，参与重要阶段性成果的设计审图，并对图纸质量提出改善意见和合理化。

3）关于跨部门协调、支持及汇报类工作

A. 支持招商部门的招商业务及运营部门的业务

B. 筹建期建筑和室内等所有环境设计部门的业务跟进及支持。

C. 根据整个项目实施日程，定期召开相关部门沟通会，并与专业顾问公司协商，组织汇报会议完成决策报告会等。

二、零售环境变化及国内购物中心的现象

零售主权的变化

目前所有零售业最大的命题是“消费者主权时代”下必须得到消费者的认可，从业态的角度来看，是线上和线下，甚至异类业态之间的融合。

物资短缺的零售第一时代已过去，随着生产力和经济的发展、新业态的发生，零售平台决定商品价格和供应的零售第二世代，也就是平台的主权时代也在过去。目前由于有丰富的商品及多样业态的发展，消费者的消费水平在提高，消费意识发生变化，趋于多样性，技术也在不断发展，现在已进入了零售第三世代，即消费者主权时代。为了跟上时代的需求，零售业态及业种也要变化。

根据货（生产）、场（零售业态）、人（消费者）这三者间谁占主导（主权）地位来划分，零售业可以分为三个时代：第一时代是工业品短缺的时代，是从生产开始，价格、供应都由生产者决定的时代；第二时代是工业革命以后有很丰富的产品供应，消费者也具有购买力，但缺乏流通和交易的桥梁，所以价格和选定采购商品的大权掌握在零售业态的手里，即会说主权在零售业态上的时代；到现在，产品足够丰富，有很多零售业态业种，决定在哪里买、买哪家生产的商品的是消费者，所以现在可以叫零售第三时代。

■ 零售主权的观点

此外，由于技术及系统的发展，摆脱了消费者到店购物的传统消费形式，现在可以不到店，在家购物也很普及。这导致 On/Offline 之间的竞争加剧，在这种竞争格局中，各显所长，融合 On/Offline 形式的零售业态正在产生，并将成为未来最具竞争力的业态之一。

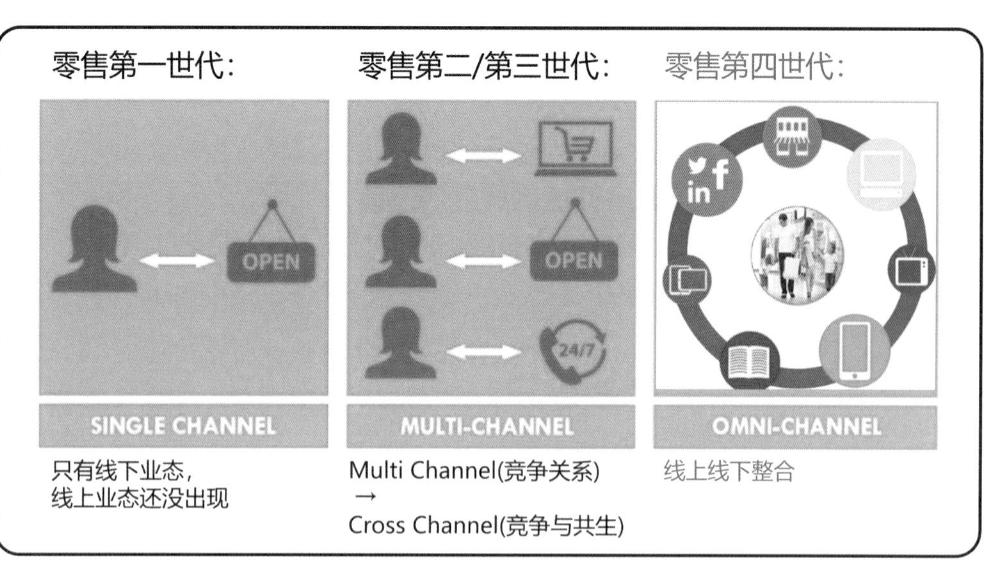

■ **零售业态的观点**

零售业态的发展可以分 4 个阶段：第一阶段是只有线下零售业态；第二阶段是随着科技的发展出现线上的业态，开始线上和线下之间的竞争；第三阶段是线上和线下业态一边互相竞争一边形成了共生关系（线下业态开始做线上业务，线上业态也开始线下业务）；第四阶段是出现线上线下业态之间的竞争，无论是线上、线下业态都开始整合两个业态，是业态融合的时代。

为了赢得消费者，首先要了解消费者。

在具备业态的核心本质基础上，融合消费者的需求，进行大胆的突破业态模式的变革。

对此可以从两方面进行研究：

1）可能需要了解“需求量的变化”和“需求的变化”。据此，应对以后的变化制定战略

所谓“需求量的变化”，是指消费者随价格变化而改变购买意图的情况，即，将产品价格上升导致购买意图减少的情况称为“需求量减少”，将产品价格下降导致购买意图增加的情况称为“需求量增加”。与此相反，“需求的变化”是指，除了可能影

响购买意图的价格以外，其他因素发生变化后而导致购买意图发生变化的情况。(如：去哪个店铺购买？）实际上，消费者购买时会考虑价格以外的各种因素，最终决定去哪里购买相关商品，这些“需求的变化”包括人口的增长、收入的增长、相关材料的价格变化、社会及技术的变化、消费者取向的变化等。现在的消费者在业态（店铺）里到底想要什么，特别是目标客户群，需要了解他们有什么要求。现在零售店如何分析这两个变化，并将结果放进业态模式里，而且落实到位，这才是成功变革的最基础。

2）各业态按时间距离来理解消费者的态度

消费者能从不同特点的业态内购买到想要的不同商品，这是业态的最基本本质。比如，顾客根据购买什么价格的什么商品，从而来选择去什么样的便利店、超市、大型折扣店、百货、购物中心等。为了购买一两个日常用品，顾客会选择那些明知相对价格高却能节省时间成本的便利店；而为满足长时间消费（如：用餐、购物、娱乐等同时满足），会选择相对偏远的购物中心。通过这些，我们首先可以思考如何进一步加强各自业态所具有的核心价值的问题，其次是一切业态都有各自的 TPOS 概念。

	T(time/时间)	P(place/场所)	O(occasion/目的)	S(style/喜好)
1	经常	家里	实用	便宜
2	一般	小区	提高	转换情绪
3		上下班		
4	有时候	日常外出	特别	自己表现
5	偶尔	特别的外出		
6	偶尔隔断时间一次	活动	礼节	奢侈

■ **TPOS 概念** 店铺的定位应根据不同用途、不同属性的商品而定，并据此组成商品

但是，TPOS 概念（由于全新的生活方式以及人口结构的变化，现在的融合模式的出现就是应对人们更新的需求和时空方面的新要求，这使传统的业态需要有突破）反映的是业态形成初期的主要消费者层或目标顾客的生活方式及要求，而整体人口减少、老年层增加，虽然相同生活条件，但各种新要求事项会层出不穷。职场的概念等会随着生活环境的变化而变化，消费者收入水平和生活变化，以及技术和经济发达等社会的变化，这些都要求零售业态必须强化所具有的最核心的竞争

力。但是也应该对各零售业态的 TPOS 概念进行再调整。首先通过上面的图表来确认店铺的目标顾客的要求、商品、服务构成等，如果与顾客需求有距离，就要果断地改变商品组成（包括服务、技术引进、运营形态等）及店铺的形态，不仅是小范围调整，应该考虑在“购物环境的重新构成”的大方向下，做业态的融合构成的新模式。

融合的原因	融合形态
1.消费者变化： 生活方式变化 技术，经济等社会变化 经济和时间观念的变化 2.商圈的变化： 心理上的距离变化 商圈消费者的变化	-.便利店+超市/餐饮 -.超市+折扣店 -.大型折扣店+购物中心 -.百货+购物中心 等

■ 业态融合的现象

三、了解购物中心业态

1. 各零售业态的定义

在此，整理了对于已选址的购物中心开发时设定开发方向及制定开发战略战术的相关内容，尤其购物中心业态需要进行很多不同的业态与业种布局，我们将从商业角度进行最简单的整理。其实很多商业相关人士以及商业公司内部在职人员虽然在讲“业态”与“业种”，但并未理解其准确的概念而是在混用，因此对于零售行业分类方法的最基本的事项进行了整理。

– 业态（type of operation，type of conditions）

– 业种（type of business）

业种是销售什么？销售什么（what to sell）的含义，与生产具有密切的关系，是根据商品种类进行分类的方式。蔬菜店、家居店、鞋具店、玩具店、家用电器直销店、服饰店等分类均属业种。

业态是“零售业的形态”的含义，即“如何销售（how to sell）”，相比商品的种类，业态与消费者购买行为相关的销售系统具有密切关系。

区分	业种	业态
含义	销售什么? What to sell	如何销售? How to sell
种类	家居店、鞋具店、服饰店、家用电器店、电子数码等	购物中心、百货、超市、便利店、专业店、品类集合店等
观点	制造商的观点	消费者购买行为相关的销售系统的观点

■ **业态业种的概念**

从观察中可以发现零售业态类型的差异，一般根据商品系列类、经营商品群价格及规模、售卖方法、管理信息系统等进行分类

区分	分类内容	分类特征示例
商品系列类	综合零售店、限定品种零售店、饮食生活用品零售店、日常便利零售店、服务零售店	·多类商品综合售卖：百货 ·一个商品系列的特化: 专业店 ·自选销售式食品、杂货类：超市 ·考虑附近顾客便利性的商品售卖: 便利店 ·销售服务而非商品：银行、航空、剧院、医院等
经营/商品群价格及规模	低价零售店 中间价零售店 高价零售店 奥特莱斯店(outlet store) 仓储会员店(warehouse store) 低价品牌店 (off price brand store) 便利店(cvs) 超市，超级超市 折扣店(discount store) 大型超市(hyper market) 结合中心(combination center) 仓储会员店(membership wholesale club) 购物中心等 品类杀手	·低价战略专业店：品类杀手 ·中间价：超市、大型超市 ·高价：便利店、百货 ·以食品为主的仓库类型店(3000~5000㎡) ·收益低于15%的低价政策、捆绑销售、自助服务：仓储会员店 ·日常生活所必须的基本食品与日用杂货：便利店 ·900~3000㎡规模的食品、杂货、自选销售、超市的扩大型：超级超市(ssm)、大型超市，4000~6000㎡ ·食品比重占70%以上，超市+药店等业态结合：结合中心
管理信息系统	正规联销(regular chain)	正规联销: 属于同一方资本，多家店分布各地，但由中心本部统一管理，拥有资本同质性、营业共同性、管理统一性三大特征。结大规模经营优势与小规模经营优势相结合：家庭餐厅、KFC、汉堡王等。
	自由连锁经营 (voluntary chain) 连锁加盟 (Franchise chain)	自由连锁经营：若干独立零售商拥有持续合作关系而形成的连锁店，以规模优势为目的：超市等 连锁加盟:由本部(FRANCHISON)与加盟商之间成立的合约。本部为加盟店提供自有的商标、商号使用权以及销售权，并收取与之相应的一定的手续费。此外，由本部实施服务培训、陈列、售后服务等，加盟店与直营店吸纳运营。（最少的资金在最短时间内实现事业扩张：适用于全业态）

■ **业态的区分和各业态的特点**

根据中国商务部 2004 年发表的零售业态分类如下：

根据其经营方式、商品结构、服务功能，以及选址、商圈、规模、店堂设施、目标顾客和有无固定营业场所进行分类。从总体上可以分为有店铺零售业态和无店铺零售业态两类。

业态	选址	商圈与目标顾客	规模	商品(经营)结构	商品售卖方式	服务功能	管理信息系统
食杂店 traditional grocery store	位于居民区内或传统商业区内	辐射半径0.3公里，目标顾客以相对固定的居民为主	经营面积一般在100㎡以内	以香烟、饮料、酒、休闲食品为主	柜台式和自选式相结合	营业时间12h以上	初级或不设立
便利店 convenience store	商业中心区、交通要道以及车站、医院、学校、娱乐场所、办公楼、加油站等公共活动区	商圈范围小，顾客步行5min内到达，目标顾客主要为居民、单身者、年轻人。顾客多为有目的的购买	经营面积一般在100㎡左右	即时食品、日用小百货为主，商品品种在3000种以上，售价高于市场平均水平	以开架自选为主，结算在收银处统一进行	营业时间16h以上，提供即时性食品的辅助设施，开设多项服务项目	程度较高
折扣店 discount store	居民区、交通要道等租金相对便宜的地区	辐射半径2 km左右，目标顾客主要为商圈内的居民	经营面积一般在300-500㎡	商品平均价格低于市场平均水平，自有品牌占有较大的比例	开架自选，统一结算	用工精简，为顾客提供有限的服务	一般
超市 supermarket	市、区商业中心、居住区	辐射半径2 km左右，目标顾客以居民为主	经营面积一般6000㎡以下	经营包装食品、生鲜食品、日常生活必需品，食品超市与综合超市的商品结构不同	自选销售，出入口分设，在收银台统一结算	营业时间12小时以上	程度较高
大型超市 Hyper market	市、区商业中心、城乡结合部、交通要道及大型居住区	辐射半径2 km，目标顾客以居民、流动顾客为主	经营面积一般6000㎡以上	大众化衣、食、日用品齐全，一次性购齐，注重自有品牌开发	自选销售，出入口分设，在收银台统一结算	设不低于经营面积40%的停车场	程度较高
仓储会员店 warehouse club	城乡结合部的交通要道	辐射半径5公里，目标顾客以中小零售店、餐饮店、集团购买和流动顾客为主	经营面积一般6000㎡	以大众化衣、食、日用品为主，自有品牌占相当部分，商品在4000种左右，实行低价、批量销售	自选销售，出入口分设，在收银台统一结算	设相当于经营面积的停车场	程度较高
百货店 department store	市、区级商业中心、历史形成的商业集聚地	目标顾客以追求时尚商品和品味的流动顾客为主	经营面积6000~20000㎡	以综合品类、服饰、鞋具、箱包、化妆品、家庭用品、家电为主	采取柜台销售和开架面售相结合方式	注重餐饮、娱乐等	程度较高
专业店 speciality store	市、区级商业中心、购物中心内	目标顾客以有目的选购某类商品的流动顾客为主	根据商品特点而定	以经营某一特定、某一专业类别商品为主，丰富的商品可选范围广	采取柜台销售或开架面售方式	从业人员具有丰富的专业知识	程度较高
专卖店 exclusive shop	市、区级商业中心、专业街以及百货店、购物中心内	目标顾客以中高档消费者和追求时尚的年轻人为主	根据商品特点而定	以销售某一品牌系列商品为主，销售量少、质优、高毛利	采取柜台销售或开架面售方式，商店陈列、照明、包装、广告讲究	注重品牌声誉，从业人员具备丰富的专业知识，提供专业性服务	一般
家居建材商店 home center	城乡结合部、交通要道或拥有私人住宅的消费人群密集区	目标顾客以拥有私宅的顾客为主	经营面积6000㎡	提供可以改善居住环境的装饰品、日用品、技术及服务	开架自选	提供一站式购买服务，设有300个以上停车位	程度较高

（续前表）

业态		选址	商圈与目标顾客	规模	商品(经营)结构	商品售卖方式	服务功能	管理信息系统
购物中心 shopping center/ shopping mall	社区购物中心 community shopping center	市、区级商业中心	商圈半径 5-10km	建筑面积 10万㎡以内	大型综合超市、品牌店、餐饮店等涵盖20~40个租赁店	各个租赁店独立开展经营活动	停车位 300~500个	各个租赁店使用各自的信息系统
	市区购物中心 regional shopping center	市级商业中心	商圈半径 10-20km	建筑面积 10万㎡以内	包含大型综合超市、专业店、品牌店、餐饮店、杂货店及娱乐设施等，涵盖40~100个租赁店	各个租赁店独立开展经营活动	停车位 500个以上	各个租赁店使用各自的信息系统
	城郊购物中心 super-area shopping center	城郊交通要道	商圈半径 30-50km	建筑面积 10万㎡以上	包含大型综合超市、专业店、品牌店、餐饮店、杂货店及娱乐设施等，涵盖200个以上租赁店	各个租赁店独立开展经营活动	停车位 1.000个以上	各个租赁店使用各自的信息系统
厂家直销中心 factory outlets center		一般远离市区	目标顾客多为重视品牌的有目的的购买	建筑面积 100~200㎡以上	为品牌商品生产商直接设立，商品均为本企业的品牌	采用自选式售货方式	多家店共有500个以上停车位	各个租赁店使用各自的信息系统

■ **业态的概要（中国商务部，2004 年）**

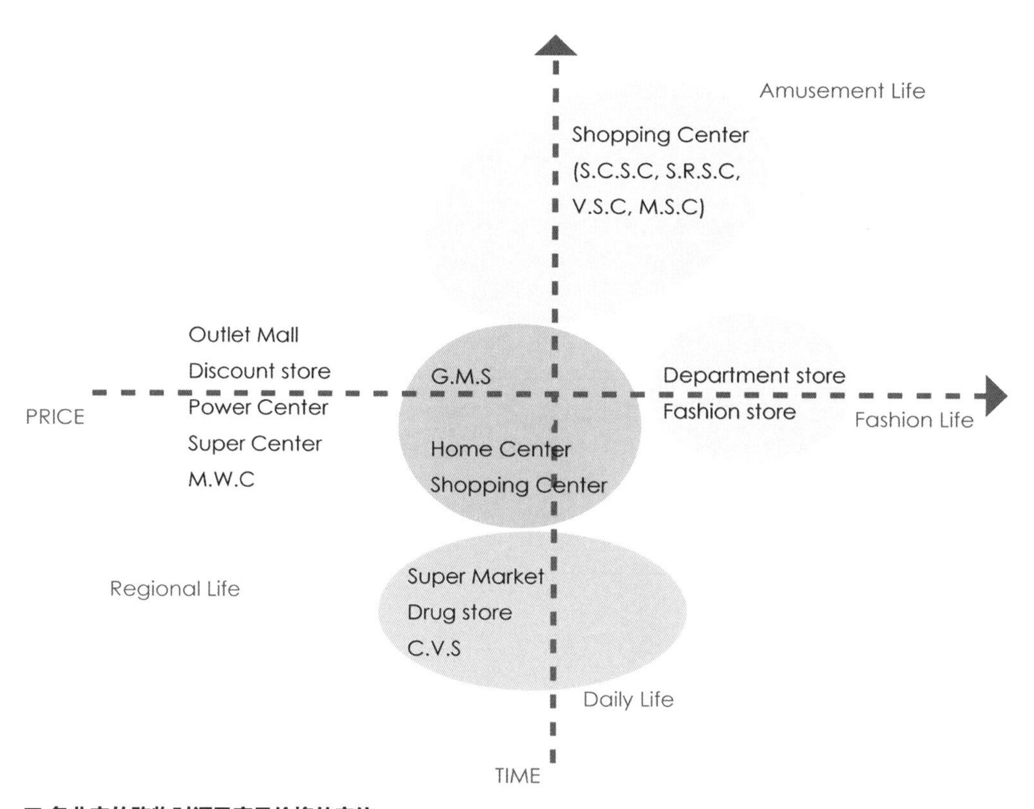

■ **各业态的购物时间及商品价格的定位**

2. 购物中心的定义

1）购物中心的定义，不同国家、机关的表述略有差异

（1）国际购物中心协会（美国，ICSC，INTERNATIONAL COUNCIL OF Shopping Center）：是单一资产规划、开发、运营及管理的零售店集合体，有停车场，因店铺规模大，以广域商圈为对象。

（2）美国营销协会（AMA，American Marketing Association）：为了尽量满足消费者的需求，将各业种业态的零售店集合在一起，并位于中心地带，随时方便消费者购买所需商品，从而成为魅力十足的场所。

（3）日本购物中心协会（JCSC，Japan Council of Shopping center）：按照开发商规划的集零售业、餐饮业、服务业于一体，在统一运营管理下实现一站式购物，并涵盖除购物以外的多种综合功能的交流设施的场所。

（4）中国商务部：多种零售商铺、服务设施集中在一个建筑物内或一个区域内，给消费者提供综合性服务。商业集合体内通常包含数十个甚至数百个服务场所，业态包含大型综合超市、专业店、餐饮店、杂品店以及娱乐健身休闲场地等。

综合以上定义，购物中心是由开发商按需求规划的集零售、餐饮、服务等为一体的综合性设施。其在统一管理的运营体系下，具有一站式购物中心的服务功能，是除购物以外集娱乐、休闲等多种综合功能于一体的交流设施。

2）与百货店的差异

目前在中国，百货店和购物中心这两种业态具有相同点和差异点，简而言之，百货店是侧重销售商品的零售店，购物中心则更像是给品牌提供租赁场地的房地产租赁管理商。即百货店是商品管理，购物中心是租户管理。

3）与商店街的差异

简单比较的话，购物中心是按开发商的开发计划及目标打造的，商店街是依托地理位置自然形成一两家单店的地方。

区分	购物中心	商店街
1	规划的回游性-保证平均的营业额	自然发生的集中商业的区域
2	Close mall（没有天气的影响）	Open mall（收天气的影响）
	空调、共用空间照明等中央控制系统	不设置统一管理的空调等设施
	中庭为广场的功能，强回游性	收切断的自然的道路的影响
3	整体的安全性	缺乏安全性
4	一家企业的整体规划统筹开发及管理	自然形成的定位及商品布局
	通过专业管理团队的专业性管理	自主（个人）性独立经营，协会形式的管理，个店铺的自由性比较大
	营业时间、营销、商品、物业等同一管理	缺乏业态业种的均衡
	定位商品规划环境服务比较购物等与娱乐、体验一体化的复合性	难做成文化、体验、娱乐的一体化
5	立地（商圈）创造性	立地（商圈）活用性

■ 购物中心和商业街的差异

4）购物中心（Shopping Center）的功能

购物中心是满足消费者消费需求的零售业态的集合体，需具备以下功能：

（1）便利性

需具备便利的交通、可以购买丰富的商品等。

（2）休闲性

具有多样娱乐及休息功能的休闲性。

（3）信息性

可提供多样化的商品、现代的感觉、都市氛围、店铺开放性等方面的信息。

（4）集成性

同时满足购买、娱乐、休息功能。

（5）休息性

提供能享受到自然亲近感的舒适的休息空间。

（6）交流性

能给顾客提供在繁杂的日常生活中所需的避世之角，及和同事们分享快乐和愉悦的庆贺之地。

5）Shopping Center？ Shopping Mall？

目前，两者概念出现混用混淆，难以区分，难以下定义。但如果着眼于其根本，可以定出浅显的概念。

目前中国的 Shopping Center 和 Shopping Mall 的概念同为“大型购物中心”，定义为“大型零售业为主体、专业店为辅助业态和多功能商业服务设施形成的聚合体”（按开发商的规划开发管理等等其他详细事项省略），如立址选于市中心则称为 Shopping Mall，在郊区则称为 Shopping Center。按此，出现了很多问题，但可以简单整理如下：

（1）目前，在众多的 Shopping Center 或 Shopping Mall 中，占主体的、起主力店作用的大型零售业是否存在？

（2）是否在市中心不存在 Shopping Center？而在郊区不存在 Shopping Mall？

6）Shopping Center 的基本概念

Shopping Center 和 Shopping Mall 的差异从两方面可说明。第一，类型的区别；第二，有无主力店的区别。但这两点也无法完全说明目前的多样化现象，仅对基本概念的理解给予帮助。

购物中心的形态分为基本（Mall）型、长型、画廊型、综合体型 4 种。

（1）基本（Mall）型

开放或利用室内空间的人行通道的移动式购物形态。

（2）长形

一般在商家展示面设置停车场，卖场展示面面向室外设施，与遮阳棚衔接排列为一字型。

（3）画廊型

开放式店铺和通道，强调商品的实用性和品质型的形态。

（4）综合体型（mixed-use development）

将商业空间、居住空间、办公空间、休闲空间及其他空间开发为一体的大型房地产开发概念的形态。

根据以上 4 个形态，可见 Shopping Center 是业态中的一种，Shopping Mall 是 Shopping Center 中的一种形态。另，目前国内开发中的形态大部分位于城市中心地带、是综合体型和 Mall 型结合的形态。

7）有无主力店的区别

如果查看 Shopping Center 的概念，那么就能轻易知晓 Mall 的概念。

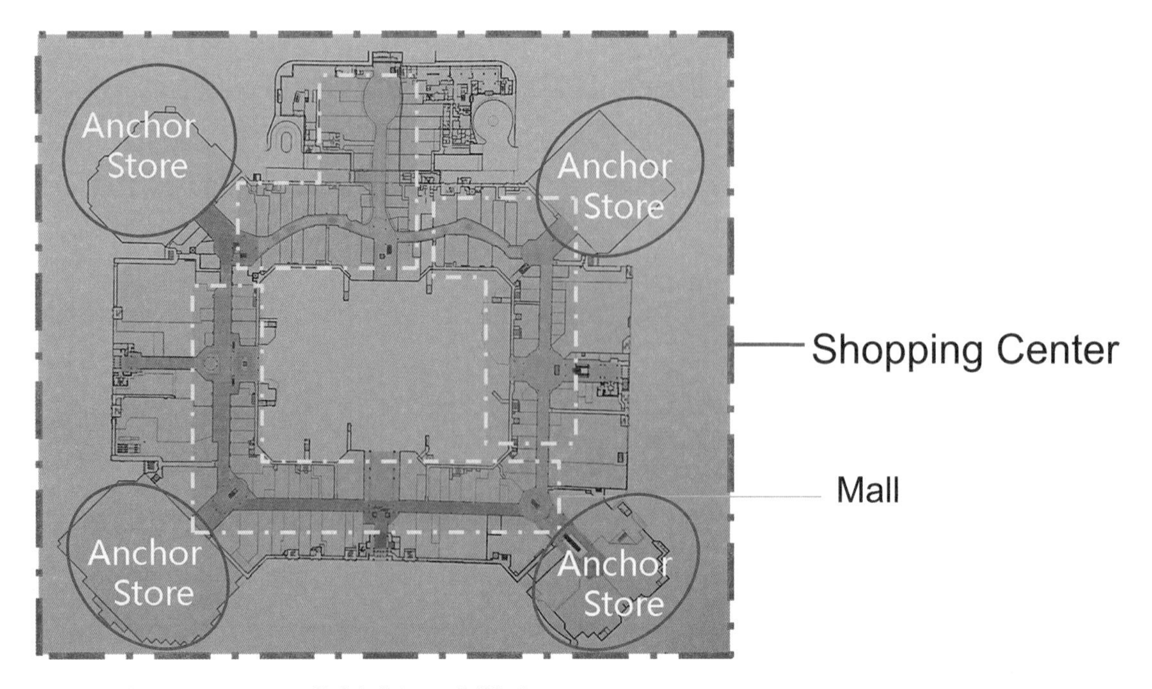

■ **Shopping Center 的主力店和 Mall 的概念**

如图所示分布的几个主力店，在连接各个主力店的通道上规划了专卖店。商业整体是 Shopping Center，而连接主力店的通道设置专卖店（商业步行街）是 Mall

像目前中国的商业如果没有具有影响力的主力店，或是虽然有主力店或次主力店，但是强调 Mall 部分的专卖店时，也可以称之为 Shopping Mall。此外，以主力店为主则称为 Shopping Center，没有主力店或其影响力不大，相反 Mall 部分的影响或比重更大，则定义为 Shopping Mall。在 Shopping Center 当中相较于零售主力店，Mall 部分的休息、娱乐以及体验设施更加突出时，也可以称之为 Shopping Mall。此种情况在中国大部分的 Shopping Center 中可视为是 Shopping Center 业态中的 Shopping Mall 形式，如按此形式发展将形成中国式的 Shopping Center。只是情况各有不同，会产生很多变化，还需根据具体情况进行判断。

在国外，很多购物中心都拥有具有影响力的主力店。

一般情况下百货、量贩店（日本）、大型专卖店、大型卖场、大型折扣店等根据定位和规模可视为 Shopping Center 的主力店。而电影院、大型餐饮店、大型儿童设施、书店、运动专业店、运动设施、时尚综合馆、品类集合店等起到购物中心次主力店的作用。

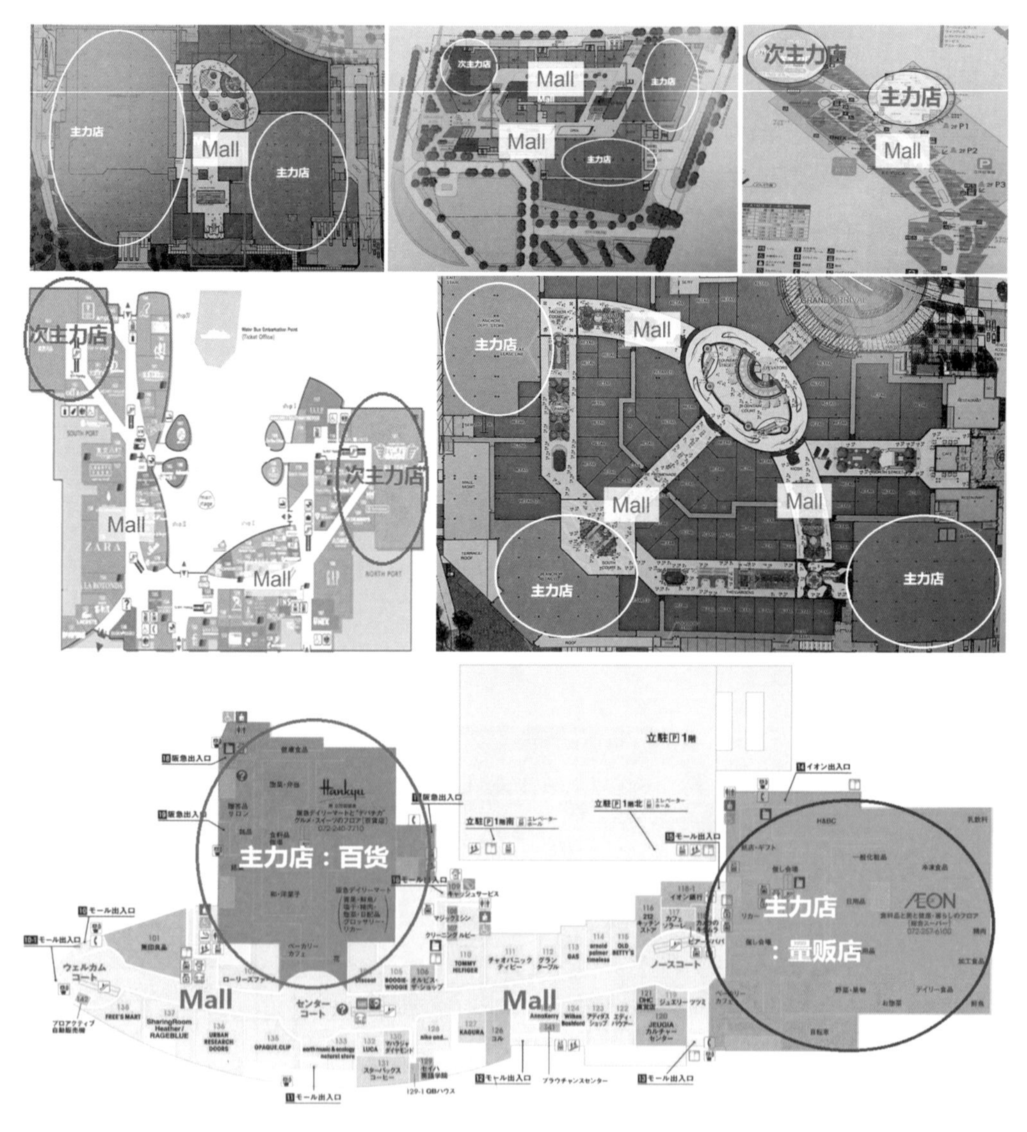

■ 国外已开业的购物中心的主（次主）力店和 Mall 的布局案例

8）Shopping Center 的类型

目前 Shopping Center 是在基本类型基础上附加综合功能，或整合其他类型的 Shopping Center 成为新型 Shopping Center，可分为很多类型。但是仔细观察的话，可看到都是由以下基本类型转变及应用的。

Shopping Center 购物中心的基本类型有以下五种：以商圈大小为基准的基本型购物中心；以娱乐和强化体验性为特点的娱乐型购物中心；根据各商圈的要求强化各自休息性的生活方式型购物中心；以集客能力强、价格竞争为主的业态为基本构成的经济型购物中心；具有特殊的目的或根据特别要求开发的特殊型购物中心。但是，这五种类型只是最基本的形式，现在结合各自基本形态的功能，开发了许多新形态的购物中心，这是基于社会发展及生活方式变化条件下，客户的需求愈加趋于多样化，未来会有更多样的形式发展。还有，由于现实中的饱和状态导致的极度竞争关系和商圈内消费者的多样化，国外正在作积极的新尝试，不单纯依靠商圈的大小或商圈内不特定的消费者，而是开始开发拥有明确的主题、不拘泥于满足商圈特定顾客层的设定、以目标顾客的特定要求为目标的多种形式的目的型购物中心及主题型购物中心。

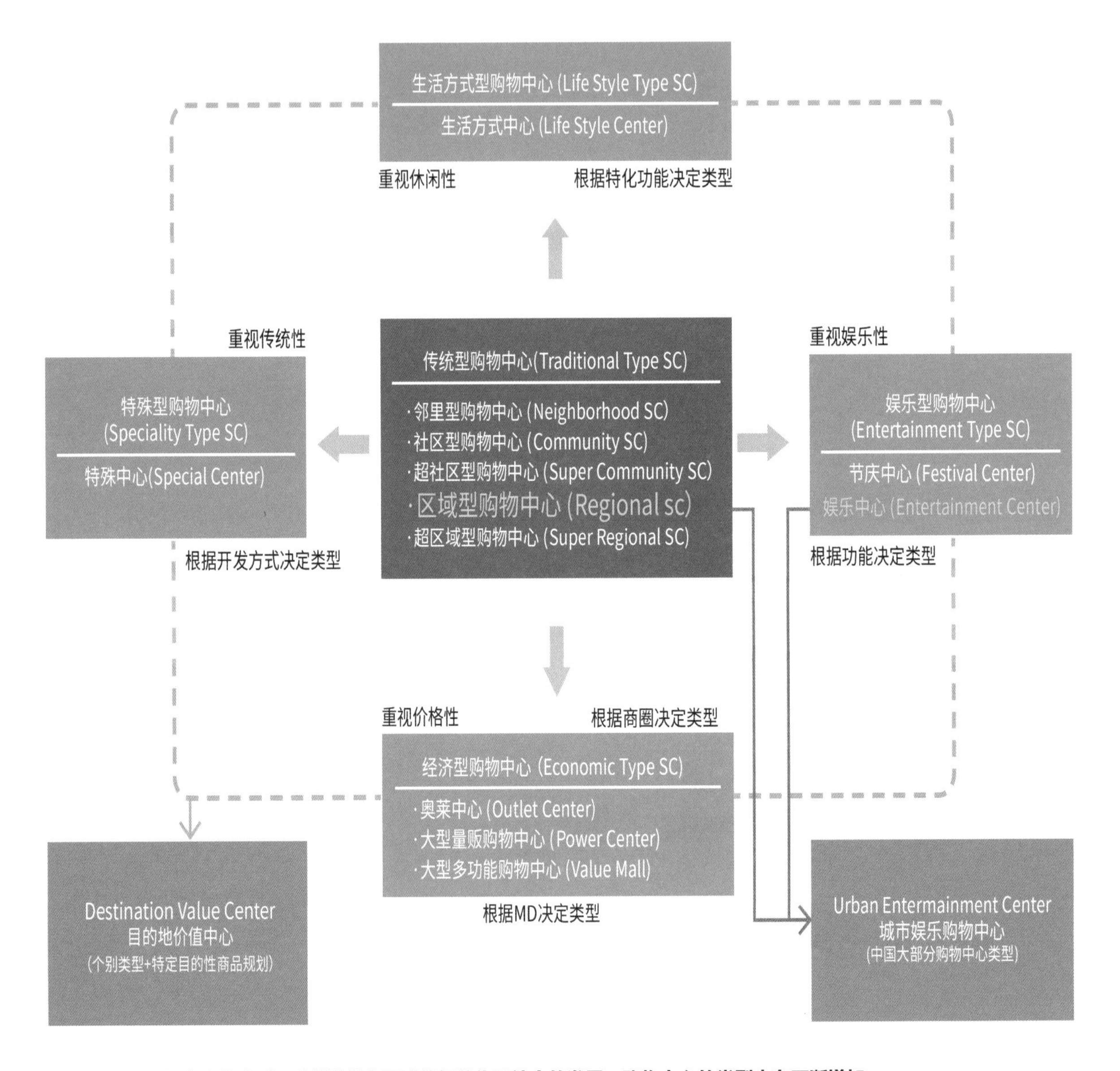

■ **购物中心的类型：随着消费者需求的细分化及社会的发展，购物中心的类型也在不断增加**

购物中心类型(SC TYPE)		商圈人口(万)	面积(㎡)	概要
传统型	Neighborhood SC 邻里型购物中心	3-8	2,000~12,000	超市,药妆店, 小型量贩店 主力店: 以日常生活为主的小型购物中心
	Community SC 社区型购物中心	8-15	12,000~20,000	主力店: 量贩店,折扣店, 日常生活需求和生活必需提案，中型购物中心
	Super Community SC 超社区型购物中心	15~30	20,000~40,000	社区型购物中心中增加次主力店 强化生活必需提案(强化时尚商品)
	Regional SC 区域型购物中心	30~80	40,000~60,000	百货或量贩店/折扣店&主力店以时尚商品为主的应对生活方案元素的大型购物中心
	Super Regional SC 超区域型购物中心	80~150	60,000~	将百货作为中心主力店，相较双数以上的主力店数，更提倡拥有范围广的商品群的超大型购物中心
生活方式型	Life style Center 生活方式中心	8~50	12,000~50,000	位于高端住宅区周边, 拥有丰富的餐饮和影院等休闲MD的开放式购物中心
经济型	Outlet Center 奥莱中心	40~400	2,000~50,000	品牌折扣街区式购物中心 (以尾货消费为目的, 工厂直营销售商店)
	Power Center 大型量贩购物中心	40~200	2,000~20,000	大型折扣店, 大型品类集合店等 量贩式零售商集合型购物中心
	Value Center 大型多功能购物中心	10~400	20,000~40,000	在奥莱、大型量贩购物中心中融入娱乐元素的围合购物中心
特殊型	Speciality Center 特殊中心	20~100	20,000~100,000	地铁、写字楼区、地下商业街等无主力店的专业型购物中心
娱乐型	Festival Center 节庆中心	100~200	2,000~20,000	是由具有休闲设施的主题型专卖店构成的无主力店的专业购物中心商店
	Entertainment Center 休闲娱乐中心	100~400	20,000~100,000	强化餐饮、休闲设施以及娱乐功能的复合型购物中心
	Urban entertainment center 城市娱乐中心	特定	12,000~100,000	位于城市中心及冲要位置的集购物、餐饮、休闲娱乐于一体的复合型购物中心

■ 各购物中心类型的概要

9）各类型购物中心案例

首先简单介绍以商圈大小区分的传统型购物中心类型的案例，PART3 部分将详细地介绍在国内占最大比重的 UEC 和与国内购物中心不同的、拥有明确定位和主题的韩国、日本等国外购物中心成功案例。

(1) 特殊中心 (Speciality Center)

一. StarField COEX(韩国，首尔)

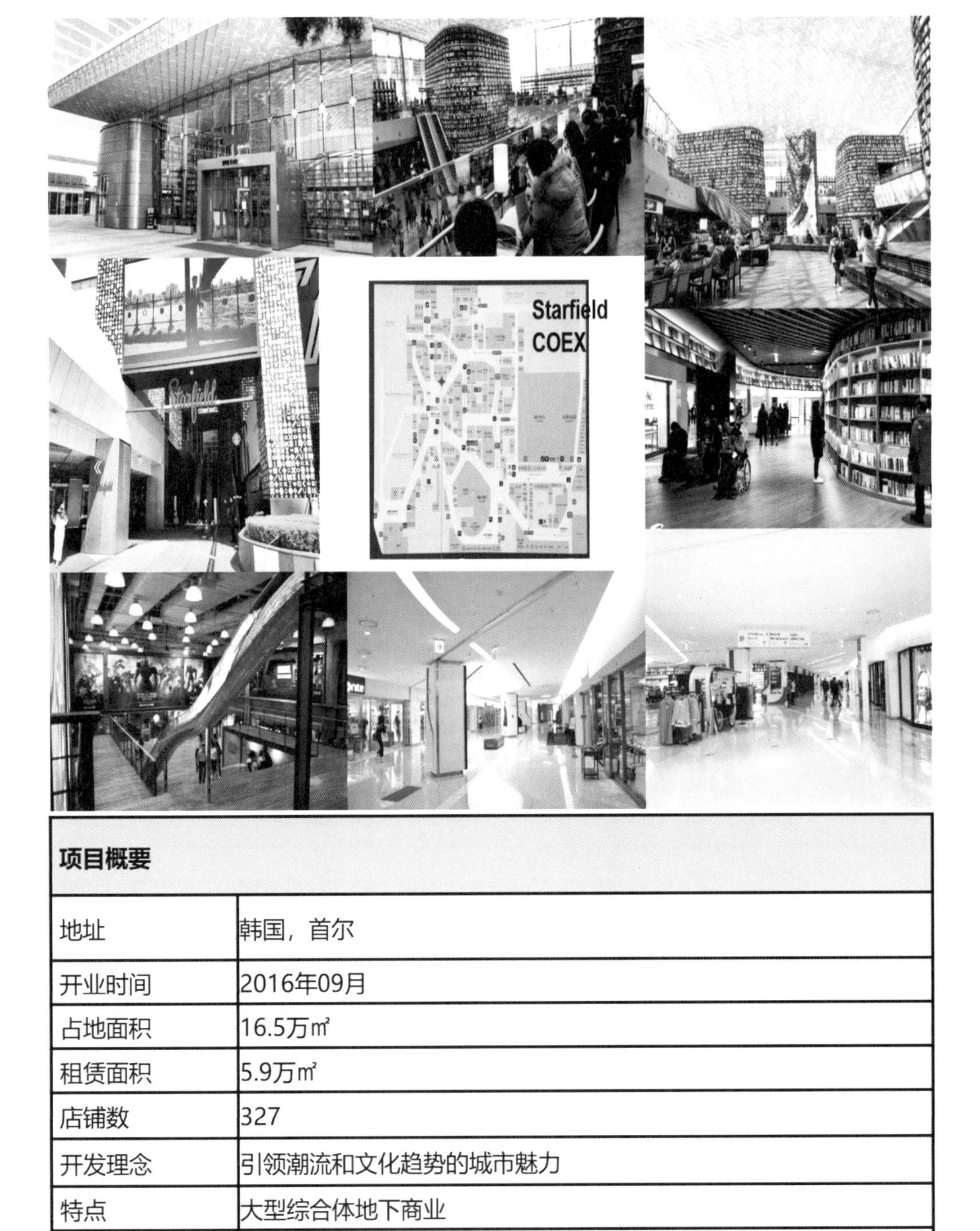

项目概要	
地址	韩国，首尔
开业时间	2016年09月
占地面积	16.5万㎡
租赁面积	5.9万㎡
店铺数	327
开发理念	引领潮流和文化趋势的城市魅力
特点	大型综合体地下商业
	布局直营的开放式图书馆：客流2500千万人/年

（2）生活方式中心（Lifestyle s/c）+ 社区购物中心（Community s/c）

一. SHONAN T-SITE（日本，湘南）

项目概要	
地址	日本，藤泽/FUJISAWA市
开业时间	2014年12月
占地面积	1.4万平方米
建筑面积	7000平方米
店铺数	30
主力店	鸟屋书店
主题	"慢食（SLOW FOOD）,慢生活(SLOW LIFE)的建议" "享受趣味和数码生活的方法提案" "父母和子女的交流提案"
特点	使用Seamless技法(从顾客的立场来看商业设施内的品牌没有明确的界限或区分，每年举办1000次活动

（3）区域型购物中心

–. 川崎广场 LAZONA–Kawasaki（日本，神奈川县）

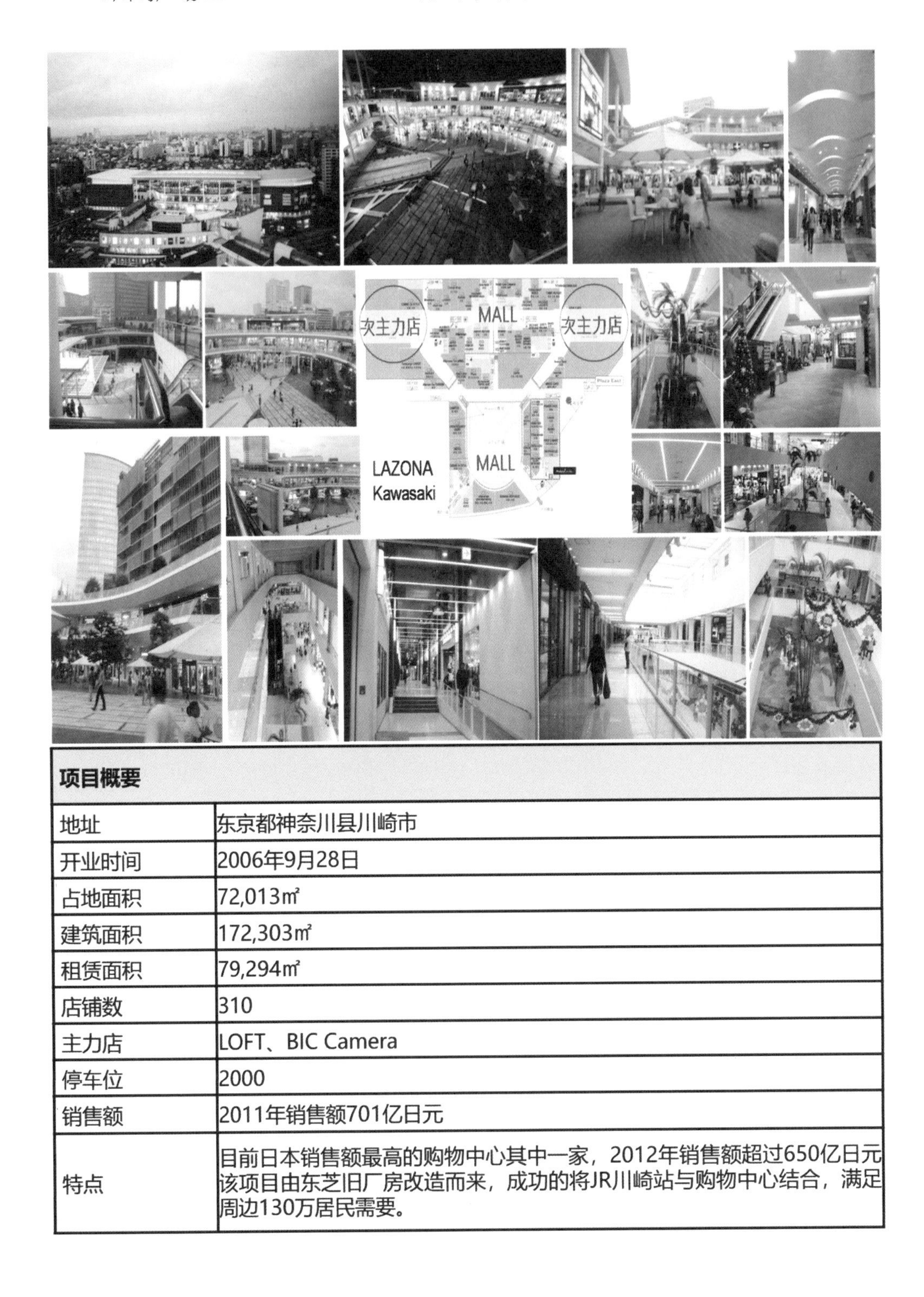

项目概要	
地址	东京都神奈川县川崎市
开业时间	2006年9月28日
占地面积	72,013㎡
建筑面积	172,303㎡
租赁面积	79,294㎡
店铺数	310
主力店	LOFT、BIC Camera
停车位	2000
销售额	2011年销售额701亿日元
特点	目前日本销售额最高的购物中心其中一家，2012年销售额超过650亿日元该项目由东芝旧厂房改造而来，成功的将JR川崎站与购物中心结合，满足周边130万居民需要。

一. 丰州 URBANDOCK/Lalaport TOYOSU（日本，东京）

项目概要	
地址	日本，东京都 江东区
开业时间	2006年10月
占地面积	1.4万平方米
建筑面积	67,499㎡
租赁面积	62,000㎡
店铺数	180
次（主）力店	儿童娱乐（KIDZANIA）,影院，杂货店（TOKYU HANDS）,家具店等
停车位	2200
特点	2011年326亿日元 该项目由造船厂改建而来，在建筑造型上以帆船为主题，结合港口风景，成为新的旅游观光景点。

（4）超区域型购物中心

–. StarField 河南（韩国，首尔）

项目概要	
地址	韩国，河南市
开业时间	2016年09月
占地面积	11.8万㎡
建筑面积	46万㎡
营业面积	15.6万㎡
店铺数	750(百货：450,Mall:300)
主力店	新世界百货,Traders Club(仓储式大卖场),Aqua World(水乐园)等
停车位	6400
销售额	50亿人民币/2017年
开发理念	“我们要做如棒球场一样的家庭的快乐/休闲的地方” “未来我们的竞争对手不是零售业态而是主题乐园”

一. Times Squre 时代广场（韩国，首尔）

项目概要	
地址	韩国，首尔
开业时间	2009年09月
建筑面积	37万m²
租赁面积	30万m²（地下2层~地上5层）
店铺数	超200（不含百货经营品牌）
主力店	新世界百货店（9.7万）
特点	1.5万m²的生态景观，
主题	为了你的"闪亮"生活方式（城市娱乐生活方式购物中心）
客流量	20万/日
销售额	50亿/年（预测）

一. 阪急西宫 NISHINOMIYA Garden（日本，大阪）

项目概要	
地址	日本，大阪府兵库县
开业时间	2008年11月26日
占地面积	700,000㎡
建筑面积	240,700㎡
租赁面积	107,000㎡
店铺数	268
主力店	西宫阪急百货、Izumiya、TOHO Cinemas
停车位	3000
销售额	2012年600亿日元（其中阪急百货260亿日元）
特点	棒球场改造项目 外边行程里面作为停车场

E. 生活方式中心（Lifestyle s/c）

一. THE COMMONS（泰国，曼谷）

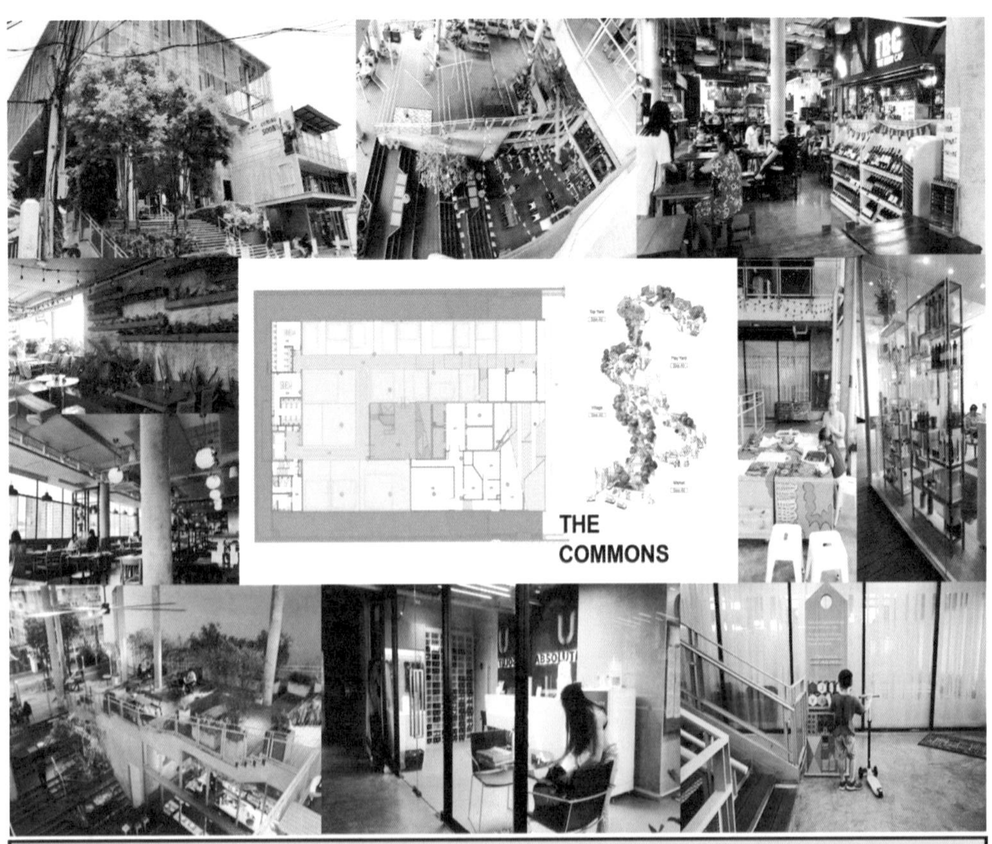

项目概要	
地址	泰国，曼谷
开业时间	2015年底
占地面积	5,000㎡
建筑	地上M1层~地上3层
店铺数	35
开发理念	人们聚在一起,在我们所爱的这座美丽的城市里建设健康,有意义的社区
主题	成为THONGLOR社区的后院

3. 目前中国购物中心的现况及形成原因

谈起近年来国内的购物中心，包括零售业态存在的问题，其中很重要的一个问题，就是商品与环境的“同质化”。如何看待这些同质化现象，对以后的购物中心（包括其他零售业态）开发来说，可能是一个非常关键的问题。其实，不仅仅是购物中心，对于所有的零售业态来说，同质化基本上不是问题，应该说是必然现象。原因是在各自业态所在的同一业态内，规模及各种条件形成了商圈，在每个商圈中出现具有相同位置的店铺是理所当然的现象。

比如，在北京、上海、深圳等不同城市，出现同一定位的店铺根本不成问题；上海淮海路的购物中心定位和徐家汇的购物中心定位相同，也完全不是问题；上海南京路上布几个高档定位的商业也正常。各业态是考虑到店铺的规模和条件，设定商圈的大小，并设定其商圈内的目标客户，以达到相应的定位，这是极为正常的现象。

真正的问题是：同一商圈、同一定位及主题的同一业态的过密化，这个根本问题出在项目自身的规划上。它们规划时是不同定位、不同主题的，但执行时，其实并没有自身的主题，呈现出与竞争店相似的商品规划及布局，其结果没有形成差异化。另外，从消费者的角度来看，认为都是同一定位和主题重复的大同小异项的项目。但是从项目的立场来看，将项目的不同定位放在最重要的地位考虑也不为过。

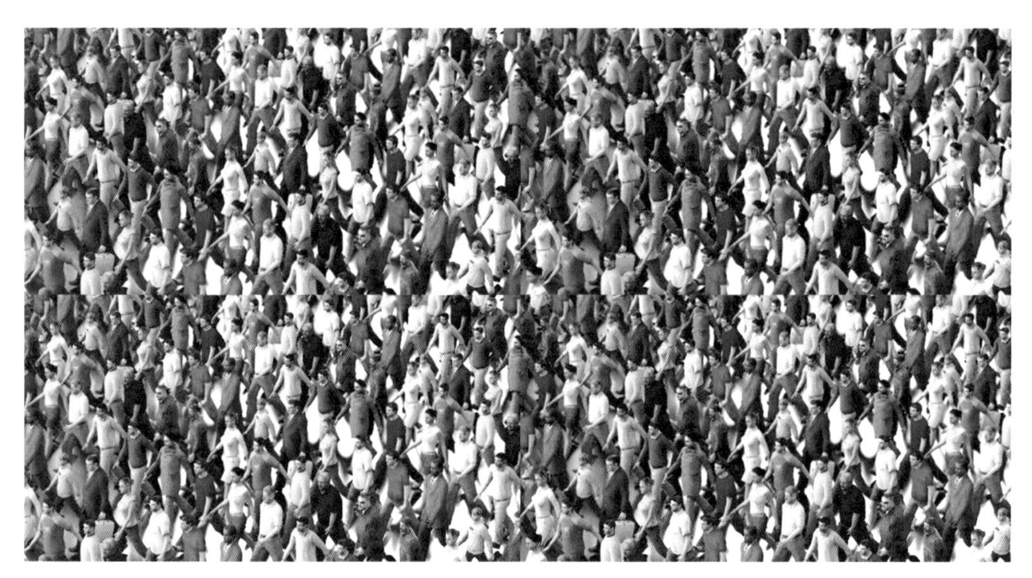

■ 高密度的重复

那么，在这种过密的现状下，如何打造具有竞争力的店铺呢？

从项目的定位、主题以及商品计划这方面考虑的话，可以提出以下两种方法：

第一，细化设定目标客户后，对目标客户所希望的各种生活方式进行有机规划。

第二，在不同客群的多样生活方式中，寻找出满足客户的同种需求和同种生活方式。

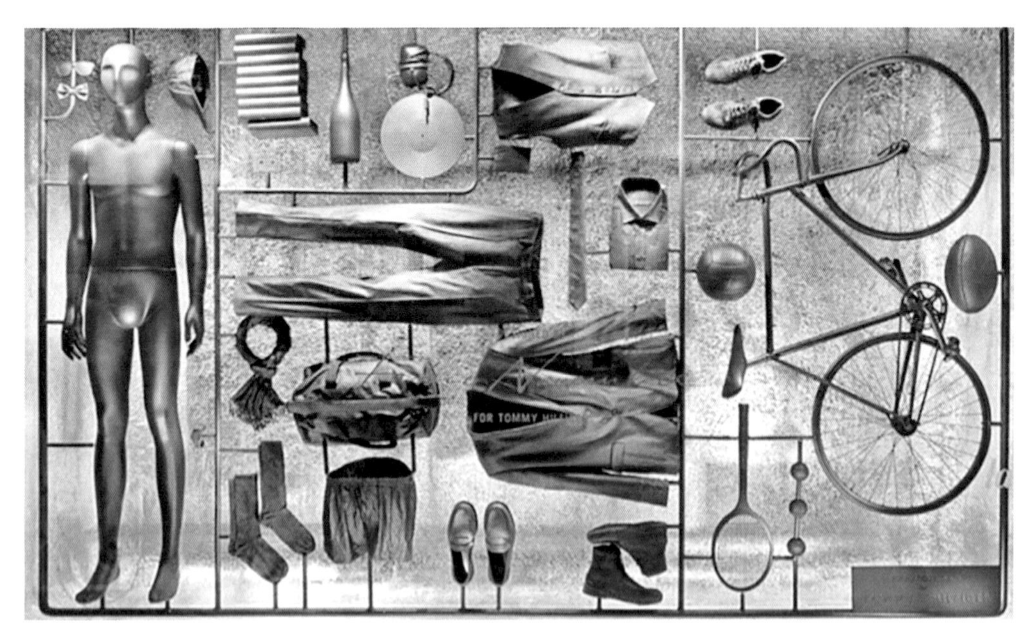

■ **编辑店的概念图（来源：Tommy Hilfiger window display）**

不是单纯地进行商品销售，而是编成符合位置和主题的商品群（如图一样），向顾客传达明确的概念

第一，因为在同一个年龄段和同样收入带的群体，也存在着不同的生活方式，所以不可根据客户的收入和年龄来划分目标客群。怎样更为细致地设定目标客户呢？这就需要我们将追求相同生活方式的群体设定为目标客户。我们认为，由于小范围的目标客户群的扩展可能性很小，所以，如果能够满足目标客户群体的需求，就可以更加容易地吸纳其他客户群体，这种吸纳也是一种竞争优势。在这一点上，日本代官山 T-SITE、湘南 T-SITE 等项目都可能是很好的例子。

第二，广泛掌握年龄段和收入带的标准，寻找他们共同的生活方式，规划商品和环境。在众多的生活方式中，寻找同种生活方式的客户群体，并适当配置不同层次、不同水平的商品。如果能够避免客户之间发生冲突，并有机地连接融合，那么它将成为所有客户群体都喜爱的，并且具有明确主题的商业设施。

现今中国消费者追求多样化价值的趋势愈加明确，以科学和移动互联网时代为背景的线上业态也持续发展，在此背景下，国内购物中心面临着更激烈的竞争。与从郊外进军市中心的韩国及日本购物中心的发展路径不同，中国购物中心是从城市型娱乐中心起步的，如今正在面临激烈的异种业态竞争和过度密集化开发等严峻的挑战，增长势头正在放缓。未来，与其积极的拓展，国内购物中心更应考虑现实的生存问题。

在如何寻找出路的问题上，虽然有很多专家提出了建议和方案，但很多意见都囿于购物中心业态的传统思维范围内，停留在表面方法，而没有解决根本的问题。

当前的市场环境下，购物中心从业者应该重新审视业态的根本核心，而不是进行表面治疗。在业态间的竞争中，研究业态固有的核心要素，进一步突出购物中心业态所具有的固有优势，同时需要特别关注 5G 时代的科学技术背景及线上业态的竞争关系，重点关注人类“单纯需求属性的购买理由”之外的消费者未曾经历的惊喜和喜悦，去超越消费者的期待。在同一业态的竞争中，用商品、环境、服务以及零售企业的理念融合，而不是徒有其表的 IP 化（如，仅环境、仅象征物表现），真正使项目成为具备独有的差异化竞争力的 IP。

1）存在的问题

（1）大部分购物中心都在市中心。

（2）并不是单独开发一个购物中心，而是城市综合体中的配套性开发。

（3）缺乏具有大吸客力的主力店。

（4）相比购物中心自身的吸引力，大部分购物中心主要依赖地理位置。

（5）不管商圈和位置相似定位的同质性现象严重，购物中心之间几乎没有差异（即便等级上存在差异，但在品牌、主题等方面几乎没有差异）。

（6）根据定位的业态业种规划的租户落位相比，多数是根据品牌要求落位。

（7）由于购物中心特有的品牌影响力（BrandPower）较弱，导致顾客多以选择专卖店品牌为主的情况。

（8）零售、娱乐、餐饮、服务这 4 大购物中心功能中餐饮的占比很大，整体缺乏均衡性和决定顾客对购物中心业态偏差的印象要素。

（9）地产投资概念的利益创出概念较强，直接对商业的创收概念较弱。

（10）因巨大房地产资本导致商业发生非正常的发展现象。

（11）短时间内快速发展，人力资源和系统及运营管理水平却没有跟上，导致开发未正常发展。

（12）大部分都想依赖于现有好品牌，而不是开发新品牌或做真正的商品规划，导致品牌的重复率高；同时因为定位的不明确，Shopping Center 的同质化现在加剧。

（13）商业是综合体的一部分，但建筑条件无法起到让顾客满意的商业设施的作用。

（14）研究分析的重点应放在符合社会现象及与商圈本身相适应的差异化上，并以此为目标开发出满足目标客层需求的差异化的购物中心，但大部分购物中心是盲目地模仿式开发。

2）存在问题的原因

（1）与以商业经营为目的开发购物中心（S/C）相比，更多 S/C 的开发是为了提升综合体价值而进行

可能是因为国情和社会发展的原因，很容易观察到国内单纯的购物中心有多少？大部分都是综合体配套商业，试问这样的开发是真正出于商业目的还是为综合设施起辅助作用呢？其实不需分析就可知晓答案。

商业称为 Detail（细节），与依赖资金动力的地产开发完全不同，而且也并非地产开发需在短期内回笼投资或获取利润。需要凭借长时间持续性经营得以提升利润的商业从本质上与此完全不同。当然商业特征中含有地产的特征，但租金收入以及地产增值等只是其附属部分，绝非主要部分。大部分公司冠名“○○商业房地产”“○○商业管理”，就真的是商业经营公司？还是主要针对房地产的商业管理公司？商业绝对无法通过单纯的管理获得成功。即使通过房地产取得了巨大利润，但是商业却不可能轻而易举取得成功。

房地产开发的盈利模式与商业公司的盈利模式从本质上截然不同。以通过短期大规模投资并短期获利为目的的地产公司的这套模式很难适应于商业盈利。

（2）商业设施开发原因

中国在几年前地产开发已达到顶峰，业内应对的一个方法是商业开发像流行一样蔓延，目前大型地产开发公司都开始开发商业。但其结果如何？拥有雄厚资金实力的地产公司的无序开发导致中国整体商业陷入混乱局面，而真正的商业经营公司则被逼入难以生存的境况。如果此种情况延续下去，为中国商业带来的并非发展而是后退。中国的整体商业也将很快面临危机。

从现在开始，房地产开发概念需要转换成商业经营概念，地产开发由地产开发人员进行，而地产中所含的商业设施要由商业经营公司来进行规划与经营。

以这种方式进行的韩国和日本的开发案例有很多。

（3）地产开发与商业规划开发在时间上存在差异

住宅与办公等的开发已经规范和普及，因而在初期开发规划及设计上不需投入过多时间，但商业所需的初期规划时间则较长。可是因为商业所处的地位并不是主要的，在制定商业规划前要先开始设计，与其说是符合大部分商业的设计，不如说更侧重于其他综合体设施的设计。

由此导致后期如遇到变更设计产生的负担（如时间、费用等）时，只允许进行最小限度的调整，从而出现商业规划时定位与建筑设计的矛盾以及各层规划的受限问题等，最终也与打造成功的店铺这一目标渐行渐远。

（4）专业人员问题

地产开发的同时伴随大量购物中心的开发，就会相应产生可以进行此类开发经营的专业人员严重不足问题，这也是导致商业开发走向错误方向的原因。

无论是哪个行业，真正的专家都是从长时间丰富的从业经验中历练出来的。而现实是，在商业房地产公司工作几年、在商业咨询公司几年的从业者就成了专家，并被业界接受。几年工作经验的专家究竟能做出怎样的成果物？对众多商业是否了解？商业咨询公司仅是其事业手段之一，利用公认的、普遍的统计作为其工具，就像生产产品一样简单复制是普遍现象。商业，尤其百货、购物中心等虽然存在连锁店的概念，但是与折扣店截然不同。根据位置、时间及社会现象不同，其定位和商品不同是正常的，立足于规模的个别单体势必优先取得成功。并非需要大量的商业，而是需要更多经营业绩优质的商业。

尤其目前无序开发导致竞争更加激烈的时期，只有真正的专家与真正的商业经营管理公司以及专业的房地产开发公司强强联合，才能打造出接近成功的商业。

（5）创收及企业精神的歪曲

目前很多购物中心的开发目的并不是长期运营，而是短期创收。这也是受房地产的影响，投资公司的目的很简单，目的都在于短期创收，但这些观念却都被普遍接受。在此情况下，怎能建立起数十年、百年以上商业企业呢？

	地产开发行业为主思维	零售/服务行业开发思维
1.	主要目的:为了提升综合体整体价值的配套功能，地产价值（住宅，公寓，办公楼等）增加	主要目的:提升商业品牌本身的的价值，以商业为主的综合体价值上升，重视经营的收益
2.	不是算商业单独的汇报，综合体整体的回报率，所以投资汇报周期短，相对比开发周期业短	算商业单独的回报率，所以相对投资回报周期长，相对开发周期长
3.	通过以建设为主的标准化复制性开发，追求快速的规模增长（量>质），开业数量和商业长期成功间更重视前者	以各商圈为主的开发，所以开发速度比较慢，提高各项目的商业上竞争力（质>量）
4.	以环境为主的开发思维，环境需求优先于商业定位及功能	以商业零售功能为主的竞争、环境实现视觉体验（商业定位主导整体环境/商业策划主导项目的开发）
5.	内部组织架构需强化中、后期部门（如：重视招商、营运，不重视商业策划，规划部门等前期业务部门）设计部的功能是迅速配合的工程和招商部门、营运部门	内部组织架构上，前、中、后期部门的平衡[如：开发，招商，运营部门]
6.	依靠品牌为主的商业策划及布局	依据商业策划找品牌及布局
7.	以项目环境设计作为主题，而不是以商品作为主题（通过环境找品牌及吸引顾客）	定位及业态业种的规划和环境融合的项目主题（通过零售功能找品牌及吸引顾客）
8.	不管商业定位和商圈消费者的需求引入普遍影响力大的品牌数量，以此决定项目成功的思维	无论影响力大小的品牌，须引入符合定位及目标客户需求的品牌及组合，以此决定项目成功的思维
9.	忽视创新自己的品牌，全依靠品牌的中介性做法	根据消费者的需求可以创新自己的品牌，做成项目的差异化及固有的主题

■ 地产开发为主思维和商业 / 服务思维的比较

3）为解决问题，需要立足于两点进行考虑

首先是“Think Small/ 思维的单纯化”。

“Think Small”是沃尔玛创始人 Samuel Moore “Sam” Walton 为了正确了解顾客和顾客的需求而提出的。

第一，在购物中心过度密集化竞争的现状下，为了实现店铺差异化及最大限度地提高顾客的满意度，不能为了追求实现店铺销售额而一味扩大商圈规模，而应该考虑到项目的特性（规模、位置、开发企业内部水平等），将商圈进行更为单纯的设定（小范围），以此来透彻地掌握商圈和消费者的特性。

第二，在市场竞争激烈、客户群体、需求多样化的现在，不以多种顾客为目标，而是研究分析特定化商圈内消费者特性的基本要素（性别、地区、年龄、日常风格等）、指向价值、流行敏感度、在线上购物时间及购物频率等，选定一个符合这些要素的精准目标客户群。只要我们能单纯地设定目标客户，就可以明确了解顾客的要求和期待，从而提供超越顾客期待的商品能力和服务，将项目的竞争力最大化。

其次是斯蒂夫・乔布斯（Steve Jobs）所说的“Think different/ 思维转换”。

在消费者主权的“零售第三时代”状况下，购物中心从业者不应该站在开发和运营购物中心的立场上，而应该通过消费者的视角来思考消费者真正想要的是什么，必须要进行思维的转换。从客户的角度来说，我所希望消费的商品出现的“发现一刻”，以及发掘出之前从未有过的经历或从未接触过的新商品，能带来极大的惊喜和喜悦。

同时，目前国内大部分购物中心仅是大规模综合房地产开发的一部分，结果形成了大量无差别、同质化的购物中心。虽然购物中心在业态特征上也属于以出租为目的的房地产业，但是现在应该果断地从租赁业中摆脱出来，向零售经营业转变。这就要求购物中心企业必须建立自己的资源和特点，并利用这些资源建立自己的差异化定位和理念。同时，从“品牌（租户）是租赁我店铺”的被动主体思考，转变成我为购物中心策划的一种“商品概念”的积极思考，根据顾客的真实需要，创新并企划独有的品牌。也就是说，我们要摆脱传统的购物中心业态经营模式，大胆引入不同的优势业态。

国内也有很多零售及购物中心业态的专家，但中国零售业尤其是以房地产开发为重点的购物中心的快速发展，使许多专家倾向于快速开店的实战。缺乏对业态基本的研究、理论的研究，这就造成了在实战中出现大大小小的问题时，解决起来遇到很大的困难，或者根本就想糊里糊涂地解决问题的扭曲现象。这阻碍了购物中心业态的健康发展，正在制造密度过高的恶性竞争，也是事实。虽然理论与实际在许多方面可能存在偏差，但只有牢固掌握基础理论，才能在实战中大有作为。

Think Small

-.目标客户的简单化

通过目标客群的压缩，提供目标客户的期望和要求

-.商圈的单纯化

商圈特定化导致顾客亲密度增加

-.顾客需求的差异化商品

站在顾客的立场上规划商品

-.从租赁业转换零售业

开发只我有的差异化商品

Think Different

Format Inovation

-.购物中心业态的租赁业概念转变

1.从“Tenant mix/品牌规划”概念向“商品规划经营/md规划”转变,增加与顾客的亲密度.

2.为了满足顾客生活方式及竞争中的差别化必须开发项目（企业）自己的品牌或商品

-.站在消费者的立场上开发:

提供顾客真正能够感受到的价值满足感

■ **Think Small/Think Different 和变革关系图**

一、立地调查分析

立地调查分析阶段是针对指定地块（建筑物）自身及周边相关人员，进行调查分析的内因分析，以及对地块相关商圈进行调查分析的外因分析，是可以应用于下阶段开发方向设定及制定战略战术阶段的最为基础的、重要的人员调查分析的阶段。

特别是商业设施还属于选址产业，在开发大部分商业时，选址条件是第一位的。但是，从许多成功的商业设施的例子来看，选址对商业设施的成功影响很大，但不会说这是绝对的条件。像现在这样，有多种多样的零售业态开发和在不受选址限制的线上业态迅速发展的情况下，传统概念中靠良好立地就能成功的观念可以说不存在了。从现在起，在传统的选址条件概念的基础上，还要结合消费者生活及需求的变化和社会及技术的发展状况，同时考虑所要开发的商业设施的自己特点来评估立地选址。为此，首先对商业设施所处位置的完整理解将成为基础。

如下是针对指定地块所具有的商业相关属性的理解，以及打造出与之相符的购物中心的方法的相关分析。

在进行此项工作前，首先需要理解立地和商圈的概念。

1. 立地与商圈

1）立地

是指周边小范围的选址，包括商业设施自身条件的地块及商业所处外在地理条件。比如与商业设施相连的道路的条件、在道路上的可视性、包括别的商业设施的大范围、与城市中心地区的距离、与区域中心的距离、属于商业地区还是一般住宅区以及交通情况等，通过这些立地条件进行立地评价。不同业种业态特性会带来不同的立地条件，因而立地在零售业起到非常重要的权衡因素的作用。

2）商圈

（1）在中国，商圈的概念：

在中国，商圈通常定义为“以开发地块为中心、设定一定的方向及距离作为吸引来客的范围，或是光顾顾客的居住范围”，并分为核心商圈（1 次商圈）、次级商圈（2 次商圈）、周边商圈（3 次商圈），再按照各业态的规模类型来区分距离及移动时间。这是从局部意义上对商圈的解释。

区分		1次商圈	2次商圈	3次商圈
光顾客流	小型	65%	25%	10%
	大型	65%	25%	10%
范围	小型	0.8KM	1.5KM	1.5KM以上
	大型	5KM	8KM	8KM以上
移动时间	小型	步行10分钟以内	步行20分钟以内	步行20分钟以上
	大型	乘坐交通工具20分钟以内	乘坐交通工具40分钟以内	乘坐交通工具40分钟以上

■ 中国商圈概要

（2）理论性概念：

商圈拥有复合多样的性质，大致可分为以下 3 类。

A. 从范围角度分类

• 总体商圈（GTA：General Trading Area）

辐射特定整个区域的商圈称为区域商圈、广域商圈。

• 社区商圈（DTA：District Trading Area）

属于总体商圈中起到补充立地的商业密集商圈。

• 店铺商圈（ITA：Individal Trading Area）

社区商圈中店铺起到补充立地的商圈。

B. 从吸引性（Attracrivity）角度分类

• 1 次商圈（Primary trading Area）

囊括 55%—70%、60%—80% 光顾顾客的商圈范围；

最靠近店铺、高客单价密度最高的区域，商圈重复度较低。

• 2 次商圈（Secondary trading Area）

囊括 15%—20%、20%—30% 除 1 次商圈以外的顾客高度分散的区域。

• 周边商圈（Fringe trading Area）

囊括 5%—10% 顾客的商圈范围；

1、2 次商圈以外的顾客商圈范围，光顾顾客非常分散。

C. 从商圈规模角度分类

• 邻里型商圈

距离居住区型或零售商圈的范围是 500—1 500 m，人口在 10,000—30,000 以下，以生活必需品为主的食品类商店以及小型店铺的形态。

• 社区中心型商圈

区域范围商圈，广泛经营消费频率较高的非食品类商店，是价格低廉、大量销售的零售商店。

• 区域中心型商圈

大中城市中以区为单位、小城市以整个区域为对象的商圈，除生活必需品以外的、以经营专业商品、贵重商品为主的大规模商圈范围。

• 城市中心型商圈

以大都市整体为对象的商圈，一般来说是城市的最核心商业区。

D. 其他分类，按照设定的方法及用途进行分类

也可分为潜在商圈（Potertial Trading Area）、未来商圈（Probable Trading Area）和实际商圈（Actural Trading Area）。而实际商圈（Actural Trading Area）又可细分为一般商圈（General Trading Area）、综合商圈（Composite Trading Area）、比率商圈（proportional Trading Area）。

3）商圈和购物需求关系

前往购物中心的顾客根据移动距离的不同，具有不同的目的，客户各种不同的前来目的，对于设定商圈、目标客户及做业态业种规划而言，具有相当重要的意义（业态业种之间的比率及位置等）。所以了解商圈（距离）与客户需求的关系，并做好整体商业规划，是非常必要的。

（1）采购生活必需用品和满足日常生活的目的

在车辆可以短途移动和徒步移动的 1 次商圈内，顾客访问目的多是购买生活必需的物品及日常生活上的用品（包括餐饮和娱乐），1—2 天访问一次，或每周访问 1—2 次，他们可以在短时间内完成来的目的，便利是首位的。所以业态业种布局时要考虑动线上最方便的位置。特别是以小型社区为主的购物中心，这点是最重要的因素。

（2）满足更时尚、更领先的生活需求的目的

不仅是选购日常生活所必需的商品，也是以满足自己或家人更好的生活为目的而前来的顾客。对这些客户而言，到购物中心的移动距离不是很大的问题。是否有他想要的

商品？能不能满足他的生活方式？这才是他决定前来的决定因素。客户位于二、三线商圈，到项目有一段距离，所以为了吸引他们，首先要通过商圈居民的分析后选择出最合适的客户群作为目标客户，然后根据研究分析他们的生活方式进行业态业种规划，规划结果可能满足不了商圈里所有的客户。当然，如果能够让目标客户充分满意，那么次客户群和其他客户群访问的机会也会很高。

（3）娱乐商品（消费时间）的目的

他们是来消费时间的顾客，虽然距离很远，但是想要一个能度过很长时间的购物中心。为了拥有这种具有时间消费的目的性的顾客，应该适当地设计出不单调、能够消耗时间的、具有鲜明主题的商品（娱乐、体验、美食等）。虽然他们的到访次数并不多，但是相对来说，需要大量顾客群、作为中大型规模、位置在郊区或者有点离开商业中心的购物中心，仅仅依靠近距离商圈的客户数量是不够的，因此必须予以考虑。

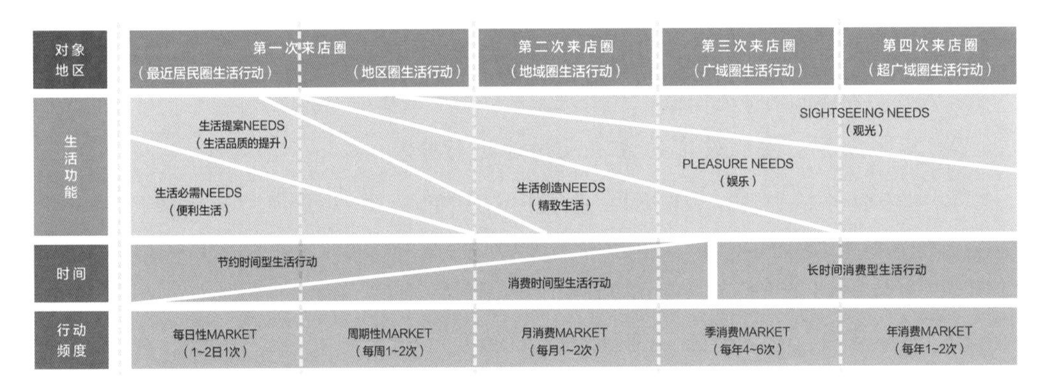

■ **商圈与客户需求的关系解释表**

正是因为商圈受开发业态、业种、店铺规模、交通、交通障碍物等诸多关键因素影响，因此商圈的大小与规模各不相同。因此，仅仅按照 1、2、3 次商圈进行划分有些牵强。

现在最常见的错误是，首先根据开发的商业综合体（写字楼、住宅、公寓等）规模和定位以及相关商业的规模来确定商圈的大小。决定商圈范围的固然有规模因素，但根据规模以及什么样的目标顾客层，再来设定商业的定位和主题是有所不同。比如同一位置，五万平方米的以最高定位店铺为主的商业可以将整个城市设定为商圈；但是同一位置以大众为定位的十万平方米的商业，就不能设定整个城市为其商圈，而只能作为地区商圈而缩小范围。而且根据开发商业周边条件的不同，商圈的范围也会不同。虽然有些项目规模较小，但属于商业中心区，与其他商业设施相融合，可以将商圈范围扩大；但在郊区或没有互动商业的单独店面，商圈的大小肯定会缩小。

2. 内因分析

内因分析是对地块本身具备的条件及周边因素（环境）进行的调查与分析。

这一过程是：把握可以形成何种形态的建筑、与周边的和谐以及关联性、为从顾客立场上设定方向性提供基础资料。

1）建筑条件分析

项目的建筑条件其实对总体规划有着非常大的直接影响，因为单层面积、平面形态、楼层数、整体面积、停车数、室内层高等，都会对定位及 MD 规划产生影响。但这不是建筑设计师的专业领域，需要商业设计师具备高水平的专业性。因此商业规划时需完全掌握基本建筑相关条件后再让建筑设计师进行专业的设计，但建筑设计师的方案是不会完整考虑商业的需求，所以要站在商业开发和运营的立场，将建筑条件范围里满足项目的需求尽量提供给设计师。而且这阶段一般还没确定项目的定位，还处于初步预判断，所以必要有经验丰富的高水平的规划人参与进行。

建筑条件	影响范围
容积率	影响整体项目的规模（面积、层数）、内部形态及动线（中空）
建筑红线	影响项目的外部形态及正面广场的利用及接近性
限高	影响项目的层数及层高
绿化率	影响项目的商业利用面积及标准平面，层数
建筑密度	影响项目的标准平面
周边道路及公共设施	影响项目的车辆、人流进出及内部交通动线
消防规定	消防车道：影响项目的接近性 疏散通道：影响内部平面规划及建筑外立面
地下建筑限制	影响地下层数及停车场面积

■ 商业开发有关的建筑条件和影响内容

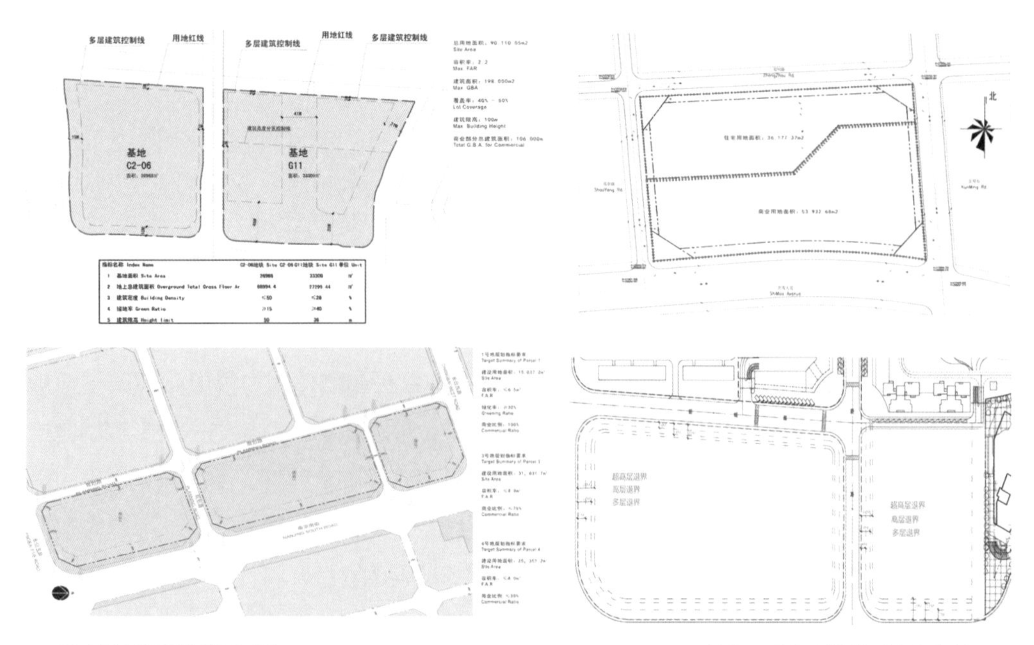

■ **项目土地的建筑范围示例**

所有项目的土地的形态和条件不同

（1）基本型 Mall 的形态是根据建筑条件、定位、MD 规划组合成的多种类型，下图所示为最基本的形态。

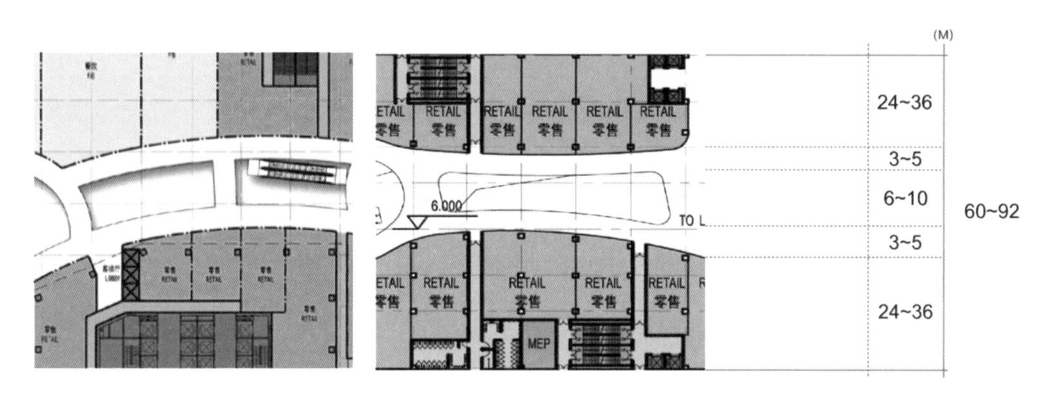

■ **Mall 区域合理的通道及店铺的宽度**

（2）Mall 的各层形态（通道和中空）特点

为了提高上下层的开放性和连结性，Mall 的通道上可能形成中空（VOID）所以各层的通道宽度不同。

楼层	平面	通道形态的特点
地下	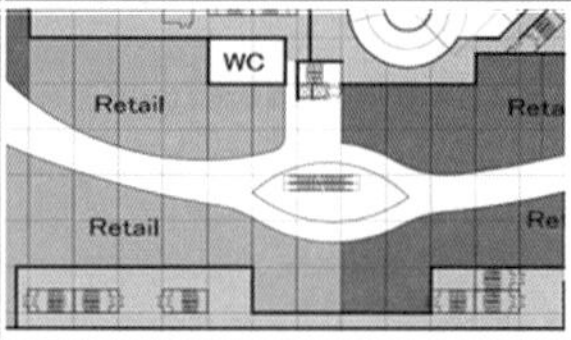	1.地下一般没有中空空间,所以建议尽可能缩小通道宽度 2.上下楼层连接处的垂直动线部分,尽量用中空的方式确保顾客视觉认识性
1层	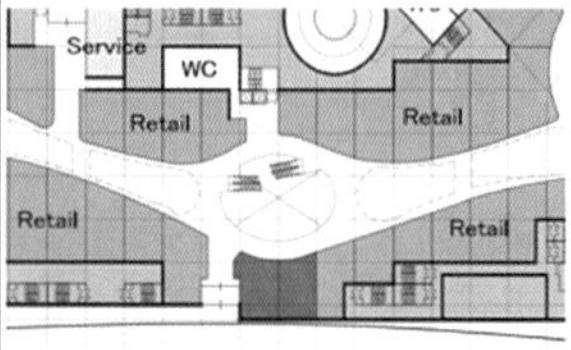	1.一层为与出入口及消防通道等与室外相连接的功能性设施较多,所以尽可能把洗手间/消防/电梯等功能一体化加强店铺展示面的连接性（整层） 2.店铺展示面最大限度与中空部分相邻，减少没必要的宽度，加强店面展示性
2层 以上		1.2层一般地面和顶部都有中空，所以根据定位确定中空大小 2.在每个楼层中空部分给予变化的方式加强通道的变化感

■ **Mall 各层的动线宽度注意事项**

通道上的中空的作用比较多，其中最重要的功能是通过开放的视觉感，强化全层的商业气氛连接及通过前述的效果提高顾客的移动，所以平面设计时必须考虑顾客在通道上的视觉场景（可以看到商铺）。

A. 需考虑设备空间、公共设施、消防设施、后方动线的宽度。

B. 因是平均尺寸，商铺的进深可以根据 Mall 的形态（中空、直线、曲线等）而改变，但平均来看 70—80 M 最为合适。

C. 成为可最大限度反映 MD 的规划（餐饮、娱乐、主力店需要进深大的商铺）。

D. 影院最能影响 Mall 的形态，因此 MD 规划时需先规划影院的位置。

将以上组合作为最基本形态，按照建筑条件进行各种组合和形态变更，从而设计出最合适的形态。如果建筑条件不满足，则需考虑根据整体 MD 规划进行完善的方法。

实体商业是有形建筑为基础的零售业态，所以商业策划（规划）者可以不是有关建筑环境方面的专家，但必须具备对建筑和环境方面的专业基本知识，通过这些基本知识与建筑和环境专家一起打造商业定位和主题融合的、最合适的商业环境。

■ 商铺和中空的合理的做法案例

■ 没考虑中控对上下层店铺的可视性，下层通道太宽，低下的商业气氛和损失营业面积的案例

2）周边条件分析

对周边条件与建筑条件共同进行分析，是确保今后建筑总体规划时能在最佳位置实现车流人流的进入；同时这也是确保与周边建筑连接性的调查分析阶段。

（1）地块与周边道路的临近性

－地块与道路的连接情况：

地块与几条道路相连？

与地块相连的道路是什么样的道路？（主干道、胡同道路等）

若远离主干道，那么相距多远？从主干道的视觉性如何？

各道路的通行量及道路轴向如何？

（2）与相邻道路的连接性及交通设施情况

－周边道路与项目的连接情况：通过人行横道、道路宽度、地下道路、天桥、交通信号、转弯与否（左、右、U 转弯等）等道路的车辆及步行顾客的接近性调查。

－周边道路的主要通行方向、公交站、出租车停泊站以及周边设施的交通情况调查。

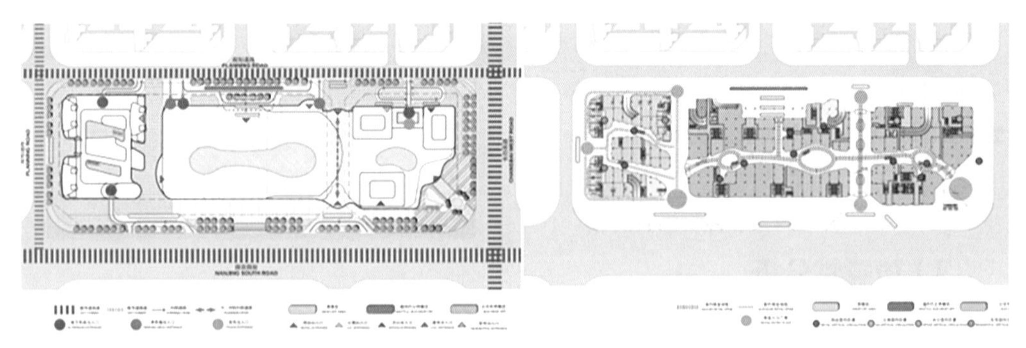

■ 内外交通条件和内部动线连接分析的过程案例

（3）周边大型设施调查

－是否存在引发流动人口的大型设施？如果有，是什么样的设施，以及和项目的连接性（距离、便利性、连接方式）如何的相关调查。

－是否存在因大型建筑物产生的视线问题等的调查。

（4）与地铁、公交站、出租车停泊站等公共交通设施的连接情况

－与地铁出入口的距离？

－地铁站与地下是否存在连接通道？

－与公交站的距离？是否易于靠近项目？

- 分析目前出租车停泊站的有效性及项目内部出租车升降场设施的情况。

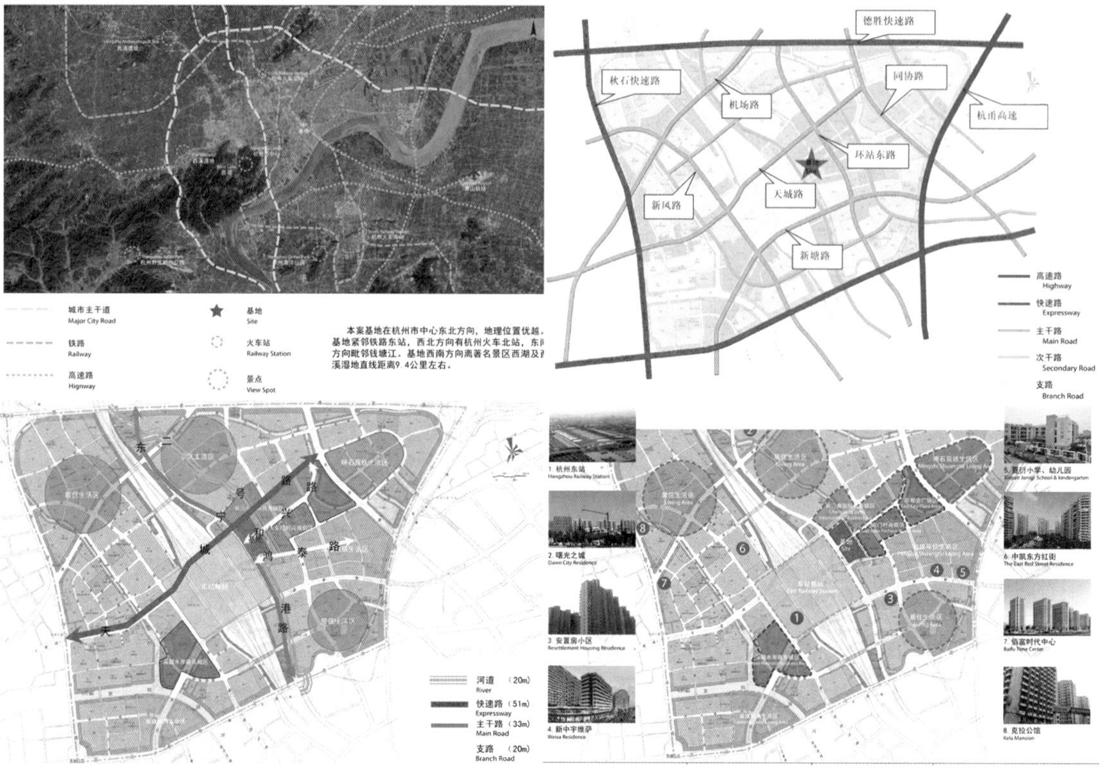

■ 大交通情况和周围的顾客直达性分析过程案例

3）功能性分析

功能性分析大体可分为两大类。一种是聚客的功能类型，另一种是引发流动量的功能类型。虽然将功能性作了大体分类，但是近来立地条件多拥有综合性元素，实际上难以将两种类型完全分开进行分析。

因此，需要更为深入的调查与研究。很难只凭借一种事实进行类型分类，而类型如果很难确定，将影响对项目地理属性的理解，从而也将很难最终做出符合立地的购物中心的结论方案。

（1）聚客功能性的分析

A. 独立立地（Isolated Location）

独立立地是指位于临近城市高速路或市郊、新开发地交通易达性便利的位置，也称为自由立地（Free-standing Location）。大体上，附近不存在竞争项目，投资费用较低，并且停车位充足。作为新开发地，也易于与政府协商。在开业初期周边尚未开发完全之前，存在拉动客流的问题，为此在品牌租金政策、广告费等方面投入的运营费用会比较大。在这样的区位立地，必须要形成单独的购物中心可以独立吸引顾客的 MD 规划。并非低成本投资建设的小规模商业，而是要形成大规模（顾客可以感受到的）设施。

B. 非规划性经营区立地（Unplanned business district）

并非根据规划形成，而是自然演化形成的经营区域。多是凭借主要交通（地铁、公交站等）的便利性以及地域特点形成的。在这种地方形成的综合因素、诸多原因的顾客集聚是其特征。因此，要建在这样的区位立地的购物中心前期必须投入大量时间，每周、各时间段、各年龄段、性别等分别调查，分析聚客因素，找出聚客的原因。

（2）引发流动量功能的分析

引发流动量功能总体上可分为办公区（office area）、居住区（residence area）、中央商务区（繁华区）(Retail & Entertainment area)、综合区（multiple market area）。但是，历史悠久的国家中所在城市遵循前述分类都稍有难度。尤其中国的城市难以进行清晰的划分，从而会在众多关键因素中提取最具代表性的情况进行区分，但是这样做在分析过程中容易产生以偏概全的情况。可以这样进行划分，但是也必须进行整体分析。

A. 办公区（office area）

办公区为办公室密集区域，主要流动人口是上班人员。这类区域平日流动人口毫无问题，但是周末会形成空洞化现象。此外，除下班后的就餐目的外，是否还存在其他需求，要研究满足什么样的目的性需求以及如何带动周末客流的问题。因此，需要掌握各类办公的性质、档次，以及考虑周末的客流从何处引入的问题。

B. 居住区（residence area）

居住区是住宅及公寓密集区域，主要流动人口是下班后的人员及居民。基本上以满足基本生活为主（生活便利性、生活提升性），区域规模较大时，还需要拥有满足生活创造性需求的功能。调查研究居住地区属性，规划符合此处生活方式的定位与 MD，充分满足周末休闲娱乐功能，考虑到是以家庭而非个人为主的区域需要，提供安全舒适的设施。

C. 中央商务区（繁华区）(Retail & Entertainment area)

中央商务区是起到消化市中心以及城市副中心的商业、商务功能的区域，一般又称作 CBD 区。不论周末与平日流动人口众多，是存在各个阶层流动人口的区域。因众多的流动人口，购物中心、百货、专业店等众多商业设施屹立其中。因此，竞争加剧，又因难以满足所有流动人口的需求，需要首先明确制定目标客群，从满足平日及周末的功能出发，与其他竞争项目形成差异化定位。此时，不应与竞争项目形成雷同竞争，而应该与当前竞争项目起到互相弥补空白的效用。

D. 综合区（multiple market area）

在中国，综合区实际是最常见的类型。不是一种明确的功能，而是融合 2 或 3 种特性的区域。是相比中央商务区拥有更易于引发流动量功能的、最占优势的区域，相应竞争也最激烈，对于投资条件同样也有最高标准要求的区域。因此，在该区域单设购物中心是不切合实际的。要深入分析各种综合功能，掌握各类流动人口的属性及需求事项，同时还要展开能够与周边竞争项目形成劣势互补的定位与商品规划。不能局限于单一目标客群，而是要选定主要目标客群、次要目标客群（2—3 类以上），自然地诱导目标客群前来使用，避免各类客群之间的冲突。

如前所述，实际上在中国很难按照某一种类型进行分类。但是，重要的是知晓这些类型，在对应类型制定相应方案时，忽视进行的调查分析以及对应功能、抑或装不知道习惯性地照搬以往资料或其他项目资料进行调查分析，得出的结果与方向性将是存在极大差异的。进行调查研究分析前，由专业、经验丰富的规划设计师直接现场考察得出的结论更为重要。

正是由于类型划分较为繁琐，那么由经验丰富的专家凭借经验判断更为重要。

3. 外因分析

外因分析的目的是找出“营销的空间范围”，即“项目对于顾客的影响势力范围、可以吸引顾客的地理领域”及“实质有购买能力的有效需求的分布区域”，并以此为基础调查分析当前及预测到的未来的有效顾客的生活方式，这为下阶段“设定项目开发方向”及“制定战略战术”提供资料，需要根据这些客观调查资料及由经验丰富的人士进行分析。

在中国，以进行商业开发为目的的调查项目及丰富的基础资料已成体系化，调查部分难度不大，但是“如何进行分析并应用到下一阶段”仍是遗留的课题。根据很多购物中心外因分析结果而得出的“家庭生活中心”“休闲娱乐中心”“体验中心”等一流的项目的方向性，正成为其依据。因此，采用调查结果进行分析并非按照当前定好的框架提取结果，而是需要具有一定水平的商业规划专家从调查资料及经验判断上进行全面分析。当然，凭借经验判断也存在一定的风险，但是为打造成功的差异化的商业项目也会充分考虑到其风险性，凭借经验判断也是通过基础客观资料得出，是一定要进行的环节。前文对于商圈概念及分析方法已进行了概括性说明，具体的调查方法也已有各种丰富的资料，因此下文仅对分析时需要注意的事项进行阐述。

· 现地实况调查分析

1）. 问卷调查背景材料分析

- 调查对象年龄构成 …… 1
- 调查对象婚姻情况 …… 4
- 调查对象生育情况 …… 5
- 调查对象私家车持有率状况 …… 6
- 调查对象职业状况 …… 7
- 调查对象收入状况 …… 8
- 本章总结 …… 10

2）. 长白岛地区问卷调查实况调研分析

- 喜欢的商业设施 - 男性 Fashion，女性 Fasion …… 11
- 喜欢的商业设施 - 儿童 Fashion …… 12
- 喜欢的商业设施 - 体育，休闲用品 …… 13
- 喜欢的商业设施 - 家具，家居杂货 …… 14
- 喜欢的商业设施 - 家电用品 …… 15
- 喜欢的商业设施 - 食材 …… 16
- 喜欢的商业设施 - 正餐 …… 17
- 喜欢的商业设施 - 休闲 …… 18
- 选择在此购物的原因 …… 19
- 选择就餐场所的原因 …… 20
- 喜欢的超市及理由 …… 21
- 小结 …… 22
- 购物利用频率 …… 23
- 购物消费金额 …… 25
- 在路上花费的时间 …… 27
- 小结 …… 29
- 喜欢的女性 FASHION 品牌 …… 30
- 喜欢的男性 FASHION 品牌 …… 31
- 喜欢的快时尚品牌 …… 32
- 小结 …… 33
- 购物主要用途 …… 34
- 有孩子的调查情况 …… 35
- 小结 …… 36
- 需要的 SC 类型 - 商业系 …… 37
- 需要的 SC 类型 - 饮食系 …… 38
- 需要的 SC 类型 - 运动休闲系 …… 39
- 喜欢的娱乐设施 …… 40
- 需要的 SC 类型 - 配套系 …… 41
- 需要的 SC 类型 - 文化系 …… 42
- 小结 …… 43

· 参考资料

1）. 长白岛周边调研分析

- 长白岛周边环境示意图 …… 44
- 浑河以北地块分析 …… 45
- 混合以南地块分析 …… 46
- 苏家屯满融等地块分析 …… 48
- step1. 市场调查回顾 …… 49
- 长白岛周边地块特征分析小结 …… 50
- 本章总结 …… 51

2）. 长白岛内部调研分析

- 长白岛内开发情况 …… 54
- step1. 长白岛内售楼情况回顾 …… 55
- 长白岛内现有商业情况分析 …… 56
- 长白岛内开发住宅区情况分析 …… 59
- 长白岛内开发住宅区情况分析小结 …… 62
- 本章总结 …… 63

3）. 参考数据

- 调查问卷 …… 65
- 问卷统计 …… 69

■ 项目商圈调查分析参考目录表

1）调查资料综合分析

- 在调查资料综合分析阶段，尤其需要注意的是对于片面数值得出的习惯性分析结果，即认为同一阶层的团体具有相同的生活方式的判断。此类情况在目前很多调查书中较为常见。比如，由相同收入水平层次及相同年龄段就判断分析得出其具有相同的购买力，家庭成员也是简单地分为"三代家庭：祖父母 + 父母 + 子女""二代家庭：父母 + 子女""夫妇 2 人""单身家庭"等，而相同的成员层的购买模式也等同视之。当然这也算是普遍适用的一种基准，不能断言这是完全错误的。但是再进行细分化研究可以得出：即便收入相同、年龄段相同，购买力也存在差异，对于生活价值的观念也不相同。

（个人为主 / 家庭为主、开放式生活方式 / 保守式生活方式、追求流行 / 满足于稳定生活、冲动性购买 / 合理购买等，存在多种生活方式。）

此外，家庭成员因为年龄（子女处于幼儿、小学生、青少年、大学以上等不同的阶段）、职业、收入等不同，其购买需求也各不相同，从而存在不同的生活方式。

因此，根据 1 项或是 2 项调查事项不足以对其进行模式化分析，而是需对调查内容进行全部因素（全部外因）的综合性分析，这样才能确定出更为准确的目标客群的生活方式。正如前所述，这也需要借助商业规划专家的深度经验判断。

例 –1）– 基于时间与距离的商圈人口表

商圈距离带人口数

圈级	对象区域户数（户）	预估对象区域人口（人）	到 2014 年新增户数	到 2014 年新增人口
2 公里圈带	35285	98657	12276	34373
5 公里圈带	393202	1107124	34510	96628
10 公里圈带	615163	1722457	100255	280714
合计	1043650	2928238	147041	411715

商圈车程带人口数

车程圈级	对象区域户数（户）	预估对象区域人口（名）
5 分钟圈带	65682	183883
10 分钟圈带	200175	560489
20 分钟圈带	390591	1093656
合计	656448	1838028

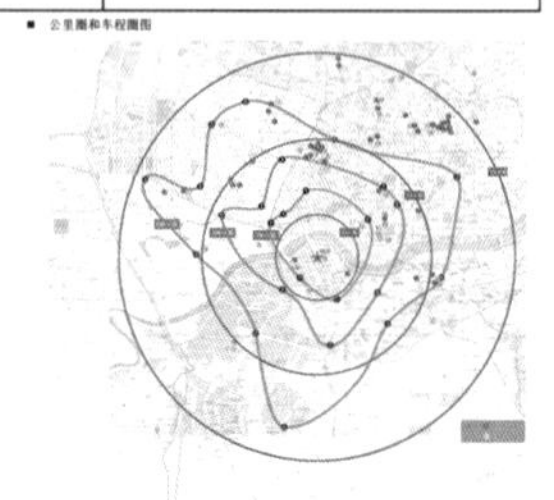

例 –2）– 商圈周围特点小结表

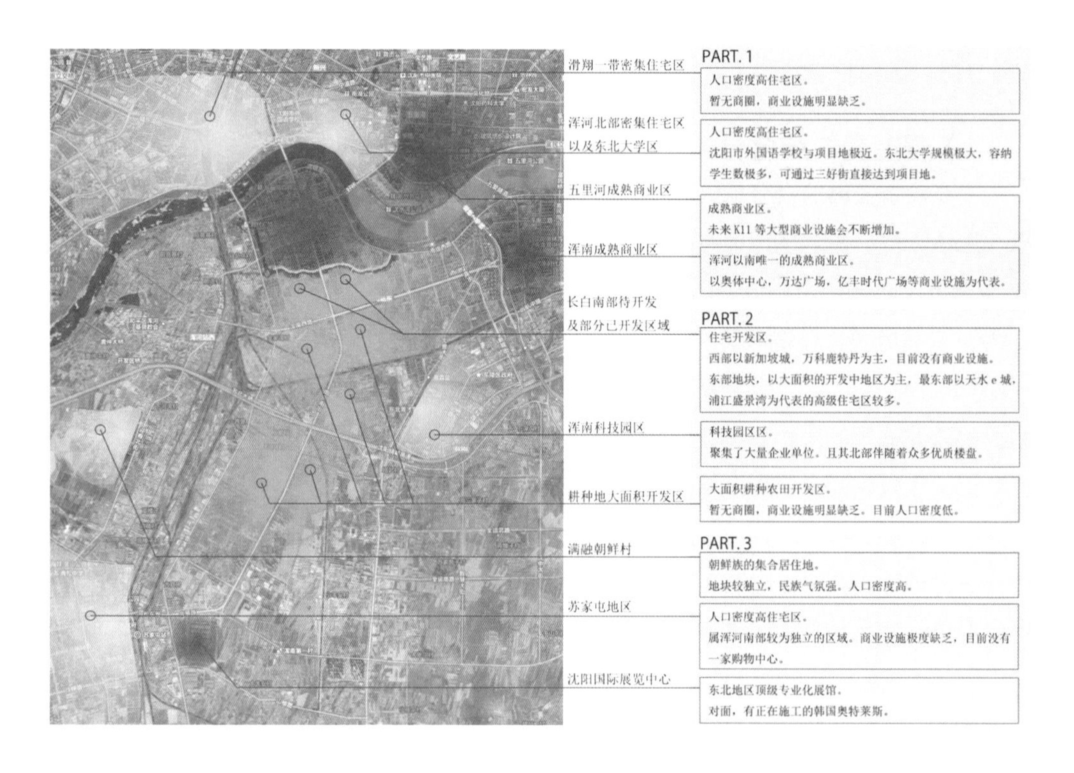

滑翔一带密集住宅区
PART. 1
人口密度高住宅区。
暂无商圈，商业设施明显缺乏。
浑河北部密集住宅区
以及东北大学区
人口密度高住宅区。
沈阳市外国语学校与项目地极近。东北大学规模极大，容纳学生数极多，可通过三好街直接达到项目地。
五里河成熟商业区
成熟商业区。
未来 K11 等大型商业设施会不断增加。
浑南成熟商业区
浑河以南唯一的成熟商业区。
以奥体中心，万达广场，亿丰时代广场等商业设施为代表。
长白南部待开发
及部分已开发区域
PART. 2
住宅开发区。
西部以新加坡城，万科鹿特丹为主，目前没有商业设施。
东部地块，以大面积的开发中地区为主，最东部以天水 e 城，浦江盛景湾为代表的高级住宅区较多。
浑南科技园区
科技园区区。
聚集了大量企业单位。且其北部伴随着众多优质楼盘。
耕种地大面积开发区
大面积耕种农田开发区。
暂无商圈，商业设施明显缺乏。目前人口密度低。
满融朝鲜村
PART. 3
朝鲜族的集合居住地。
地块较独立，民族气氛强。人口密度高。
苏家屯地区
人口密度高住宅区。
属浑河南部较为独立的区域。商业设施极度缺乏，目前没有一家购物中心。
沈阳国际展览中心
东北地区顶级专业化展馆。
对面，有正在施工的韩国奥特莱斯。

例 –3）– 家庭分析表

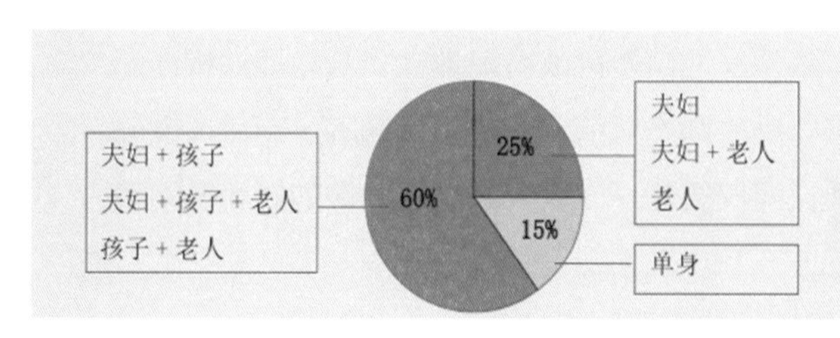

长白岛已婚者比例高，儿童数量众多。需重点打造儿童 MD，同时可获取潜在连带消费。
在本项目中，应区别于一般的家庭型 SC，不是单纯设置儿童业种业态，而应该考虑此地区的消费者需求。重点考虑【儿童 + 老人】以及【儿童 + 母亲】的相应配套业种。

例 –4）– 带孩子家庭消费分析表

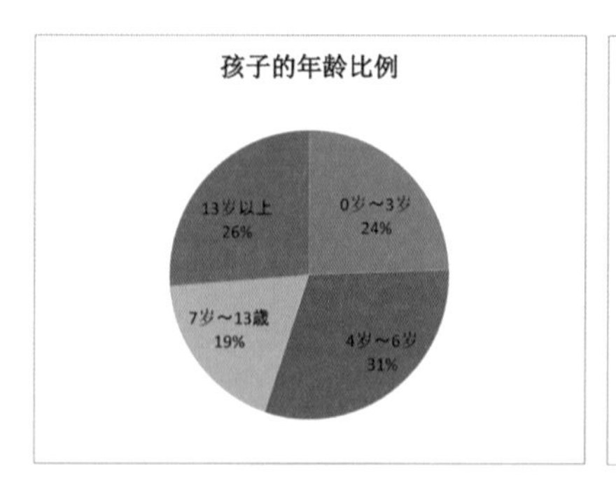

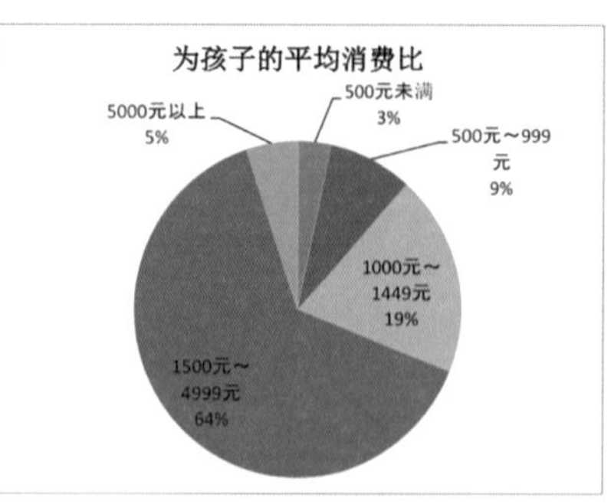

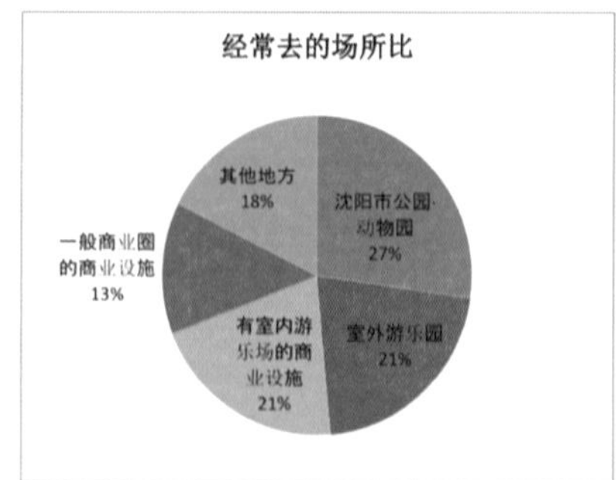

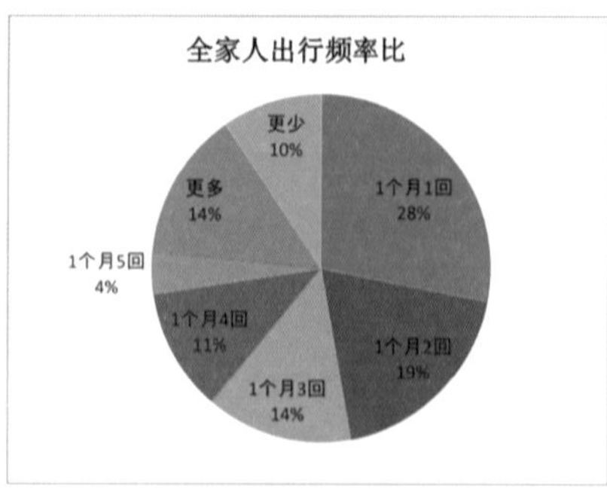

※ 孩子的年龄比例以 0-6 岁幼儿为最多，合计 55%。

※ 为孩子的平均消费中，选择 1500-4999 元的最多，达到 64%。其中 5000 元以上作答的全部集中在长白岛 A 区。

注明：调查问卷中虽没有 5000 元以上选择项，但针对特例调查人员基本都做了笔录。

※ 经常去的场所项目中，性质类似的比如公园，动物园，游乐场等合计将近 80%。其他地方占 18%，基本上指旅游。
其中选择一般商业圈的商业设施比例不大，13%。原因以带孩子不方便为最多。

※ 全家人出行频率以一个月 1-3 回为主体，合计占 61%。

2）需确定区域特征

通过调查必须确定出该区域的特征及文化。此项工作仅凭所进行的调查内容来确定存在一定难度。因此，调查 / 分析也需进行文献研究。正如中国各大城市的特征与文化各不相同，同一座城市中各个区域也存在其各自的特性。如果不能确定区域特征，那么很难实现与已有项目的差异化发展。而且区域特征对于下阶段 MD 特性规划也会起到非常重要的作用。

3）易达性分析

通过分析调查周边有几条公交路线，是否与地铁连接或有无地铁，若与地铁相连而且经过的公交路线较多说明立地条件较好、反之则不然的判断是不正确的。当然周围公交路线多又和地铁相连是较好的立地条件，但仅凭这一点来判断立地条件的好坏是不够充分的。

（1）“利用交通的目的是什么？”才是最重要的需要判断的事项

需要掌握是为离开此区域？还是为到达此区域？

例如中心商业区、住宅等区域是来此处的目的性较强，而中心办公区、住宅内的办公区等区域是离开此处的目的性较强。无论是在住宅和办公复合区域还是在中心办公及商业复合区域，根据项目所在位置不同，大众交通的利用目的也不同。

如果项目位于住宅区域时，大众交通的效果极好；但若位于远离此区域的位置上时，再多的公共交通也无法带来预期的效果。

（2）需要考虑和开发项目定位的相关关系

如果定位高端，大众交通的作用不会很明显。交通对以潮流先锋为定位的商业而言，不如家庭定位的商业效果明显。

例如和地铁连接的深圳万象城，项目是深圳最高档的定位所以来店目的性很强（高档商品和引领时尚，配套优质服务）的需求，但项目周围有很多一般水平的住宅，很多居民利用地铁出行，所以有相当多的周围住宅和地铁之间的流动人口进入商场，但利用地铁的消费者和万象城的定位不一致，导致实际经由地铁带来的销售效果并不大。

大众交通的多少固然重要，但大众交通的利用目的更为重要，这对开发项目的定位及 MD 规划有着很大的影响。

4）竞争对象分析

分析竞争对象的目的及意义：

对已确定开业的商业项目进行研究分析，不是为了和已开业的商业竞争，而是要制定共赢的策略，相比项目单独的影响力不如培养区域商业的影响力，谋求区域商业及区域发展，旨在实现以区域商圈为基础开发成为区域最具影响力的商业设施的目的。

目前竞争对象分析中的重点是掌握竞争对象的劣势，而后只考虑和竞争对象竞争时自己的优势。这种为取胜而进行的竞争对象分析在当前激烈的竞争构图及庞大的商业设施开发的环境下实际上是不适合的。最后竞争对象同样也会利用我们的劣势，导致双方的恶性竞争。因此，中国的很多商业咨询公司需要转换思路。

（1）掌握竞争对象的现状并对根本原因进行调查分析。

例）研究分析 MD 的面积配比时，需统计竞争对象的面积配比，但不是将统计后的面积配比直接适用于开发项目，而是要分析其面积配比的原因（顾客需求、建筑条件、租赁条件、开发商意图、商业主题及方向），从而得出正确的数据。

（2）对竞争对象的聚客 MD、配套 MD、代表 MD 进行分析，参考并设定开发项目的方向性。

（3）分析各竞争对象的定位（档次、主题、目标客群），和外在分析资料进行比较分析。通过分析设定开发项目的定位。如果相似定位的竞争对象较多、而市场规模还未达到饱和时，还是可以设定和竞争对象相同的定位。但若市场已处于饱和状态，需设定差异化定位。主题和目标客群也采用相同方法进行设定。

（4）分析竞争对象及区域顾客的需求事项（MD、环境、服务、公用设施）。

（5）分析调查竞争对象的 MD，作为参考，再进行开发项目的 MD 规划。

（6）掌握并分析竞争对象的公司理念及开发方向，作为参考设定开发项目的开发方向。

（7）参考竞争对象的其他资料（体量、面积、各层平面、MD、租金、美陈、环境、公用设施、出入口规划等）来考虑开发项目。

（8）必须从时间和距离两个方面同时考虑选定竞争对手。

例 –5）– 从时间和距离两方面确定的竞争对手位置表

公里圈	5 万平米以上大型商业数	已开业	未开业	车程圈	5 万平米以上大型商业数	已开业	未开业
2 公里圈	8（3 万平米以上数）	2	6	5 分钟圈	9（3 万平米以上数）	2	7
5 公里圈	33	17	16	10 分钟圈	11	2	9
10 公里圈	36	22	14	20 分钟圈	31	21	10
合计	77	41	36	合计	51	25	26

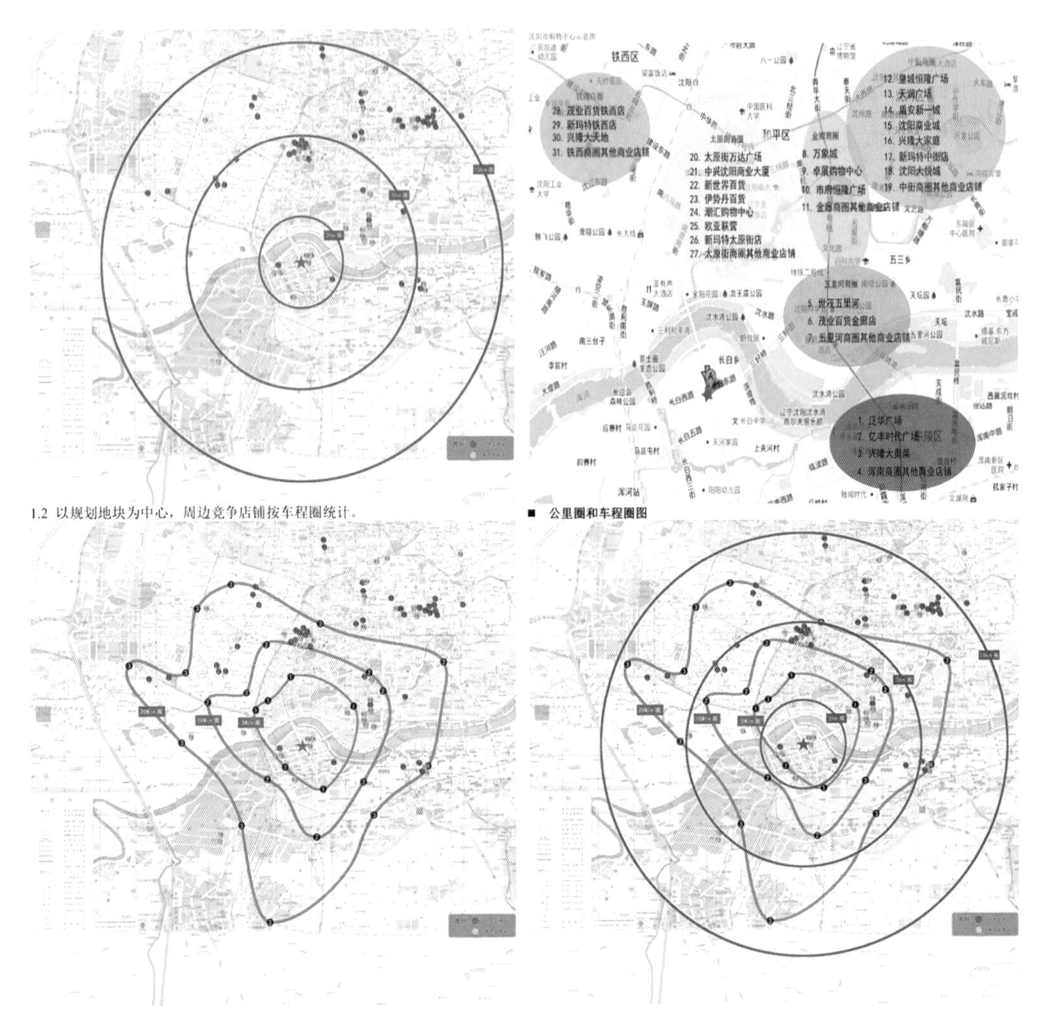

1.2 以规划地块为中心，周边竞争店铺按车程圈统计。

■ 公里圈和车程圈图

■ 按公里划分的沈阳市区 5 万平方米以上大型商业点位图

编号	名称	形态	规模（㎡）
9	温州城	市场	200, 000
10	太原街万达广场	购物中心	240, 000
11	潮汇购物中心	购物中心	51, 604
12	中兴·沈阳商业大厦方城	百货	92, 000
13	中兴·沈阳商业大厦主楼	百货	148, 000
14	东舜百货	百货	57, 000
15	新玛特太原街店	百货	60, 000
16	华联商厦	百货	47, 600
17	欧亚联营	百货	60, 000
18	万象城	购物中心	250000
19	茂业百货	百货	90000
20	群升沈阳新天地	商业综合体	450000
21	沈阳泛华广场	购物中心	112000
22	沈辽路万达广场	购物中心	164, 000
23	铁西茂业百货	百货	87, 000
24	维华商业广场	百货	58, 000
25	新玛特铁西店	百货	76, 000

编号	名称	形态	规模（㎡）
26	站前金街	商业街	56, 000
27	沈阳·城开东方国际广场	购物中心	120, 000
28	朗　勤商道	地下商业街	100, 000
29	新世界·名汇	百货	68, 085
30	华润·太原街广场	-	-
31	中冶凤凰城	综合体	460, 000
32	嘉里中心	购物中心	300000
33	佳兆业中心	购物中心	70000
34	友谊时代广场	百货	120000
35	华丰嘉德广场	商业广场	-
36	新世界国际会展中心	购物中心	140000
37	世茂五里河	购物中心	-
38	夏宫城市广场	购物中心	35000
39	同方颐高数码广场	专业市场	54550
40	碧桂园银河城	社区商业	70000
41	阳光100 乐活城	底商	74, 000

■ 项目周边 5 公里圈商业设施附表

例 –6）消费者调查：好选品牌表（竞争对手入住服装品牌）

规划地的定位

- 喜欢的商业设施排名前 11 位全部都集中在中街商圈和太原街商圈。
- 其中选择沈阳市其他地区商业店铺的，以专卖店，商业街的形态为主。
- 男女的喜好倾向倾向几乎一致。
- 浑南商圈里，最受欢迎的是泛华广场和兴隆大奥莱。
  五里河商圈里，最受欢迎的是茂业百货金廊店。

- 选择在喜爱的商业设施购物的原因，以价格适中为最多，其次是舒适优美的购物环境，再其次是商品品质好。
- 有沈阳别处没有的品牌重视度不高，说明消费观念上有一定的从众心理。
- 有不少调查对象提到，喜欢到中兴购物的原因，是因为可以退货。

- 选择就餐场所的原因，以清洁舒适的环境为最多，其次是口味有特色正宗，再其次是价格适中以及离家近。

- 喜欢的超市，明显以大润发为主。
- 选择家乐福，华润万家和沃尔玛的，基本上是在公司附近，或回家途中进行购物的。也有在长白购房之前的消费习惯选择。

- 选择超市的理由，以离家近最为突出，其次是商品齐全，和价格公道。
- 几乎所有选择大润发的调查对象，在选择理由上都会选择离家近这一项。

本项目的开发方向性

- 喜欢的商业设施基本上都集中在成熟商圈，说明浑南和五里河商圈的现有商业设施与本项目的竞争力不高。因此本项目的规划中应重视与人气商业设施的差别化，充实业种业态，提供优质量，高品位的服务。

- 在本项目的规划，应投消费者所好，重视商品价格，购物环境，以及商品质量等因素。其中舒适优美的购物环境是 SC 的基本特征，因此完成 MD 规划，建筑设计与环境规划的一体化是本项目的关键。

- 因为目前整个长白岛就大润发一家超市，所以是当下的唯一选择。这说明大润发不一定就是消费者最钟爱的选择。这说明本项目的超市业态，有较大的发展空间以及竞争力。
- 与其超市业态抗衡，相关部门必须对竞争方大润发进行彻底的分析研究。在此之上，本项目的超市业态应与整个 B1F 作为一个整体获得固定消费客源。

例 –7）购物周期、价位、购物时间等调查分析表

规划地的定位

- 超市食品类的利用频率，以周 1-3 回比例最大。男性基本不去或月 1- 2 回的较多。反之女性每天都去的较多。
- 日常用品类的利用频率，女性基本都选择周 1-3 回。而男性选择较分散，基本不去或月 1- 2 回的选择较多。
- 购物的利用频率，男女选择倾向较一致，基本集中在周 1-3 回和月 1-2 回。
- 休闲娱乐的利用频率，男性的利用频率更大，周 1-3 回的比例最大，而女性月 1-2 回的比例更大。
- 外出就餐的利用频率，也集中在周 1-3 回和月 1-2 回，男女倾向几乎一致。

- 超市食品类的消费金额，基本上集中在 300-3000 元之间，其 1000-2000 元 / 月的最为突出。
- 日常用品类的消费金额，基本上集中在 300-3000 元之间。
- 购物的消费金额，基本上集中在 300-3000 元之间。其中女性回答达到 3000 元以上的较多。
- 休闲娱乐的消费金额，男女都以 300-1000 元为最多，女性中有一部分几乎没有休闲娱乐的人群，基本上是因为需要带孩子，没有时间。
- 外出就餐的消费金额，男女都以 300-1000 元为最多，女性中选择 300 元以下的人数也很多。

- 超市食品类在路上肯花费的时间，几乎都在 5-30 分钟之间。
- 日常用品类在路上肯花费的时间，几乎都在 5-30 分钟之间。
- 购物在路上肯花费的时间，几乎都在 15-60 分钟之间。
- 休闲娱乐在路上肯花费的时间，几乎都在 15-60 分钟之间。
- 外出就餐在路上肯花费的时间，男女都以 15-30 分钟之间的选择为最多。

本项目的开发方向性

- 消费者在超市食品类以及日常生活用品类的利用频率，以女性比例为重，因此在本项目此类业种规划中，应着重考虑女性的购买习惯以及适合的购物环境。（比如可通过出入停泊容易的停车场，可稍事休息的空间，各种各样的促销活动等来体现。）
- 而休闲娱乐的利用频率中，女性比例较低。调查中了解到，女性因带孩子而无法进行休闲娱乐活动的情况较多，此外还有老年人的娱乐项目较少等客观原因。力图提高女性对此业种的利用频率，应适当考虑适合女性以及老人的娱乐项目，并且提供有利于带孩子的女性以及老人的休闲娱乐消费设施。（比如，面向老人的健身房，康复中心，营养补品，餐饮等。）

- 娱乐和就餐的消费金额集中在 300-1000 元，岛内此业态的消费需求不高，但是 A, B 区差异较大，A 区此项消费金额明显多于 B 区。本项目中，应打造具有主题性的娱乐和餐饮业种业态，力图提高岛内此类消费金额的同时，也能尽量吸收岛外消费者到此消费。

- 到达商业设施，尤其是日常性消费，离家近的倾向极强。这对长白岛内离本项目较远区域的消费吸收有影响。因此，本项目的交通规划中，不仅需要设置岛外的输送大巴，同时有必要针对岛内的消费者制订循环大巴路线。
- 另外在调查中有消费者指出，大润发的大巴虽然路线较多，但是发车数量少而且发车时间极不准时。因此本项目应尽量避免此疏忽，从而获得更多消费者的青睐。

5）分析过程中产生的问题

（1）划定商圈范围时产生的问题

前文介绍的商圈范围，其根本为商圈的大小。但是，商圈大小与项目位置以及项目所处地区有十分密切的关系。因此，在这一阶段，划定好项目最初的位置之后，根据这一位置再调查划定商圈的范围。

例如：

A. 营业面积同为 50 000 m^2 的项目，位于市中心的商业区、位于副市中心的商业区以及其他地区的商业区，其商圈的范围各不相同。

B. 根据商圈业态类型的不同，如家庭型、流行时尚型、娱乐休闲型、购物型，商圈范围也会不同，同时目标客群的范围及档次也会对商圈范围的大小产生影响。

简而言之，商圈并非固定不变，而是需要主动寻找。因此，要搜集合适的资料，并对其进行分析，再正确地划定商圈的范围。同时，在划定商圈时，不能只参考单独的一个项目，而是要对周边的商业配套或是对店铺产生影响的大型设施等进行综合考虑。

（2）将搜集资料变成习惯

A. 为增加报告的分量，搜集毫无意义的资料

a）报告大都千篇一律，一般开头都会按照项目地的周边顺序，如国家（中国）、省、市、区，介绍相关 GDP、人口、位置等。营业面积为 20 000—40 000 m^2 的家庭型购物中心，是否需要中国、全省或全市的 GDP 和人口数据，值得商榷。当然，由于社会及经济发展的变化，部分数据也会需要。但是，很多时候在搜集资料时，并非在搜集项目需要的资料，而是出于一种习惯去搜集资料写进报告，这种资料搜集方式并不可取，应该搜集必要的相关资料，并对其进行调查和分析。

b）同时，报告的大部分内容多为消费者调查。甚至有的时候占据整个报告的 30% 以上。然而，韩国、日本的商圈调查报告当中，涉及消费者调查的内容并不多。他们一般会将消费者调查内容单独制作附录，只将分析结果呈现在报告当中。同时，一般调查对象人数约为 200—500 人，有效人数约占 70%—80%，这一调查是否能够代表超过 20 万人的商圈顾客群，无人能够担保。那为何还要在报告当中大篇幅介绍消费者调查的内容呢?

现在的消费者调查中，调查结果和实际情况存在误差的可能性很大。（尤其是收入、消费金额、期望的业态业种等。）我认为，消费者调查仅作参考即可，而非必要事项。

c）交通相关分析。目前的交通调查分析不是为地区人口做的实质性交通调查，而是针对全市、全省的交通路线在进行调查。社区购物中心的定位报告中，是不需要城市整体交通网调查结果的。

d）前文介绍的仅为极小的一部分，之后，要对项目所需资料进行搜集和分析。

B. 不符合现场的资料

为帮助各位理解，本人以自己的亲身经验来阐述说明。

本人以前在商业公司工作的时候，接手的某项目位于二线中等城市的居住区，根据公司的经营方针，商业主题定为家庭生活型，面积为 29 000 m^2。由于项目位于城市环线附近，有很多已建成或是正在建的商务楼，附近还矗立着区政府大楼。我所在部门规划了店铺的位置和业态业种，为进一步确认还专门请了咨询公司，但是双方的意见存在很多出入。我认为以家庭生活为主，应增加家庭生活商品和儿童用品，而咨询公司则认为，鉴于周边的商务楼多是上班的白领及区政府工作人员，应该增加时尚流行商品。他们的理由是在进行现场调查时，发现很多上下班的白领。这一点，我也认可。那么，问题究竟出在哪里？

答案就在于白领的收入水平和生活方式及生活水平。咨询公司的问题出在将项目区域的白领和一线或二线发达城市的白领等同而视了。我对该项目地白领们上下班时的着装进行观察，对他们的生活方式进行调查，得出的结论是该地区的白领和一线、二线发达城市、项目地所在市中心的白领有着较大的差异。决不能只根据几天或是几个小时的调查，以及在网上搜集的资料，就做出不符合地区实际情况的判断。只有进行完全的调查，了解当地的现状，才能得出正确的分析。

二、设定开发方向

能取得成功的购物中心开发的第一部分是设定准确的项目定位，这项目定位的设定过程不可以简单地进行。为了设定正确的定位是通过不断的调查和研究及分析过程，这章的主要内容是有关项目定位设定过程的主要业务，并介绍该项业务的实际案例。

1. Marketing plan（定位）及开发概念

本阶段是以前一阶段“立地调查分析”资料为基础制定项目开发方向的阶段。本阶段内容分为 MARKETING PLAN（营销计划 / 定位）与设定开发概念，但是实际两个阶段内容之间具有紧密联系，在进行实务工作中可以作为同一个阶段工作。MARKETING PLAN 阶段最核心部分是项目定位。此处要了解用语，所说的 MARKETING PLAN（营销计划）并非狭义上单纯的店铺营业活动，而是广义上店铺为创造利益、从店铺开发初期阶段起制定的所有规划，就是“项目的定位”。

• MARKETING PLAN 与设定开发概念图示

设定开发购物中心的定位（商品、环境）前首先确定项目的开发概念。开发概念的意思偏向于项目自身的企业理念，根据开发项目（商业）的态度及建设条件（规模、位置、商圈特点等）来设定的。通过项目对开发地区产生何种影响、产生何种印象的研究，制定一项基本政策，作为当前的开发条件，对项目制定怎样的开发战略。这是对项目定位设定的重要基础工作。

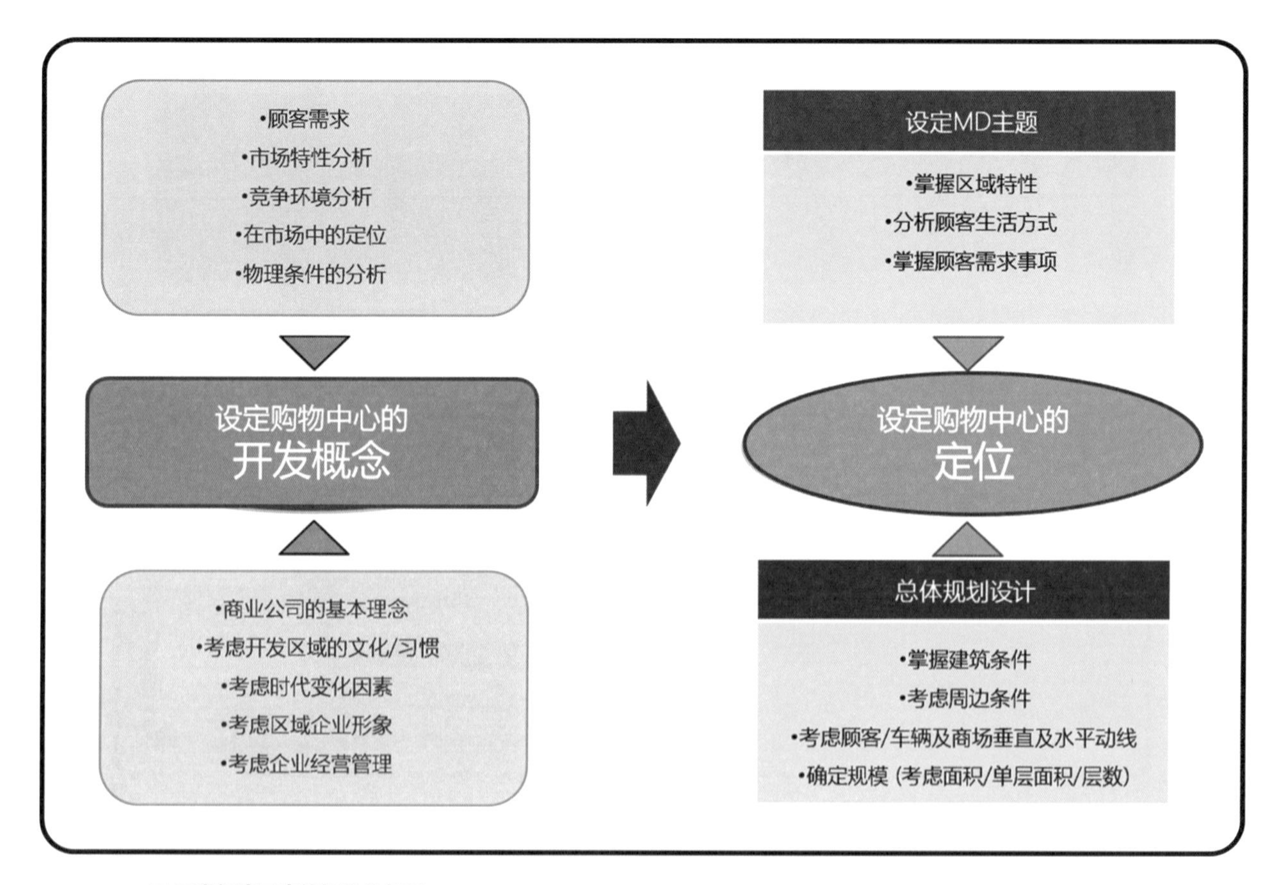

■ 开发概念及定位相关业务图

2. 消费者的消费行为习惯与商圈范围的关系

是按日还是按周或是按月购物，这些购物行为习惯与顾客所处的位置的关系，以及生活方面的需求等众多因素会使顾客购物的范围，即商圈的设定发生变化。这些都可以作为规划商铺、设定规模和定位的基础资料。对这些情况的分析图标如下。

1）商圈范围的设定

商圈（客流）范围的设定不是简单的确定，而是首先要了解商圈消费者的需求和购物行为等基本资料，然后再考虑项目本身的规模、位置、交通条件、定位等很多条件才确定有效的商圈范围，这业务的核心是设定下一阶段的业态业种规划上的战略方向。

例 -8）商圈（客流）范围的设定

在本计划，通过复数核电的引进及强化特殊型商业和饮食，扩大第三次来店客圈作为需求预测的基础和基本来店圈。通过附加特殊娱乐设施，影响顾客的第四次来店圈，再者，第三次来店圈，与其他的商业群体共享。为了在竞争中取得好的业绩，除了特殊化娱乐设施及餐饮，还需要作为辅助核店的各种品牌店的引进

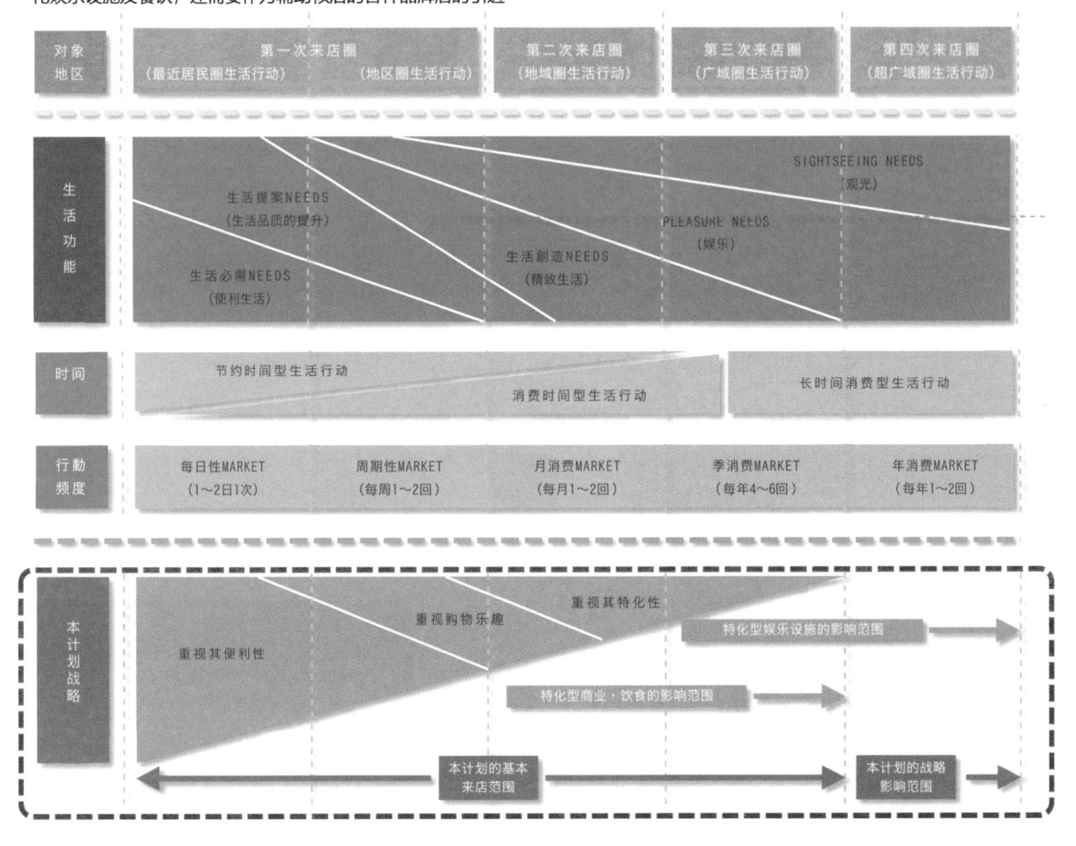

2）商圈规模（人口数量）的计算

商圈人口分析的时候，主要的内容是现在人口和预测未来的人口，一般购物中心的开发周期是 3—4 年的时间，项目开业时候的人口可能和以前的数据不一样，所以通过区域的成熟度、目前和未来的区域开发情况、城市的发展方向、城市规划等，预测未来的人口，开发的所有业务应该对应开业时候的指标和数据及对应开业 5 年后的，通过这个数据决定店铺的规模。然后再调查分析，到达项目的交通的未来情况、准备开业时的对应来店顾客的各种交通手段，这分析内容将是下一阶段商业规划中非常重要的基本数据资料。

例 -9）来店商圈规模计算

< 来店圈规模计算 >

把基本来店圈设定在5～8Km圈时，其规模在将来达到240～310万人，
但是在２０１５年为止只有52～58万人规模，对于规划中的SC规模还嫌不足。

本计划来店圈如下。
1. 本计划以Department Store和SM为商业主力店的同时，导入特色餐饮设施使尽可能扩大来店圈范围以及影响力作为前提。
2. 并且对于来店圈，把至第三次来店圈作为基本来店圈进行预测需求的基础。

		MARKET对象	利用频度	内　　容	本计划
基本来店圈	第一次来店	就近圈生活者	每日性MARKET（一到两天一回）	日常生活圈内的每日性的生活必须的NEEDS的MARKET	○
	第二次来店	地域圈生活者	周单位MARKET（每周一到两回）	以地域圈内的生活者为对象的多次购物NEEDS的MARKET	○
	第三次来店	地区圈生活者	月单位MARKET（每月一到两回）	地区圈内生活者为对象的有多次购物NEEDS的MARKET	○
		广域圈生活者	季节性MARKET（年四到六回）	广域圈内生活者为对象的一日性PLEASURE NEEDS的MARKET	○
战略影响圈	第四次来店	超广域圈生活者	整年性MARKET（每年一到两回）	超广域圈内生活者为对象的SIGHTSEEING NEEDS的MARKET	△

本计划来店范围如下。

	距离	交通手段
第一次来店	1公里	徒　、座私家车 BUS、地铁
第二次来店	3～5公里	私家车、BUS 地铁
第三次来店	5～8公里	私家车、BUS 地铁

本计划来店圈规模如下。
（包括五年以内的规划人口和户数。）

	2015年当前	
	人口	户数
第一次来店	7～8万人	23,333～26,667户
第二次来店	30万	100,000
第三次来店	15～20万	50,000～66,667
合计	52～58万	173,333～193,334

3）根据项目规模设定商圈范围的做法

在项目规模适合的商圈范围（距离、时间）内的人口不足的情况下，必须扩大商圈的范围。但为了扩大商圈范围，必须研究分析远处范围客户需求的商业功能，在后期业态业种规划时反映。

例 –10）设定实际来店范围

松花江对于来店顾客来说是阻碍其来店行动的主要因素，
基本来店圈5～8Km圈内，只能设定到松花江北侧部分。

商圈	核心商圈	次级商圈
商圈范围	· 约3-5公里范围	· 约5-8公里范围
所属区域	· 松北核心区	· 利民开发区

		第一次来店圈	第二次来店圈	第三次来店圈
来店圈范围		大约1公里 ①	大约3～5公里 ②	大约5～8公里 ③
现状	人口数	人	人	一次到三次合计40万人 （含学生10万人）
	户数	户	户	133,333万户
计划	人口数	7～8万人	30万人	15～20万人
	户数	23,333～26,667户	100,000户	50,000～66,667户
将来	人口数	10万人	80～100万人	150～200万人
	户数	33,333户	266,667～333,333户	500,000～666,667户

· 现状数据是2011年统计数据。
· 计划数据是根据五年内在商圈内规划的住宅开发项目户数来进行人口和户数计算的。
· 将来数据是根据政府发表的目标人口数来进行人口和户数计算的。

3. 目标客群

目标客户意味着在众多消费者中购物中心所希望的客群，或购物中心所提供服务的最适当的切入点。为此，首先要了解消费者。当然，开发商业时并不要求开发者像marketing 部门一样拥有大量消费者信息并理解这些信息，但至少应该了解与项目开发相关的消费者特性。

在第一阶段外因分析部分说明过的人口分析是最传统的、基于商圈的调查之一。但是对以后的零售商业来说，开店前挖掘和寻找客户的概念比开店后待客的传统商圈概念更重要。为此，在开发项目的前期阶段，必须理解更加多样化的消费者。为了洞察消费者（顾客）的特点需要通过观察的方式进行分析而不是简单的调查方式分析，可以说消费者不是被调查的对象而是被观察的对象。

• 价值的问题

包括购物中心的所有零售业态都必须体现顾客想要的业态的价值。问题是，仅仅依靠调查是有限的，大数据只能了解结果，而不能提供选择的原因，即理性和感性同时混合的价值标准答案。所以，作为观察消费者的消费行为的观察者，一定要寻找各消费者群体所追求的价值。

• 习惯的问题

从许多心理、行为、消费者有关专家的分析来看，消费者对消费有着丰富的经验和信息，但在真正购买的瞬间，往往不能有意识地、直接地利用这些庞大的资料。换句话说，消费者在购物过程中会出现很多无意识的习惯。为了设定购物中心的定位及商业规划战略，目前国内使用最多的就是消费者问卷调查方式。这一问卷调查的内容是否可信？ 这不是单纯的数字组合的产物，而是要逐一对结果的原因（理由）进行分析才能成为值得信赖的资料。为了预测消费者在无意识状态下的购买行为，与要求有意识地单纯回答的问卷调查是矛盾的。还有研究结果显示，消费者能够表达的要求仅占全部的5%。所以，要了解消费者内心深处的需求，需要进行消费者的观察。

• 同行人的问题

消费者访问购物中心时，一般情况下都会和同伴同行。和同行人之间的关系不同，购物的内容和需求也会不同，这对商品规划会产生很大的影响。因此，必须掌握项目所在区域访客的结伴类型，以各种类型中任何类型的客户为对象，判断他们的行为类型，在商品规划时适用。

1）目标客群的分类

分类	内容
主要目标客群	进店范围内最多数量的消费者群体
次主要目标客群	进店范围内数量第二多的消费者群体
战略目标客群	进店范围内有吸引进店机会的消费者群体 虽然数量不多，但能记住商铺多样性的消费者群体

2）目标顾客的定位

分类	内容
根据收入进行定位	根据进店范围内的人口调查和收入调查进行定位
根据生活模式进行定位	根据进店范围内的问卷调查及现场调查出生活模式后进行定位

※ 设定基本的目标客群定位后，分析各目标客群中的详细生活模式（消费者行动方式）后，制定出其对应的MD主题和MD组合。特别是对中等收入型（中上、中等、中下）中存在最多的消费生活模式要进行更细致的分析。

3）目标客群的制定

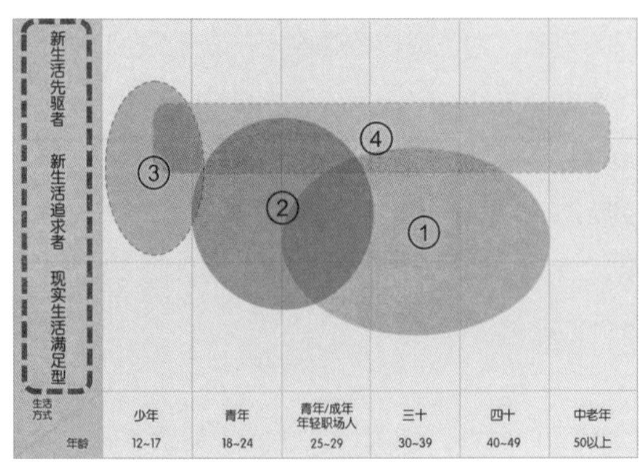

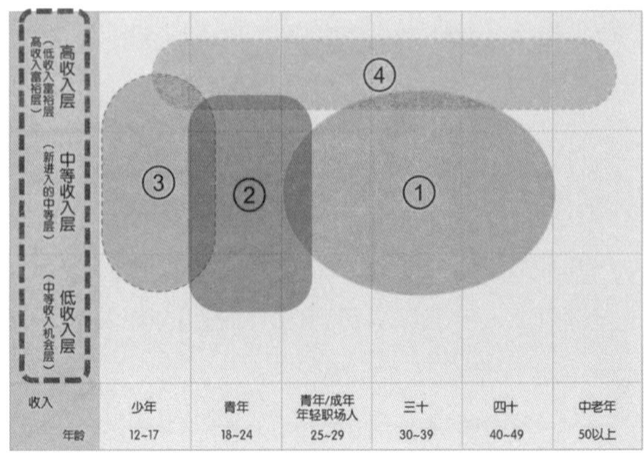

（1）根据收入进行定位

A. 主要目标客群：以进店范围内最多人口，组建家庭的中等收入（包含新进入的收入层、低收入富裕层）为主。

B. 次主要目标客群：相对收入不高，但对流行事物消费敏感的单身或组建家庭的消费团体。

C. 战略顾客：受父母影响、无关收入、寻求和父母同水平的生活，是为家庭购物的战略型消费团队。

D. 战略顾客：现在的主要顾客层是为了将来能达到的阶层，现在人数虽少但吸引的是战略型顾客。

（2）根据生活方式进行定位

A. 主要目标客群：来店范围内最多人数的顾客层，是项目的基本规划层。

B. 次主要目标客群：年轻顾客，比起收入对流行更敏感，是最容易脱离的顾客层，所以需要有能够吸引他们的规划。

C. 战略目标：与父母的收入有关联，对比父母代对流行更敏感，追求高水准的生活方式。

D. 战略目标：与收入无关，为了确保让可以领导流行潮流的群体进店，就要满足该群体的需求。

例 –11）设定目标客群和特性分析

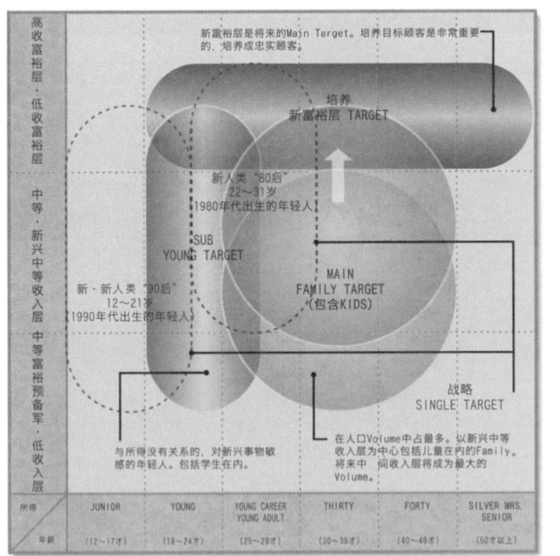

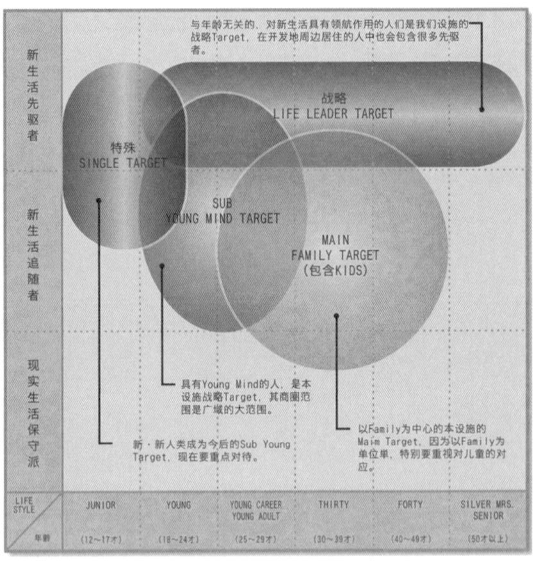

4. 生活方式分析

1）生活方式（Life style）的概念

重要的概念。是因个人或家庭的价值观产生的生活方式、行为方式、思维模式等所有生活层面的文化、心理性差异。生活方式反映了人们购买的商品和消费方式、使用的喜好体系、居住方式等的社会生活方式，试图以价值观来划分生活方式，主要应用在营销领域。生活方式不是人口统计学特性或社会经济学特性，而是源自社会学和心理学的用语，最近在营销和消费者的行为研究领域中成为非常重要的特性被进行具体划分的，人们拥有心理上的内在性格、动机等其他不同的特性。即，生活方式（Life style）是复合化、多元化的，拥有个人主观特性的同时拥有多样的集团文化和价值观、生活意识和行为方式等复合化和客观化的特征。

如今生活方式中心（life style center）是现有零售设施中配备餐饮和娱乐设施、能延长顾客的滞留时间、无论对个人还是家庭而言都可以度过很长时间的概念。但是，到现在为止还未能做到依据详细分析，满足各类顾客层多样化的需求。因此要在确定目标顾客层后，通过市场调查以客观资料为基础，细分各顾客层生活方式，进行相应的商业规划，规划出与多样化顾客层的多样的生活方式相适应的真正意义上的生活方式中心。

区分	学者	观念
心理学观点	Sidney J. Levy(1963)	作为行动主体，并非个人受外界刺激的单纯反映，而是主观目的性指向的具有自我同一性的存在，寻找出个人的统一性与一贯性，可以预测个人行动的钥匙。
	David Moore(1963)	一贯的个人理智、思考、行动引发的。
	Ailport(1965)	源于生活，是个人生活处理的全部。
社会学观点	Weber(1963)	“人生观”是作为生活方式、生活态度、财物消费方式、职业、子女养育及教育模式的自我组合，根据财物的消费模式、教育模式及职业而形成的阶层
		不局限于单纯的喜好或态度，是社会生活中的一种统合原理，是主观意义的行为主体，客观意思的团体表现方式
		生活方式涉及的4种领域 1.团体现象。 2.反映生活的各个方面。 3. 蕴含生活价值观。 4. 按照社会研究统计学分类的差别化。
		从企业立场而言，相比个人将比重多投入在社会各阶层或团体，由态度、观点、意见相似的人群构成的团体对于商品、商标、设计会形成相似的喜好度。
营销学观点		从系统概念上整体或局部的集合的广范围含义所具有的有特色的生活方式。
		个人生活方式是诸多生活资源的结合，是个人活动的暗示。

2）分析生活方式的重要性

所谓生活方式是作为了解市场、了解顾客、搜集应对战略的一种接近方式，以市场调查的客观数据为基础，构成目标客群的生活方式，构成符合顾客生活方式的类型。同时将多种生活方式自然连接形成多客层间的融合，通过满足各类生活方式的商家组合（业种、业态布局），不仅提供单纯的购物、聚会、餐饮、娱乐，还赋予顾客生活本身的价值，而且随着自然顺畅的顾客流线（动线）形成整体店铺的均衡发展，为商业设施提供成功运营的基础。

3）生活方式（Life style）的特点

（1）生活结构层面的生活意识、生活行动、价值观、态度等的集合体。

（2）通过生活者的购买所有、利用规律、支出分配、时间分配、生活空间的利用规律分析来掌握。

（3）生活方式并不是一次性的，而是多次元的质的、量的表现。生活方式根据其构成及表现出的生活者的行为，赋予主观上的意义和价值，同时对于共享生活的集体而言是客观意义和价值的生活表现方式。

（4）从特定个人到社会整体，可分为多阶段多层次进行调查分析。

（5）生活者的生活方式可分为几种类型。

（6）可将生活方式视为一个系统。作为一个系统，生活方式是随环境的生活者变化而改变的，但存在尽可能减少因环境变化带来的影响而维持原来生活方式的倾向，但也会因与生活者的生活方式类型变化强度有关。

4）生活方式（Life style）的类型

以韩国标准示例：

（1）家庭、流行向往型

（2）积极体验业余生活型

（3）自我开发为主型

（4）追求活跃个性型

	家庭、流行向往型	积极体验业余生活型	自我开发为主型	追求活跃个性型
生活方式属性	认为家庭及伴侣、人际关系交流比较重要，对自身容貌及流行较敏感。	享受业余生活及体验型爱好活动，但家庭同样视为重要。	喜欢自我为中心的生活及享受外向型爱好活动。对外表或流行较感兴趣，人际交流较为积极。	非常重视自己的生活，积极参与业余及体验活动，人际交流较为积极，对外表及流行感兴趣。
特征（人口，统计）	20多岁女性从事服务工作者较多。收入在100-300万韩元（6000-18000）以下的占一半以上，收入水平较低。	女性占比较高，多分布在40岁以上，也均匀分布在20-30岁。已婚者占比较高 高中毕业学历者较多。	男性占比较高，多分布在20-30岁，大学毕业学历者较多。	20多岁未婚者所占比率较高，公务员及公司员工较多，收入水平较高。

5）生活方式分析法

目前多数咨询公司在为商业项目的开发进行消费者调查与分析。但是，多数项目的研究分析并非是对照特定项目进行调查分析，而是照搬或模仿先前调查或其他公司的调查方式，如此得出的研究分析结果都是千篇一律非常相似的结论，这对于项目的竞争力及整体商业发展而言起到阻碍作用。

商业规划专家未必是调研分析专家。但是，为成功开发一个商业项目以及掌握项目的特性，必须要了解调研分析的方法，进行调研分析，并以此为依据掌握目标客群的生活方式，从而制定出适合项目的定位以及商业 MD 规划。

<table>
<tr><th>接近法</th><th>研究目的</th><th colspan="2">分析方法</th></tr>
<tr><td rowspan="3">宏观
接近</td><td rowspan="3">掌握整体社会生活方式的动向</td><td colspan="2">社会趋势分析法</td></tr>
<tr><td colspan="2">社会趋势的预测调查 (SRI)</td></tr>
<tr><td colspan="2">生活质量指标分析法</td></tr>
<tr><td rowspan="7">微观
接近</td><td rowspan="7">采用计量的方式分析及掌握消费者生活方式的方法，通过对生活方式的理解，掌握将社会细分化、社会构成中的所属集体的特征</td><td colspan="2">AIO 分析法</td></tr>
<tr><td colspan="2">消费心态</td></tr>
<tr><td rowspan="3">价值分析</td><td>VALS
（价值观与生活方式）</td></tr>
<tr><td>RVS
（价值观分析）</td></tr>
<tr><td>LOV
（数值列表）</td></tr>
<tr><td colspan="2">生活体系分析法</td></tr>
<tr><td colspan="2">各购买品类分析法</td></tr>
</table>

（1）分析生活方式的方法有 AIO 法、VALS 心理变数法等

为商业开发而进行的商圈分析中，相比以在怎样的社会中的整个一个团体的特征为主进行宏观结果的推导分析，不如对属于该社会中的下部团体特征进行微观分析更为合适。虽然也会出现诸多问题，各类生活方式间的划分也较为模糊，但是我们以掌握在人们的活动或认识过程中起作用的基本概念或是可以决定整体生活模式的一般生活方式的 AIO 法（Activity/ 活动、Interest/ 兴趣、Opinions/ 观念）作为根本，通过人口统计学分析及心理特征得出消费者差异，并应用心理变数（Psycho graphic）法加以分析较为合理。此外，根据各项目特征调整问卷。

（2）AIO 法（Activity/ 活动、Interest/ 兴趣、Opinions/ 观念）

为使人们对其活动、兴趣及观念的相关问题做出应答而产生的方法，“他们的活动”即“他们的工作时间及业余时间如何度过的？”、“他们的兴趣”即“在所处环境中认为什么比较重要？”、“他们的观念”即“针对社会性问题、制度及他们自身持有什么样的态度？”，以此进行推导分析。

A. 活动（Activity）

施行及订阅什么样的大众媒体、在什么场所进行什么样的消费、对于商品及服务和邻里间主要讨论什么样的意见等，是对可以观察到的消费者日常行动的推导，是为分析出他们在做什么、如何消费各自的时间。

B. 兴趣（Interest）

测定消费者对特定对象、事件和状况的兴趣程度，分析什么是消费者喜欢并觉得重要的东西。

C. 观念（Opinions）

测定消费者对他人行为、态度的评价，对未来的预测，对多种现实问题的见解以及对其的解析、期望、评价等，分析消费者对特定事物或事件是如何看待的。

活动 Activity	兴趣 Interest	观念 Opinions	人口统计学变数
工作	家族，家庭	环境问题	年龄
休闲活动	财政	社会问题	学历
社会活动	职场，职位	政治问题	收入
休假旅行	地域社会	企业问题	职业
娱乐兴趣	健康	经济问题	经济
团体活动	流行，美容	教育制度	教育
公益	子女教育	观光	产品
购物	媒体新闻	未来	未来
运动	文化，艺术	文化	文化

■ **AIO 项目及人口统计学变数**

（3）心理变数（Psycho graphic）

采用在人口统计学接近法中完善行为科学接近法特性的技巧，在人口统计学测定法中完善定性水平的质的测定变数，导出活动（Activities）、兴趣（Interests）、观念（Opinion）、需要（Needs）、价值观（values）、态度（Attitude）、个性（Personality）等广泛领域的可测变数。对个人记录或进行的直接调查要进行尽可能客观系统的整理。采用和多变量统计分析（Multivariate、Statistical Analysis）法相同的统计处理方法以及进行大规模抽样调查。

6）生活方式的变化与对应

现代人的生活方式围绕着企业经营的需求环境进行根本的变化，也是特别起到影响商业环境的敏感因素。随着中国社会的快速发展和变化，消费者的生活要素、社会价值、消费模式的尖端化及休闲文化等都在随之变化。这在商业规划中也是必须要考虑的，特别要掌握商圈范围内消费者生活方式的特性，需要形成区域消费者自然生活空间中的一部分。

【附加 1】

现代消费者在商业空间当中不再是单纯享受购物、用餐和娱乐功能，而是想要将整个过程融入个人生活的一部分。为满足此需求就必须研究分析其生活方式，并为消费者提供最适合、最自然的商业空间。

在 2013 年韩国首尔大学教授 kim-Rando 等 2 人合著出版的《趋势中国》(TREND CHINA) 一书中，描述了中国 6 大消费者类型，非常容易了解消费者的生活方式及学习生活方式的研究分析思路。虽然目前的消费群体比以前的 6 大类型更细分化，但是可以在这样研究分析的逻辑基础上发展。

■中国消费者的 6 大类型■

1）消费者 Segment 分析

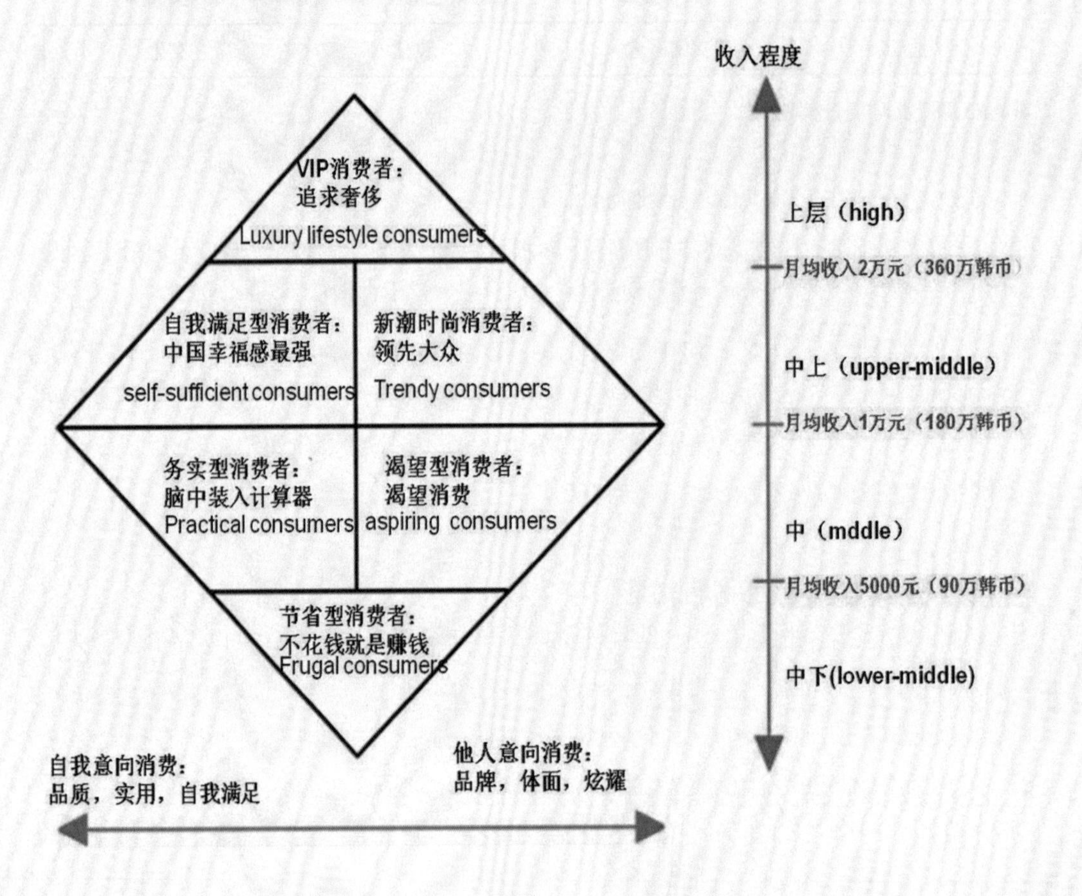

2）各消费群的特点分析

① "我的奢侈生活" –VIP 消费者

特征

- 买所有想要的东西！日常消费，从头到脚全是奢侈品
- 购物是我的生活！不是因为需要才买而是购物时不经意发现好东西后直接购买
- 喜欢海外旅行，留学，语言学习，高尔夫等高价活动

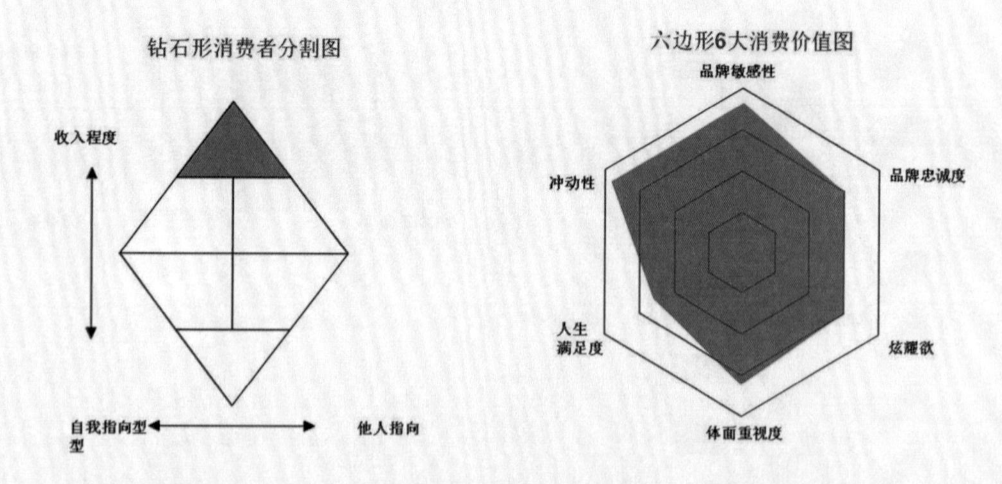

- VIP 消费者分析

主要年龄层	分布在中学生到50多岁所有年龄层
收入程度	最高，不考虑价格直接购买
兴趣	海外旅行，文化生活，高尔夫，语言学习等高消费活动
特长	探索新型投资
关心事物	投资，休闲，所有消费相关
幸福的根源	以我的财力可以买到更好的东西，可以拥有更多东西
不幸的根源	没能买到想要的限量版商品，朋友知道的东西我不知道
信赖渠道	1.VIP杂志　2.直接经历　3.他人（父母和朋友）
消费目标	购买更好的产品，更新的产品，更方便的产品
品牌敏感性	对海外全球品牌认知度高，比起大众品牌更喜欢稀缺的品牌
体面重视度	我有受到特殊待遇的资格
炫耀欲	不会故意炫耀，VIP本身就很出风头了
消费指向性	根据自我指向和他人指向的情况而定
人生满足度	70%（大体满足，想填补不足）
代表消费群	•小众生活控：喜欢和别人不一样的生活方式，也喜欢普通人很难碰触的兴趣爱好在拥有相同生活方式的团体里分享信息 •高门槛会员制：高昂的入会费用和对身份有要求的会员制度
敏感词汇	新品，稀有的，喜欢不喜欢和大家一样

VIP消费团体的代表性消费特性

- 没有经济制约，可以购买自己想要的东西，但依然挑剔，对折扣感觉意外
- 不仅限于奢侈包具，服装，汽车，对海外旅行和留学等无形的消费也感兴趣
- 认为应当得到好的服务，使用好的产品
- 熟知高级奢侈品，因为长期使用所以积累了很多经验

②“按照我的意愿消费”－自我满足型消费者

特征
•乐于消费
•现在幸福，未来当然也会幸福
•流行，品牌，无所谓他人评价，最重要是自己喜欢

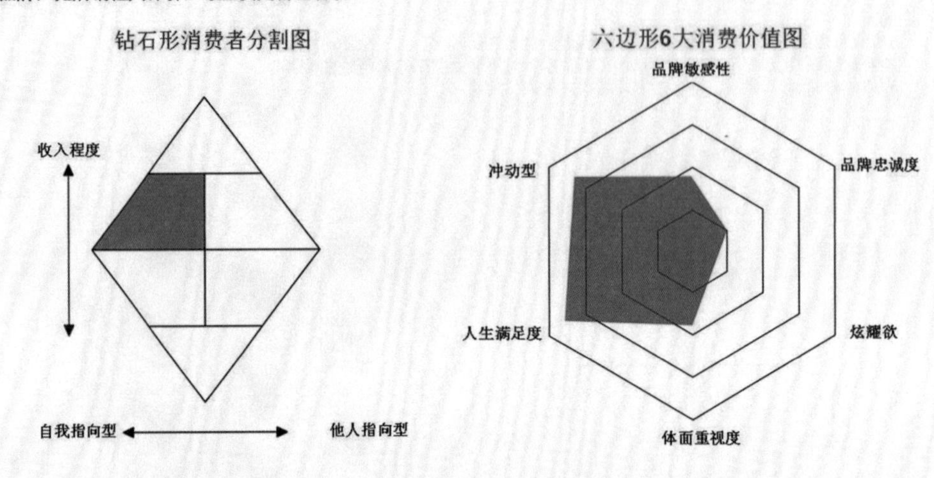

• 自我满足型消费者分析

主要年龄层	以20~40岁年轻人群为中心
收入程度	中产层白领（中上）
兴趣	沉浸在自身关心的事情（学习、最新电子产品等）
特长	无论何时都能幸福
关心事物	自身的专业领域（政治、IT、投资等）
幸福的根源	购买自己看中的商品，瞬间心情大好
不幸的根源	自己看中的商品犹豫是否购买，最后不买时
信赖渠道	1.亲身经历 2.朋友推荐
消费目标	追求幸福、愉悦以及自身独有的形象
品牌敏感性	不太受影响，但对于专业品牌较为敏感
体面重视度	更重视符合自身水平的合理性
炫耀欲	如与自身身份不符，不会购买名牌。
消费指向性	自我指向型（不太受他人影响）
人生满足度	90%（大体满足，对未来充满肯定）
代表消费族	·综合购买：一次性购多类的形态 ·我行我素就是酷：按自我想法生活非常酷，是近来年轻一代的标语
敏感词汇	稀少、便利、愉悦（喜欢）↔ 单调、繁琐、枯燥（厌烦）

自我满足型消费群体的代表性消费特性

•即兴购买
•对于寻找更便宜的商品觉得是麻烦事
•相比品牌与流行，更重视是否适合自己
•虽然没必要购买太贵的商品，但是如果认为有价值，无论多贵都会购买
•不管购买了什么，心情都会变好

③“我来领导潮流”－新潮时尚消费者

特征
•消费的目标是从他人的认可里得到幸福
•现在和未来一样重要
•购物是生命。品牌是炫耀的手段

钻石形消费者分割图

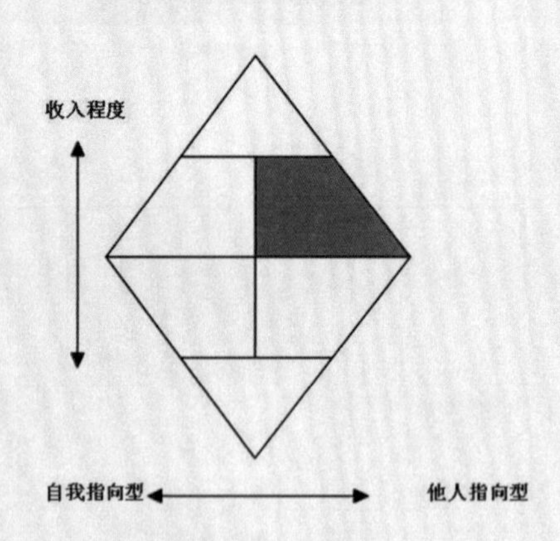

六边形6大消费价值图

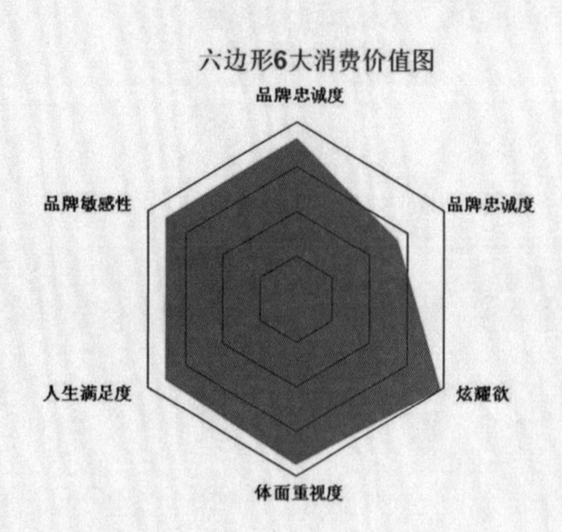

• 新潮时尚消费者分析

主要年龄层	以30~50岁女士为中心
收入程度	中产层（中上）
兴趣	了解国内及国外新品信息，购买引领趋势时尚商品
特长	一眼看出好产品的眼光、符合自我个性的穿着风格
关心事物	时装、流行、整形、子女的私教、旅行
幸福的根源	他人认可的幸福、比他人超前的优越感、追风群体的支持
不幸的根源	未被招待及丢脸面的时候，未得到他人羡慕的时候
信赖渠道	1.TV及各种媒体广告 2.参照群体的意见
消费目标	比他人超前的引领时尚的角色，体验高品质多样化产品
品牌敏感性	非常敏感、视品牌为代表个人身份的象征作用
体面重视度	更重视可撑得起自我的夸张体面
炫耀欲	炫耀欲及虚荣心很强，追求成就的群体
消费指向性	他人指向型（他人的评价决定自我满足）
人生满足度	85%（生活富足、自信满满及被认可的生活）
敏感词汇	体面，炫耀，流行，时尚趋势，认可，引领，时尚（亲睐）

潮流时尚型消费群体的代表性消费特性

•引领时尚的先导消费者们，需时刻走在前沿并备受认可才能尽兴
•开放及超前的倾向突出，追求多样性的消费群体
•没有他人的羡慕及认可的消费毫无意义，优越感是消费的动力
•品牌可撑起自我威信，是为自己代言的一种手段
•享受自身的消费品能受到同行群体追捧时的兴奋，方能达到购物的目的

④“我心里有太多计算机”－实务型消费者

特征
•智慧消费是我人生的一大乐趣
•未来固然重要，现在也很重要
•购物是寻宝的过程也是一种另类游戏
•相比品牌，更注重产品提供的价值

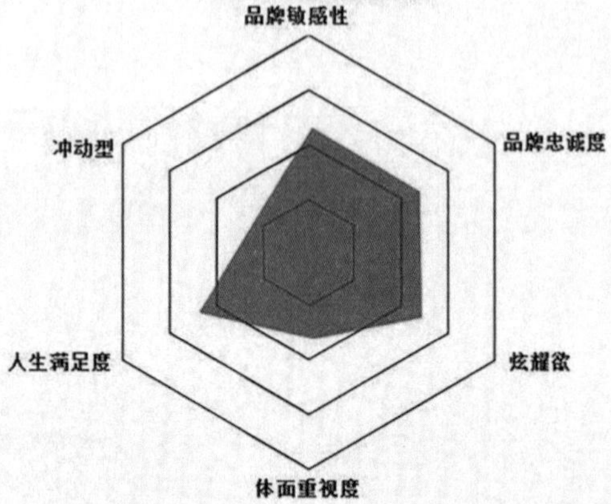

• 实务型消费者分析

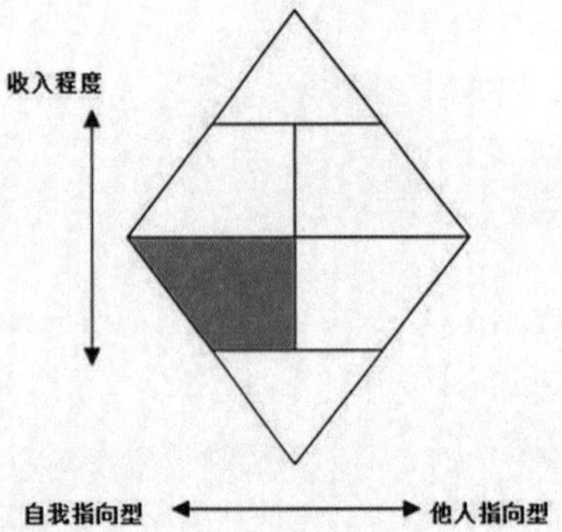

主要年龄层	20~30岁女性为中心
收入程度	中产层白领（中）
兴趣	查找廉价商品，购物就是游戏里找宝物的过程
特长	查找可以买到最便宜商品的方法
关心事物	打折/减价信息，团购信息，保健信息，抗老化
幸福的根源	买到超大折扣商品，同一件商品比别人买的便宜，购物的过程
不幸的根源	买完后发现别家更便宜
信赖渠道	1.网上的商品评价 2. 朋友的推荐
消费目标	合理消费
品牌敏感性	不会受太大影响，但会考虑品质
体面重视度	比起面子更重视合理性消费
炫耀欲	有钱的话也乐于买名牌，但过度会觉得太奢侈
消费指向性	自我指向性（不太在乎别人的想法）
人生满足度	70%（大体满足，但有要攒钱的压迫感）
代表消费群	•海报族：广告海报中，为了低价购买会收集很多超市打折宣传单 •团购族：为了以更低的价格购买商品而进行团购
敏感词汇	打折，价值，价格，品质，团购，健康，老化，实用性，退换货，远征购物

务实型消费团体的代表性消费特性

•买东西时货比三家，价比三家的习惯
•以原价买到商品时会觉得吃亏了
•即使不是当下就能购买的商品也要再三对比价格
•会等到打折时才购买想要的商品
•节约是种美德，但明智的消费是更大的美德

⑤“永远都在渴望消费”－渴望型消费者

特征

•想要更好的东西，想要更多东西

• 经济制约中能接受小的奢侈（一个昂贵物和一堆便宜货）

•在意别人对自己的看法，害怕被他人无视

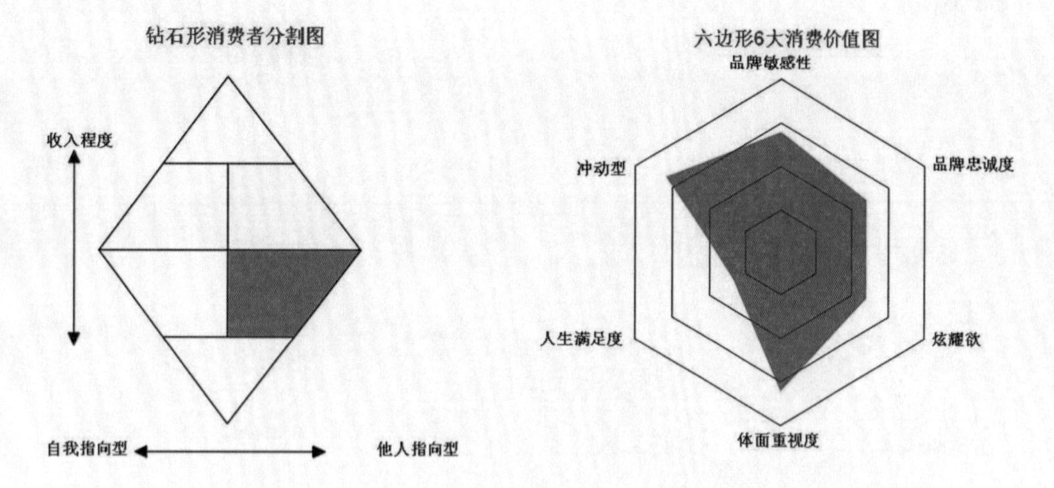

• 渴望型消费者分析

主要年龄层	25岁左右的年轻职员和有小孩的30岁左右的父母
收入程度	中产层（中）收入水平中等，不是能随心所欲购物的程度
兴趣	查找能够购买的奢侈品（化妆品），收集贵的时尚商品
特长	享受消费和购买
关心事物	时尚领域中对化妆品、香水较为关心，时尚潮流型消费者
幸福的根源	能够拥有更多好的商品
不幸的根源	没钱买自己想买的东西
信赖渠道	直接经历
消费目标	拥有更多。使用更多商品
品牌敏感性	能够承受的程度（例，包比起高价的正品买个假货好像也可以，化妆品就要用奢侈品）
体面重视度	害怕被他人无视
炫耀欲	想要向他人炫耀的想法不多，根据实际经济情况来看炫耀较困难
消费指向性	他人指向型（在意他人想法）
人生满足度	40%（大体不满足，希望未来会更好）
代表消费群	低调的奢华：朴素的奢侈，享受有品位的生活，喜欢名牌但不是为了给别人看的，喜欢和自己品味一致的商品。直译的话就是"使用好的产品是不需要表现出来的"
敏感词汇	从使用的产品中感受到的，别人的评价

渴望型消费团体的代表性消费特性

•也想买更好的品牌和更好的商品，但有经济制约

•小型奢侈品（化妆品，口红，香水），偶尔也对上流圈有幻想，但不是必需品的话对其欲望就会减小

•比起向他人炫耀更怕别人会因自己每天总穿同一件衣服而小看自己

•对店员的服务和别人的评价较为敏感

⑥"不花钱就是赚钱"－节省型消费者

特征
- 积少成多的信念
- 比起现在未来的幸福更重要
- 消费的最小化，储蓄的最大化
- 切断欲望

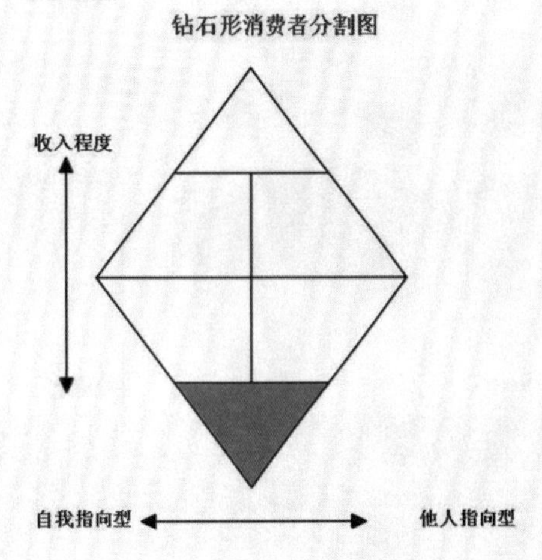

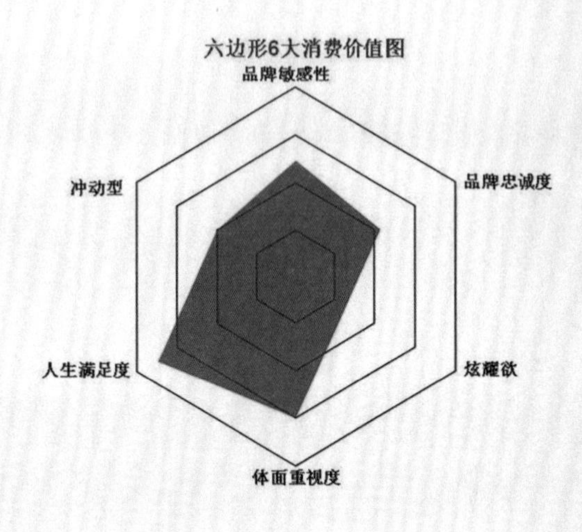

- 节省型消费者分析

主要年龄层	以40~50代男女消费者为中心
收入程度	中产层（中下）
兴趣	为了健康的运动和饮食，去银行，看新闻，赶集
特长	攒大钱，节省的生活
关心事物	家里人的健康，国内旅行，夫妻感情，对老人恭敬
幸福的根源	越来越多的储蓄，子女的成功，精神满足
不幸的根源	购买了不需要的商品时，商品不能长久使用时
信赖渠道	朋友推荐
消费目标	消费的最小化，储蓄的最大化
品牌敏感性	不受影响，价格对比品质，更在乎合理的消费
体面重视度	尊重他人并给予他人面子更重要
炫耀欲	没有。认为即使有钱也要节约的生活习惯是种美德
消费指向性	自我指向型（自我满足最重要）
人生满足度	80%（钱不是决定幸福的因素，追求精神幸福）
敏感词汇	利息，储蓄，节省，子女，健康，旅行，价格，体面，养老

节省型消费团体的代表性消费特性

- 对消费欲望低，只购买必需品
- 现在的一切都是为了以后的幸福
- 比起消费更享受存钱的乐趣
- 物质和幸福是没有比例的，追求精神幸福
- 生活的满足度极高，不会和他人比较

* 来源 2013 年韩国出版《TREND CHINA》，Rando kim 等 2 人著

5. 设定基本开发主题

许多专家在开发购物中心时，很多时候把主题等同于定位，甚至是环境。但是，目前的购物中心同质化现象十分严重，因此准确设定购物中心的主题，是购物中心差别化开发的关键要素之一。

主题可以定义为“购物中心传达给顾客的商品和环境的统一形象”。若定位是指根据商圈和目标客群的要求设定的位置，主题就是在这一位置上给顾客传递的形象和价值。

最近接触到的很多商业报告中，大都是与购物中心的主题、体验、差别化相关的内容。但是这些内容几乎都在谈环境，仅有部分提及商品，更多的则根本不提及开发公司的企业理念或前景。

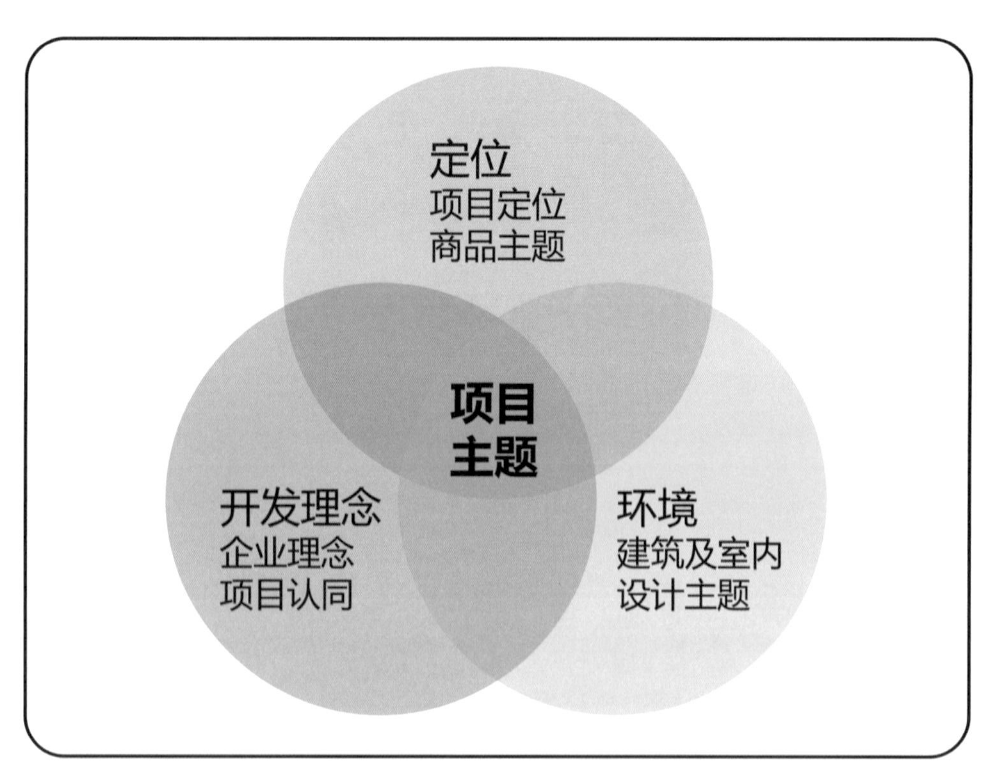

■ 项目主题的概念

设定基本开发主题是以前一阶段的调查分析内容为基础来选定项目的基本开发主题，并以实现主题为目的、由 MD 规划及环境部门提出方向性的工作阶段。

1）综合考虑前一阶段调查分析所得区域特性、消费者需求及公司理念（或品牌定位），整理出即将开发的购物中心在该区域占据何等位置的基本开发姿态。

例 –12）– 设定开发方向的思维逻辑

对于SC开发地块，虽然未来具有商业潜力，但是目前现状他的商业价值比较低，所以有必要从目前和将来两个视点考虑本开发。

从立地环境角度定位

- 开发地位于新城的中心商业区。但是目前周围居住的人群不是很多。
- 开发地所处的松北区内有着各种各样的文化、观光设施。

「要协调现在的视点和将来视点的平衡」

从地区竞争角度定位

- 开发地被松花江隔成市区中心和开发地相对独立的商圈。
- 道理商圈有得到广泛支持的新一百百货。

「增加其特色，瞄准影响圈的扩大」

保持SC基本特色的同时强调特色型和娱乐性的SC开发

从城市特色角度定位

- 2000以后 **哈尔滨市**的人均可消费所得的增长率较高，至2014年预测将达到27,666元。
- **哈尔滨市**作为观光名城，冬天冰雪节期间将从世界各地涌来大量的观光游客。

「与观光资源合作连动」

从居民特性角度定位

- 规划地周边居民所得在哈尔滨市中是比较高的，但是与全国水平相比不是很高。
- 哈尔滨市民喜欢新潮敢于花钱追求美。这种特性至今未衰。

「不是高档品牌，而是提供具有高感性的商品」

例 –13）– 设定开发目的的思维逻辑

通过打造集客力强劲的新城Symbol设施，为新城的城市建设作贡献。提高设施在新城的据点性，增强本SC的集客力。

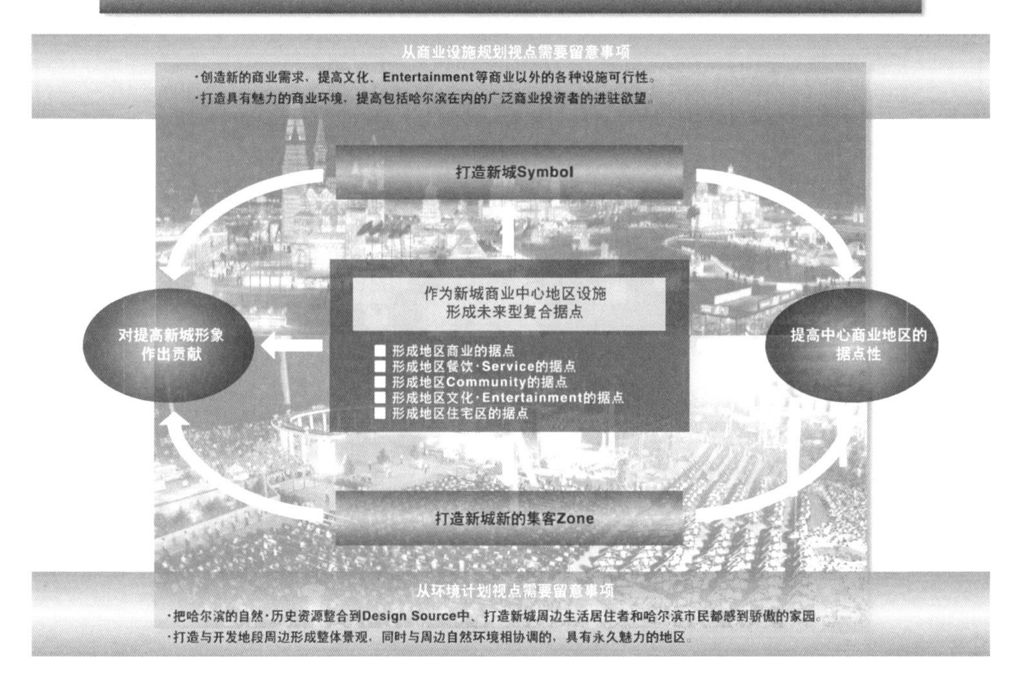
从商业设施规划视点需要留意事项
·创造新的商业需求，提高文化、Entertainment等商业以外的各种设施可行性。
·打造具有魅力的商业环境，提高包括哈尔滨在内的广泛商业投资者的进驻欲望。
打造新城Symbol
作为新城商业中心地区设施
形成未来型复合据点
形成地区商业的据点
形成地区餐饮·Service的据点
形成地区Community的据点
形成地区文化·Entertainment的据点
形成地区住宅区的据点
对提高新城形象作出贡献
提高中心商业地区的据点性
打造新城新的集客Zone
从环境计划视点需要留意事项
·把哈尔滨的自然·历史资源整合到Design Source中、打造新城周边生活居住者和哈尔滨市民都感到骄傲的家园。
·打造与开发地段周边形成整体景观，同时与周边自然环境相协调的，具有永久魅力的地区。

2）从基本开发姿态出发结合区域商圈之间的竞争情况、竞争店之间的竞争情况以及其他区域的特性，设定差异化购物中心的固有的开发方向。并且重点考虑要为消费者提供什么样的购物中心（环境、文化、消费、娱乐、购物、休闲）？从这样的角度出发提炼所开发购物中心的最基本的“主题语”。

例 –14）– 设定主题语的思维逻辑

3）为实现设定的开发方向（主题），需要设定购物中心开发中两大核心 MD 部分与环境部分的方向。MD 部分的方向需要在考虑如何满足顾客的需求事项？向顾客提供何类商品（与竞争店或者竞争商圈差异化的商品）？之后提出本阶段的基本方向。而环境部分则是以既定开发主题为依据，考虑应用什么样与 MD 相符的设计元素，并且如何展开，如何影响顾客？从这些方面来设定其基本方向。此工作阶段中两大部分的方向必须与开发主题方向相符，赋予顾客主题上的统一感。

※ 基本开发主题将成为今后所有工作的基础，因此这一过程务必谨慎决定。

例 –15）– 开发的基本方向（基本战略）的逻辑

6. 设定购物中心性格

设定购物中心性质是设定所开发购物中心的形象主题，制定今后基本展开方针的工作。是掌握购物中心开发区域特性，从而设定出所开发购物中心在该区域中将会形成什么样的形象。为此，在前一阶段工作中需要首先对地区文化、习惯、传统、环境等进行调查，为日后购物中心的开发提供基础数据。

1）从开发区域的立地环境、自然环境、文化环境、传统环境等多处环境中提炼核心关键词。

2）根据关键词来设定购物中心的形象主题。形象主题相比具体表现也可以采取抽象表现方式，但是其含义对于该区域而言必须具有重要意义。

3）以基本方针为基础，进而详细进行向各消费团体、居住团体、区域团体呈现什么形象的购物中心的规划。此时，引入最核心的各业态业种，而各业态业种对于各团体，也成为设定购物中心开发所形成的形象。

※ 此阶段将成为后一阶段战略战术阶段 MD 主题构成的基础，需要慎重决定。

※ 需明确光顾消费者的类型，这并非从环境角度定性，而是从商业设施角度定性。

例 –16）– 设定购物中心的性格逻辑

< SC的性格 >

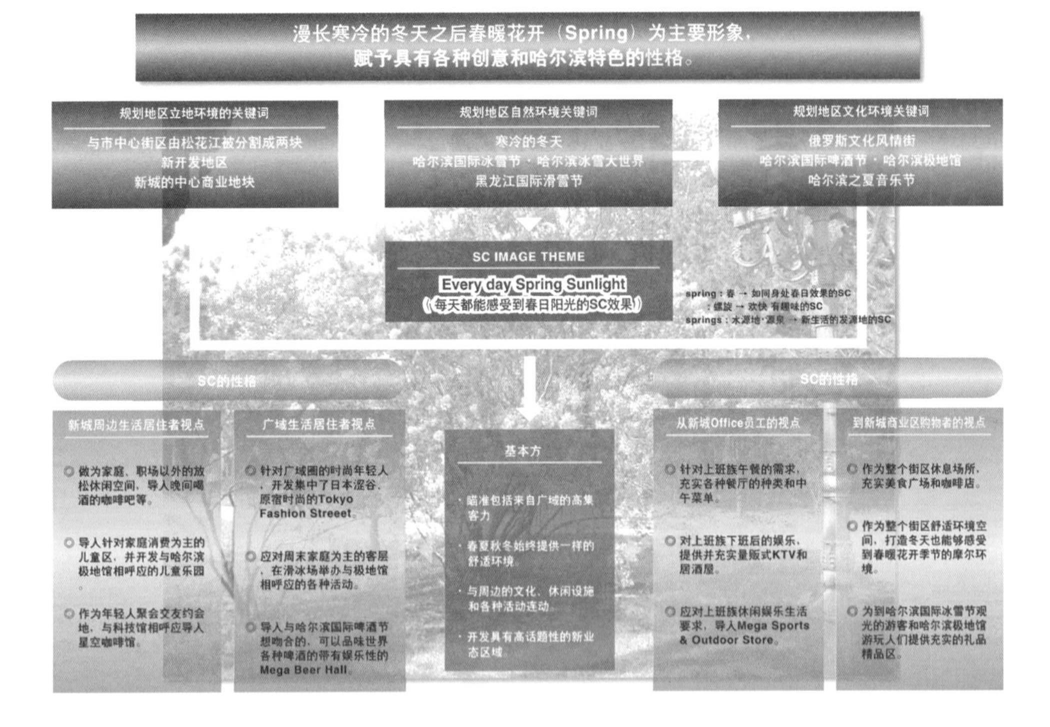

7. 设定项目目标定位

开发区域的立地特性、商业业态发展情况、顾客需求事项、竞争商圈或竞争店等以前一阶段的调查分析为基础设定项目的基本目标定位。目标定位总体上分为两大类。第一类为根据消费者消费模式的定位以及第二类根据顾客光顾目的、印象等的定位。

例 –17）– 设定目标定位 1

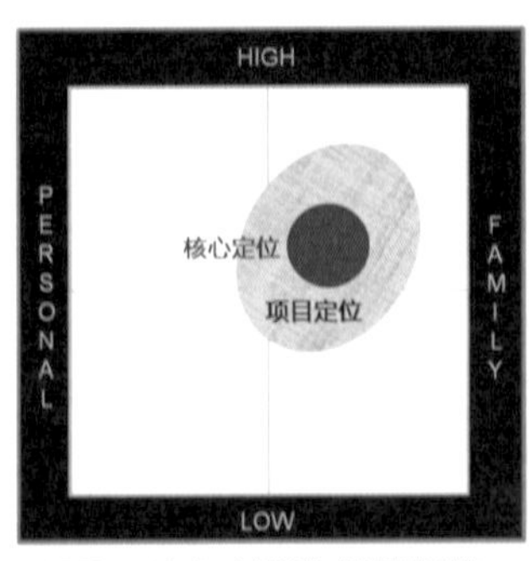

PERSONAL(个人): 个人消费，潮流倾向较浓
FAMILY(家庭): 家庭消费，潮流倾向较弱

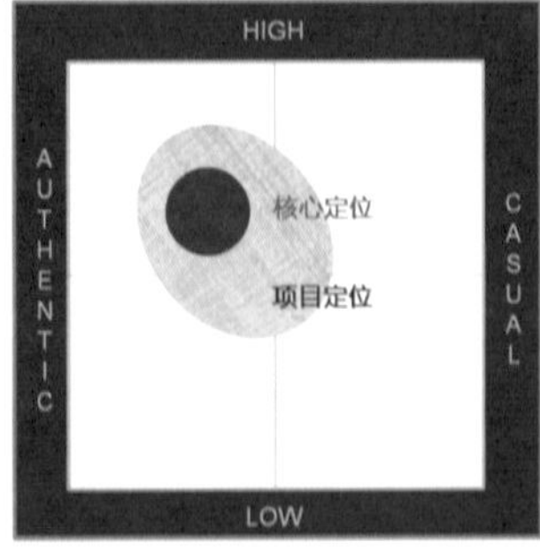

AUTHENTIC(必然性): 理智性、合理性、目的性较强
CASUAL(偶然性): 舒适性、便利性、休闲型较强

通过以上案例可以看出，项目的目标定位以高端家庭消费为主，店铺定位目的性比较强

例 –18）– 设定目标定位 2

目前哈尔滨没有将家庭定为目标客层的大型商业设施
走高级路线的大型商业设施并没有受到一般市民的接受

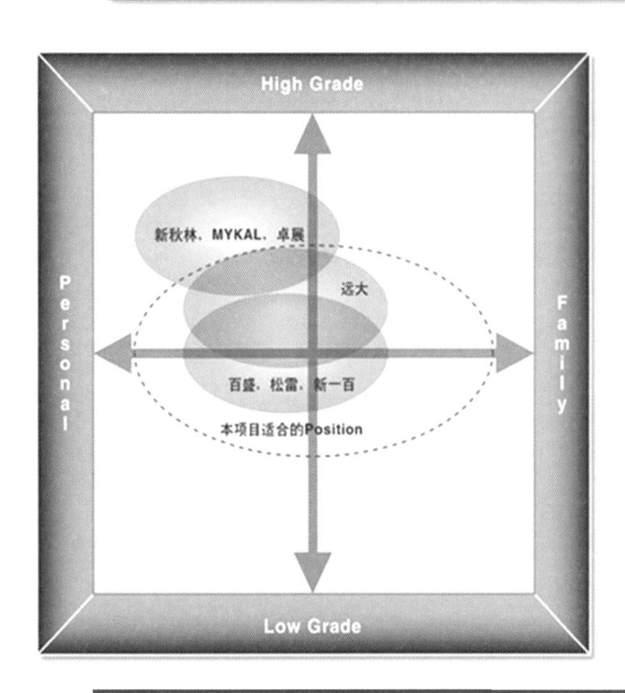

不是追求高级，而是追求高品质
以中产家庭为主，逐渐扩大目标范围

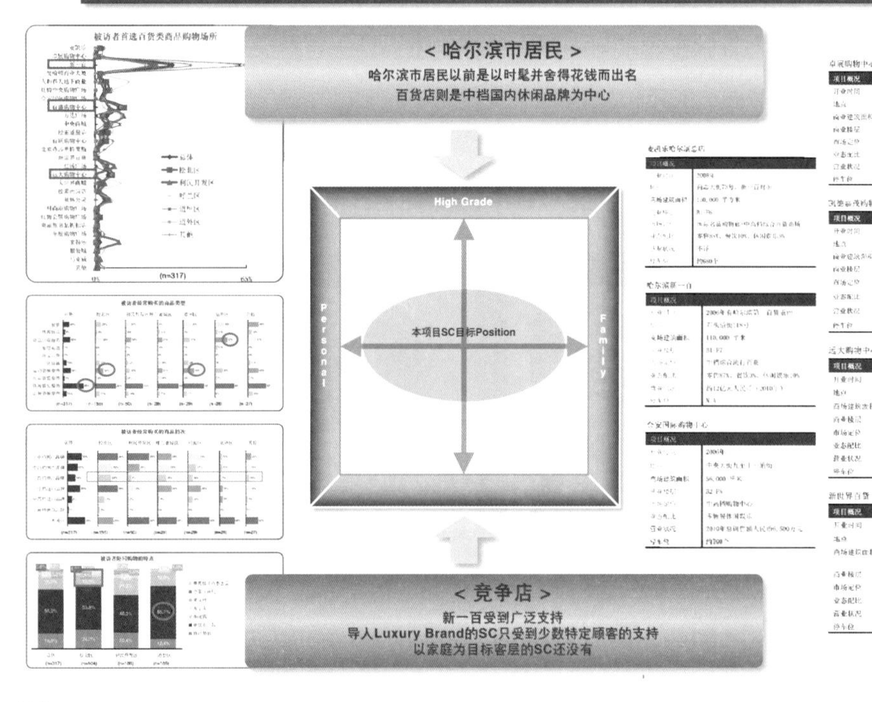

8. 总体规划（MASTER PLAN）

通过前一阶段的调查分析进行总体规划。本阶段若已选定建筑设计师，则需与建筑设计师共同协商进行。商业规划师根据商业需求进行规划方面是其专业领域，但进行总体规划需要有专业的建筑设计知识。

总体规划进行方式分为 2 种。即为由商业规划师制作总体规划初稿，然后由建筑设计师以此为基础进行完善的方式，以及由建筑设计师制作总体规划初稿，再由商业规划师进行分析完善的方式。

第一种方式，在没有选定建筑设计师或已定设计师对于商业理解度较低时适应。目前在中国存在各种类型（海内外型、全国 / 地方型、概念、基本 / 施工图为主）的设计师，并且设计师也参与了很多建筑设计，对于商业（购物中心）设计也有经验。但是，多数设计单位在订单的诱惑面前不顾其对商业理解水平的高低，自称商业建筑设计专家的情况也有不少。选择这类设计单位日后将会产生很多问题，严重时甚至可能需要彻底重新进行建筑设计。因此，在甄选建筑设计单位时需要经过细致调查选出对商业理解水平较高的建筑设计师。

本方法的问题在于规划师的水平。商业规划师必须理解基本的建筑条件，虽然不可能全部满足，但是根据项目定位及商业需求可以提出基本的总体规划。不过很多商业咨询公司认为总体规划属于建筑设计师的工作，首先在看了建筑师的图纸后对此进行调整或检查分析，即倾向于第二种方法。据此也可成为衡量该商业咨询公司水平的指标。

首先要充分理解周边情况，参考建筑相关条件，结合内外部出入口、建筑各层面的需求事项、内部动线等制作总体规划初稿。进而反应详细的技术问题与建筑相关事项，并与建筑设计师共同商讨完成。

第二种方式，由建筑设计师根据建筑条件（反应基本商业需求）提出总规划，以此为基础商业规划师按照符合商业需求的角度进行方案调整完善的方法。但是这种方式，对于建筑设计师的商业相关水平要求较高，否则很难根据商业规划师的需求完成最合理的总体规划。

例 –19）– 商业规划者依据建筑条件提出的总体规划建议或者建筑设计院提出的初步总体规划审核

例 19–1）

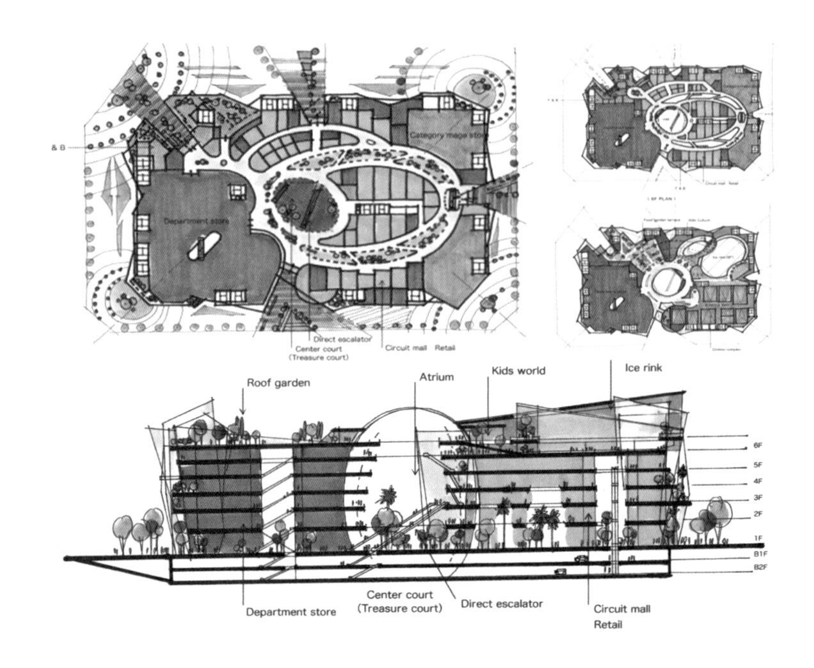

例 19–2）

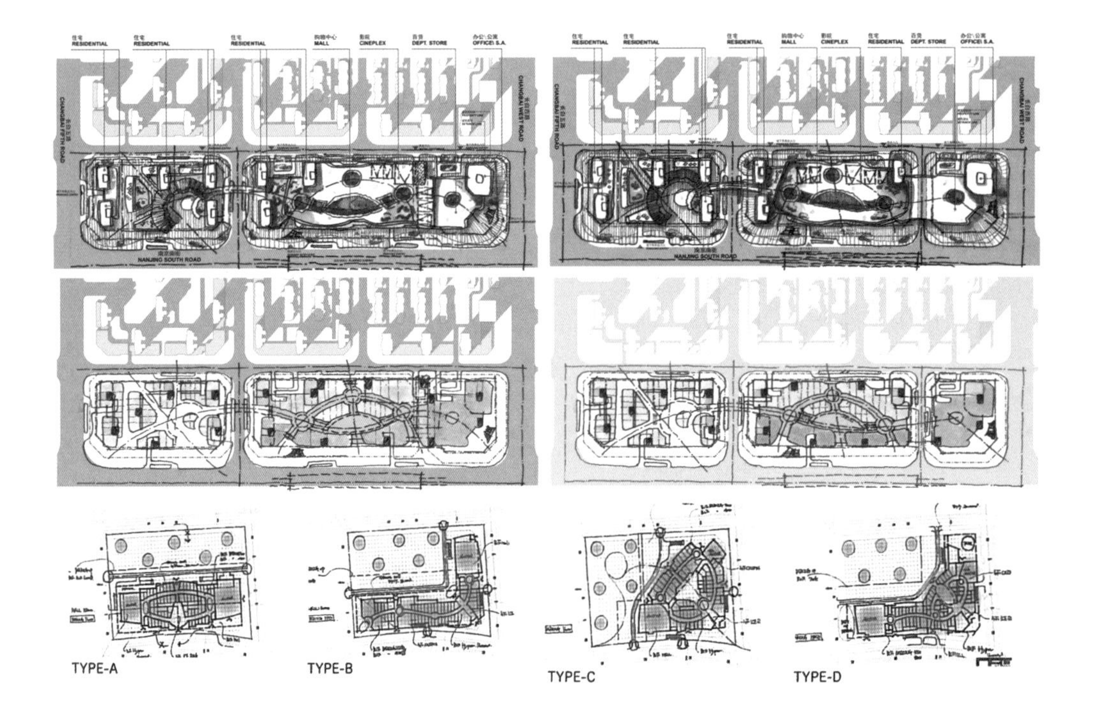

例 –20）对建筑设计师的总体规划提出的建议 – 垂直移动动线

确定基本平面后建筑设计院提出根据建筑视觉的水平和垂直动线的初步构想方案，商业规划人员对建筑设计院方案的沟通和商业需求上建议调整整体的动线。

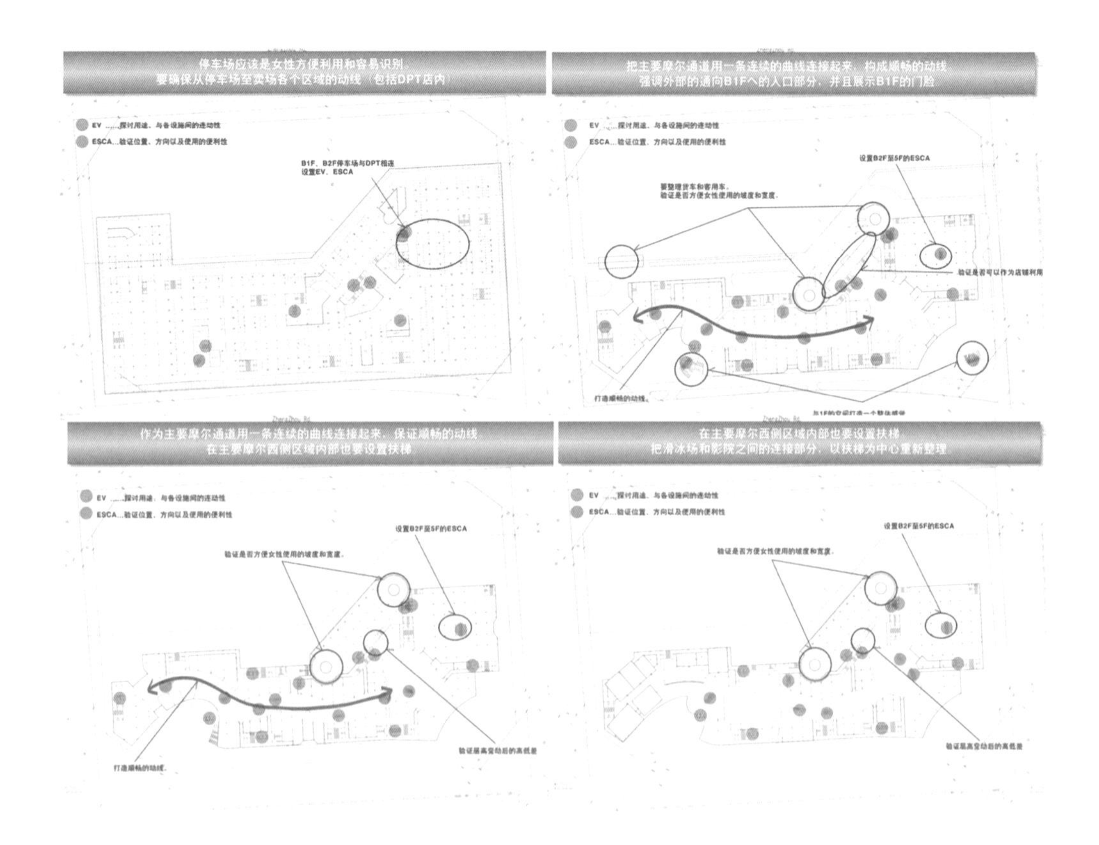

9. 购物中心的平面动线

常见的购物中心水平动线分为一型、T 型、环型、L 型、复合型，这是对购物中心的基本业态研究不足的结果。购物中心中主力店间的连接空间称为 Mall，Mall 的基本形态为“商铺 + 通道 + 商铺”或“商铺 + 通道”。

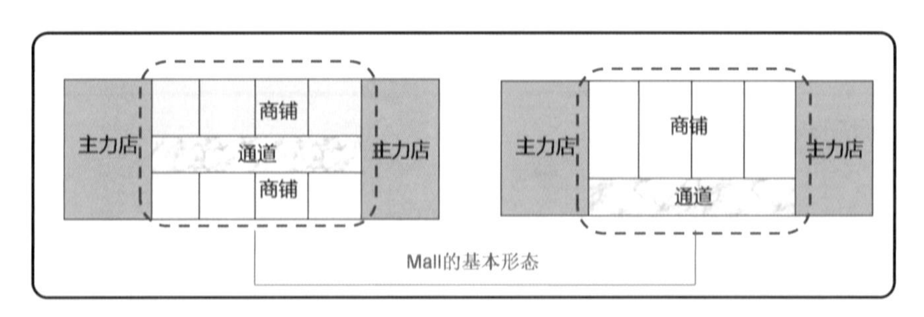

■ **Mall 基本形态**

因此，上述的水平动线可以视为最基本的水平动线形态，考虑主力 Mall 之间的连接或是辅助 Mall 和主要 Mall 之间连接，以及和主力店、次主力店的规划及垂直连接的关系后组合出最符合建筑条件的形态。

特别是现在的购物中心呈现复合型规划，不仅商业部分而是需要实现项目整体规划和均衡，因此实际上不可能只考虑商业来规划形态。并且在单体商业或以商业为主的项目中，依据建筑条件（地块大小，形态，建筑红线，进入条件，建筑体量）等决定建筑物形态的情况较多。

组合 Mall 时要考虑可视性、接近性、回流性等，并为实现其极大化需要将商品规划（主力店位置、各品牌需求面积、深度等等）和出入口的连接、Mall 的形态（中空、直线、曲线），同时考虑进行规划。

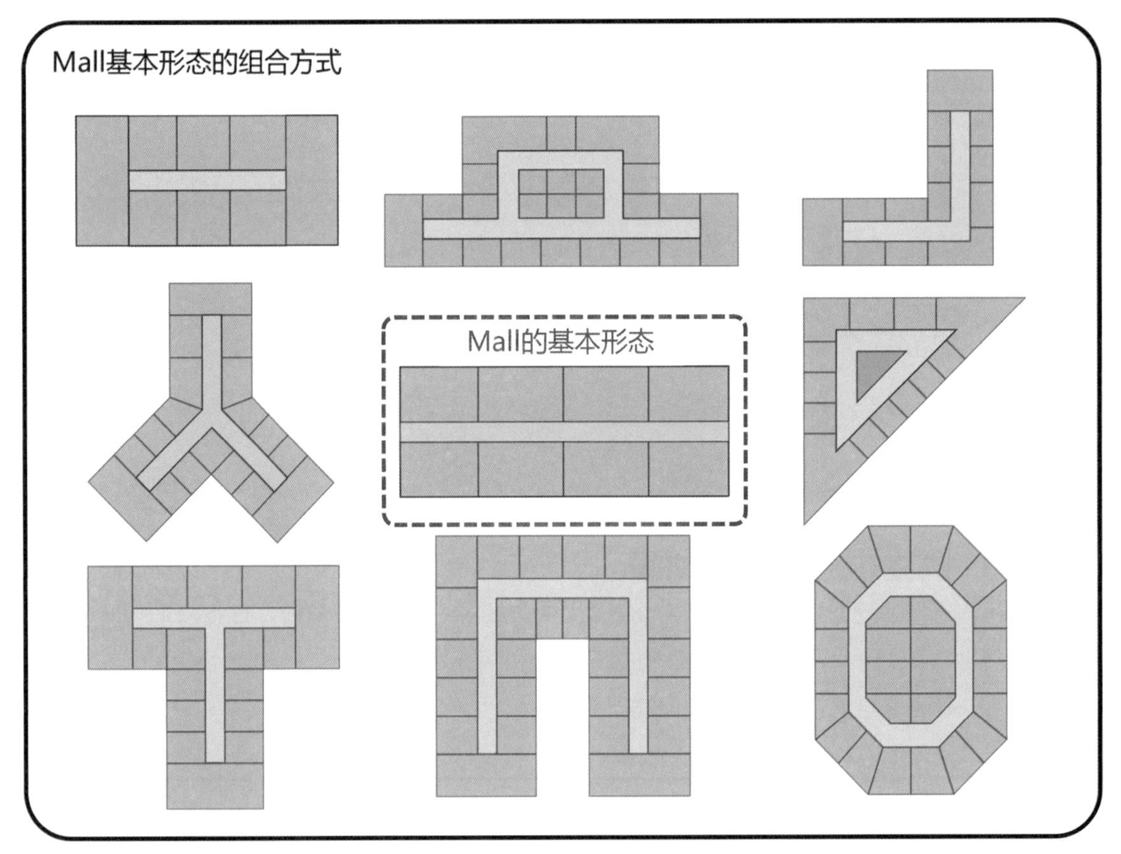

■ **Mall 的组合形态**

目前所有的购物中心通道，都是基本动线的组合做出来的，没有一型、T 型、环型、L 型、复合型的区分。

例 –21）– 各类型实际动线形态

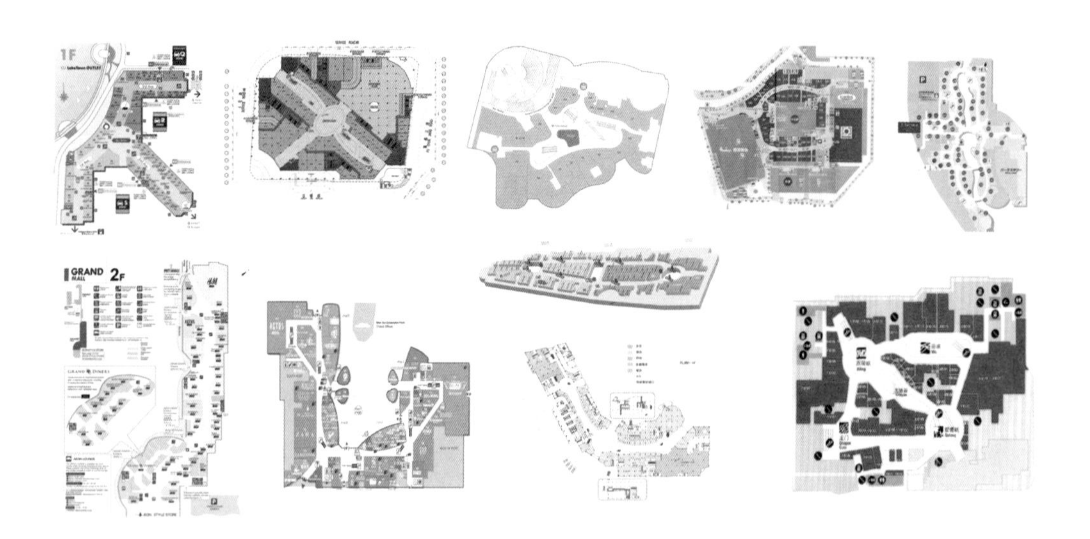

10. 制定环境战略及进行概念设计

一. 制定设计任务书

商业定位确定后，商业规划者应制定各个环境设计任务书，与环境设计相关业务如下：

建筑设计任务书；

对建筑、室内、景观、照明设计主题的评估与建议；

对建筑、室内、景观、照明设计各阶段成果物的评估与建议；

项目的规划布局合理性评估与建议；

项目立面图设计评估与建议；

项目公共区域设计评估与建议；

平面图设计评估与建议；

停车位评估与建议；

推广活动区评估与建议；

办公、商业以及居住人流动线处理评估与建议；

配货车辆的外部交通优化评估与建议；

车库入口与出口设计评估与建议；

项目的内部车流、人流的交通组织评估与建议；

垂直交通设置及优化建议；

电梯布置（电梯、货梯、扶梯以及消防电梯）合理分配与布置；

硬件指标评审及建议；

柱距的范围设置建议；

楼层层高建议；

对建筑平面规划图设计的评审；

项目公用设施配套建议；

项目建筑设施等建议；

项目智能化系统等建议。

此项业务在这一阶段并未结束，之后的阶段会继续进行。

购物中心空间环境设计由各个领域专业设计师（建筑、室内、照明、景观、陈列等）进行，商业规划师参与概念与基本设计环节。正因为若想表现项目整体定位及主题环境，这部分占据非常重要的一环。虽然有具备高水平商业环境设计的专业设计师，但多是从各自专攻领域的角度上理解商业，难以与商业规划师的理解同步。而且，从带动各个环境部分的统一以及引导项目定位及主题方向角度出发，都需要商业规划师参与其中。

就目前情况而言，商业规划师对于环境概念的认识水平普遍不高，分离商业与环境的意识较强，甚至就项目功能而言，比专业设计师的普遍水平更低。还有部分专业设计师过分夸饰自身能力，无视商业规划师或商业公司的意见，执意坚持按照自己的判断进行的情况也较多。尤其问题越多的专业设计师越是认为自身对于商业的理解度及专业性较高。但是，多数设计师仅是掌握了表面现象，真正内涵的功能其实并不知晓。仅仅参与过几次商业建筑设计便称为商业专家是非常危险的举动。目前也存在相当多的项目在设计结束后为进行变更而再次投入更多时间和费用的情况出现。

同样，商业规划师为了进行成功的商业设施规划，要认识到商业规划与环境必须和谐，需要提升对于环境的理解度，并积极参与到环境设计工作中去。

当然，由商业规划师制定整体项目主题，那么整体主题下的环境主题也在商业规划时制定才最为合适。至少需要在各设计概念阶段加入，分析设计的方向性并且共同决定环境设计概念。尤其，建筑外观、各层平面（动线形态、中庭及挑空、水平垂直移动）、项目出入口（出入口、车辆、货物、顾客）等方面必须由商业规划师与建筑设计师共同进行。商业公司也许可以先进行商业规划，然后再进行建筑设计及其他设计。但如果在进行商业规划之前先进行建筑设计，那么一定会产生时间和费用上的损失。

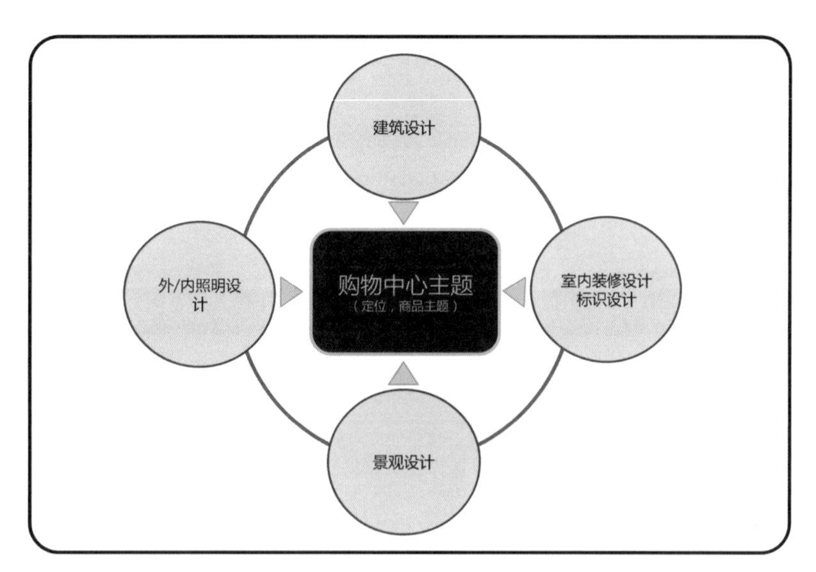

■ 购物中心的主题和各个环境设计的关系

在多数综合体项目中，经常将商业置后考虑，优先以办公或其他设施为主，而后考虑商业。从当前商业竞争如此激烈的情况来看，不能再将其置于生存艰难的地步。虽然不能以商业为主，但是至少需要维持各功能设施之间的均衡。

在本阶段，需要判断调整建筑设计师的设计方案，是需要以最合适的状态进行设计的阶段。

建筑外观的设计概念与项目定位以及主题是否一致？

各单元层面积及层数是否合适？

内部平面动线形态是否合适？

中庭与中空设计是否和谐？

垂直移动是否容易？

店铺布局是否符合今后 MD 规划？

出入口与顾客动线是否一致？（内外部出入）

车辆出入是否合理？（顾客、货物）

停车位是否充足？

基本的货物动线（水平、垂直）是否合理？

内部规划与外部设计是否一致？

平面动线有无死角区域？

层高是否合适？

广场的功效及位置是否合适？

店铺开间与进深是否合适？

对以上诸多事项加以判断，并与建筑设计师协商决定。

例 –22）初步确定各楼层的平面及层高

例 22–1）对各楼层平面的建议和审核

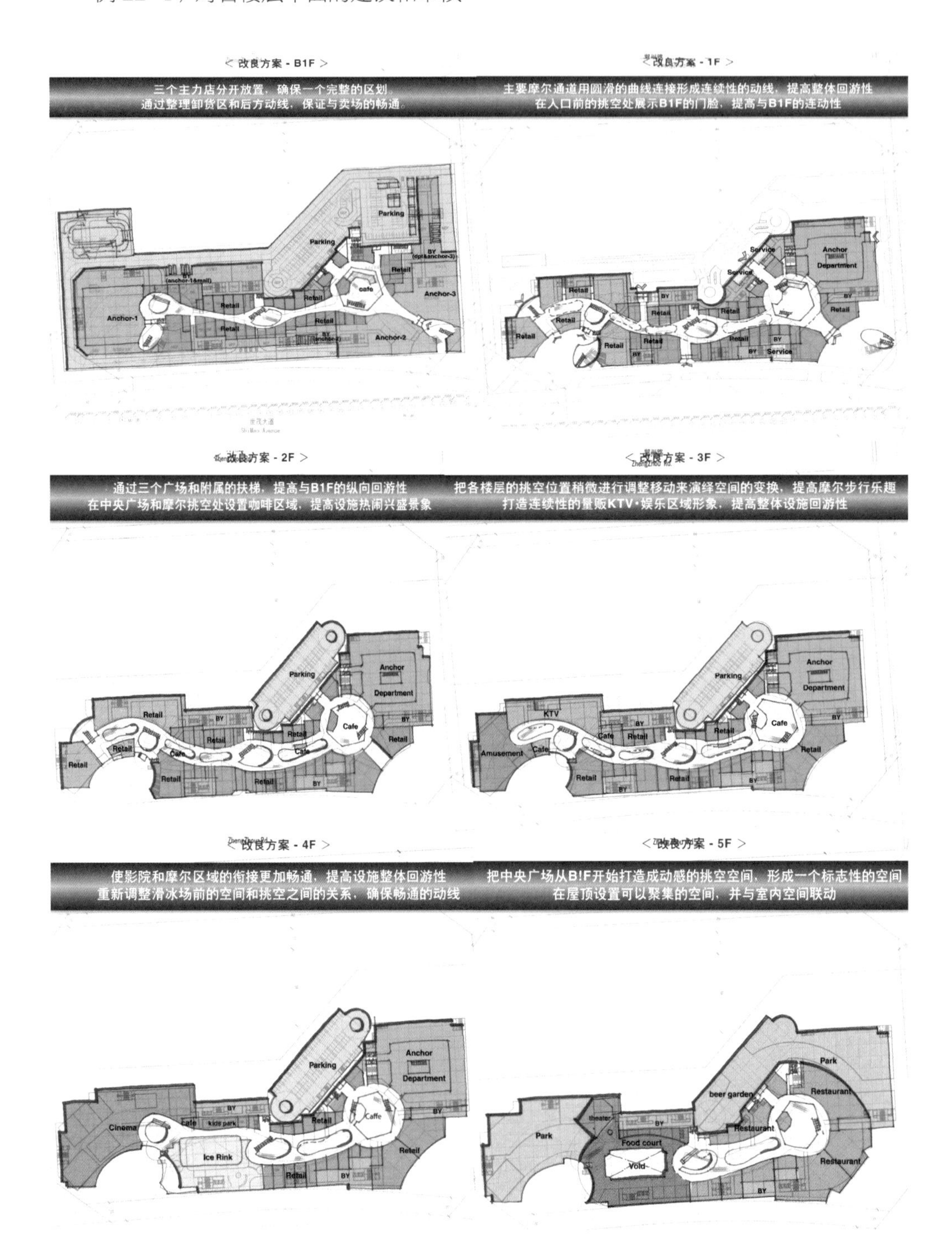

例 22-2）建筑各楼层平面的调整建议

根据项目定位及业态业种布局及环境主题的初步概念，调整建筑初步平面

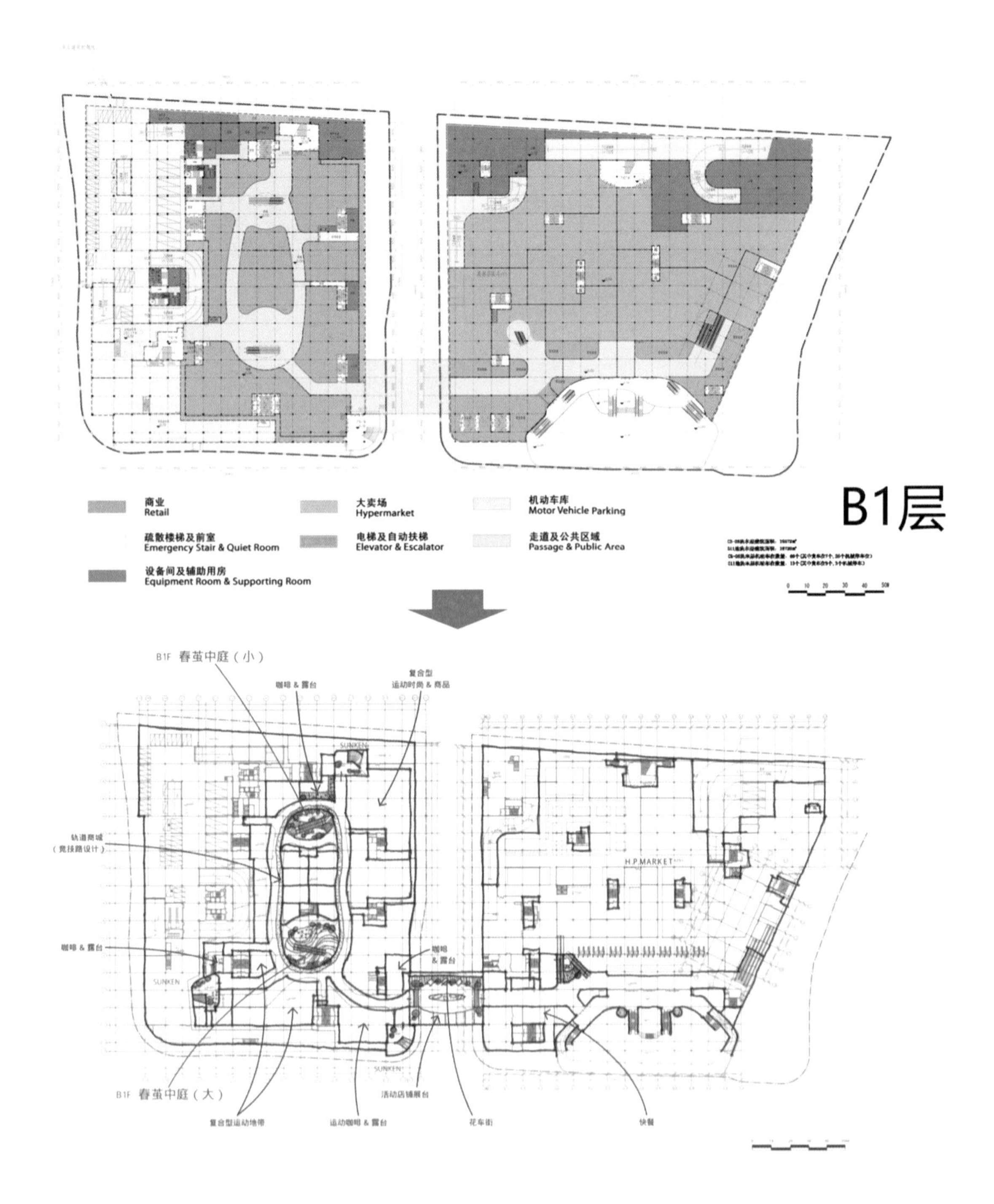

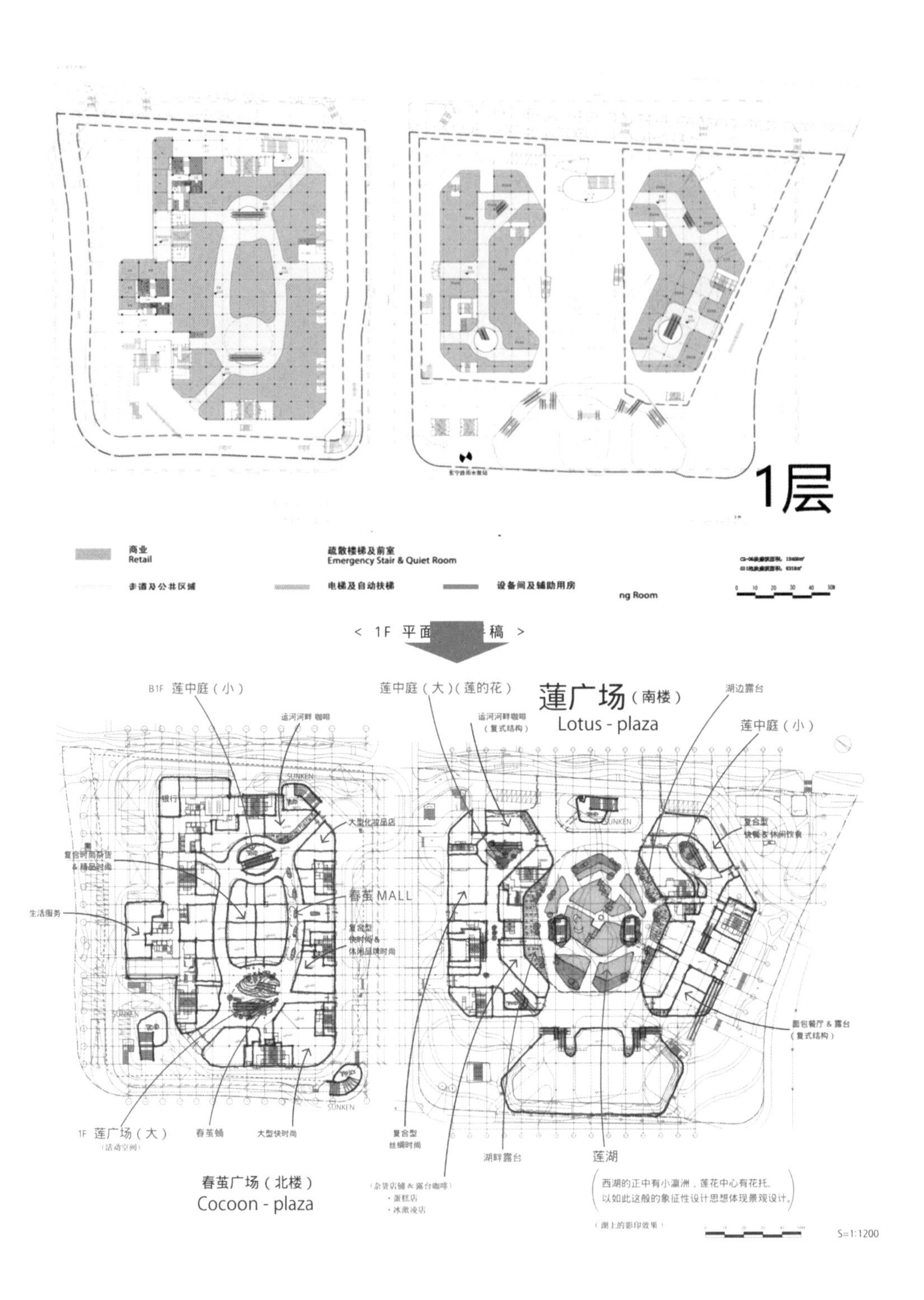
1层
商业
Retail
疏散楼梯及前室
Emergency Stair & Quiet Room
非道及公共区域
电梯及自动扶梯
设备间及辅助用房
ng Room
< 1F 平面 稿 >
B1F 莲中庭（小）
运河河畔 咖啡
SUNKEN
银行
大型化妆品店
复合时尚杂货 & 精品时尚
生活服务
春茧 MALL
复合型 快时尚 & 休闲品牌时尚
SUNKEN
1F 莲广场（大）
（活动空间）
春茧铺
大型快时尚
春茧广场（北楼）
Cocoon - plaza
莲中庭（大）（莲的花）
运河河畔咖啡
（复式结构）
莲广场（南楼）
Lotus - plaza
湖边露台
莲中庭（小）
SUNKEN
复合型 快餐&休闲饮食
面包餐厅 & 露台
（复式结构）
复合型 丝绸时尚
（杂货店铺 & 露台咖啡）
・蛋糕店
・冰激凌店
湖畔露台
莲湖
西湖的正中有小瀛洲，莲花中心有花托。
以如此这般的象征性设计思想体现景观设计。
（湖上的影印效果）
S=1:1200

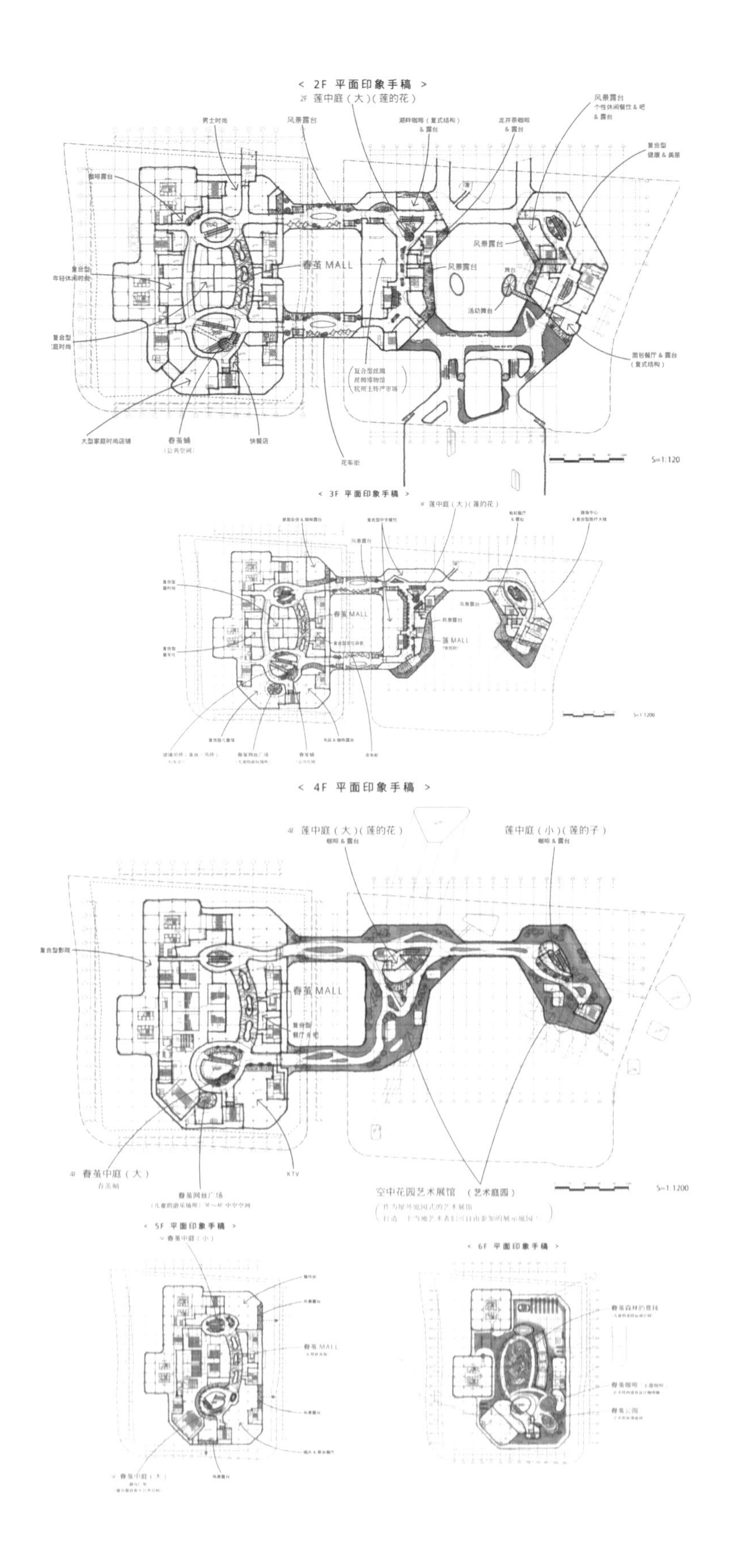

< 2F 平面印象手稿 >
2F 莲中庭（大）（莲的花）
男士时尚
风景露台
湖畔咖啡（复式结构）& 露台
龙井茶咖啡 & 露台
风景露台
个性休闲餐饮 & 吧 & 露台
复合型
健康 & 美丽
咖啡露台
复合型
年轻休闲时尚
春茧 MALL
风景露台
风景露台
舞台
活动舞台
复合型
潮时尚
面包餐厅 & 露台
（复式结构）
复合型丝绸
丝绸博物馆
杭州土特产市场
大型家庭时尚店铺
春茧铺
（公共空间）
快餐店
花车街
S=1:120
< 3F 平面印象手稿 >
春茧 MALL
风景露台
风景露台
莲 MALL
S=1:1200
< 4F 平面印象手稿 >
4F 莲中庭（大）（莲的花）
咖啡 & 露台
莲中庭（小）（莲的子）
咖啡 & 露台
复合型影院
春茧 MALL
KTV
4F 春茧中庭（大）
春茧网丝广场
空中花园艺术展馆 （艺术庭园）
S=1:1200
< 5F 平面印象手稿 >
春茧 MALL
< 6F 平面印象手稿 >

一. 各楼层平面的确定

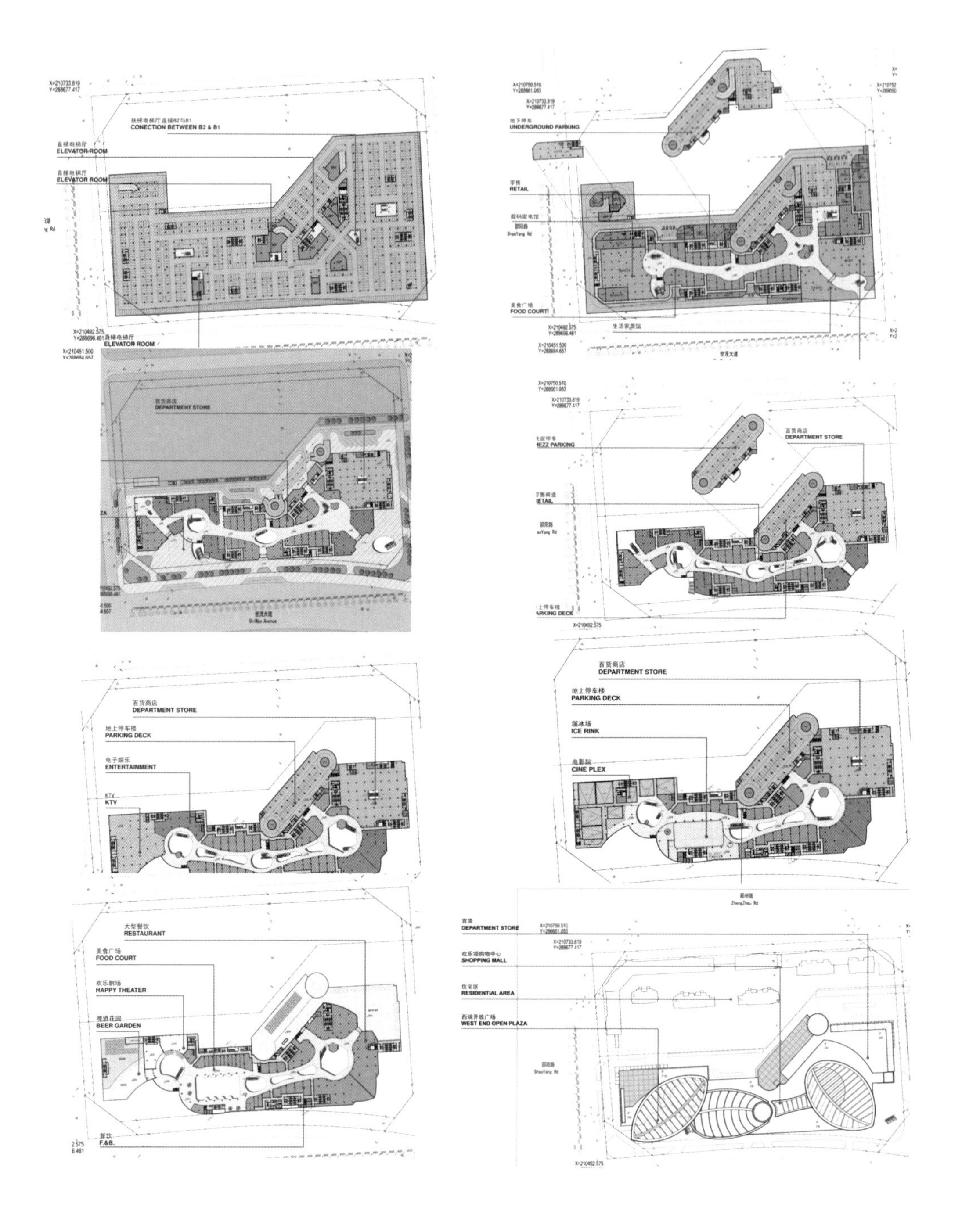
扶梯电梯厅连接B2与B1
CONECTION BETWEEN B2 & B1
ELEVATOR ROOM
ELEVATOR ROOM
ELEVATOR ROOM
百货商店
DEPARTMENT STORE
世茂大道
地下停车
UNDERGROUND PARKING
零售
RETAIL
美食广场
FOOD COURT
生活家居馆
DEPARTMENT STORE
RETAIL
百货商店
DEPARTMENT STORE
地上停车楼
PARKING DECK
电子娱乐
ENTERTAINMENT
KTV
KTV
溜冰场
ICE RINK
电影院
CINE PLEX
大型餐饮
RESTAURANT
美食广场
FOOD COURT
欢乐剧场
HAPPY THEATER
啤酒花园
BEER GARDEN
餐饮
F.&B.
DEPARTMENT STORE
SHOPPING MALL
住宅区
RESIDENTIAL AREA
WEST END OPEN PLAZA

例 22-3）建筑各楼层层高的决定

每个项目有不同的建筑条件和项目的定位，所以拥有不同的层高，原则上层高如下：1 层是来访顾客的第一印象的空间，因此比其他楼层要高点；地下层有卖场和停车场一起规划的时候，可以采用与 1 层相同的高度减少空间的压抑感，或为提高停车场空间的利用率设置适当的层高；其他 2 层以上的楼层除特殊用途外，设计应低于 1 层。

-. 各项目的层高

楼层	层高范围
地下层	商场+停车场：6.0m~6.5m　　停车场:3.2m~4.0m
一层	5.5m~6.5m
二层以上	5.0m~5.5m

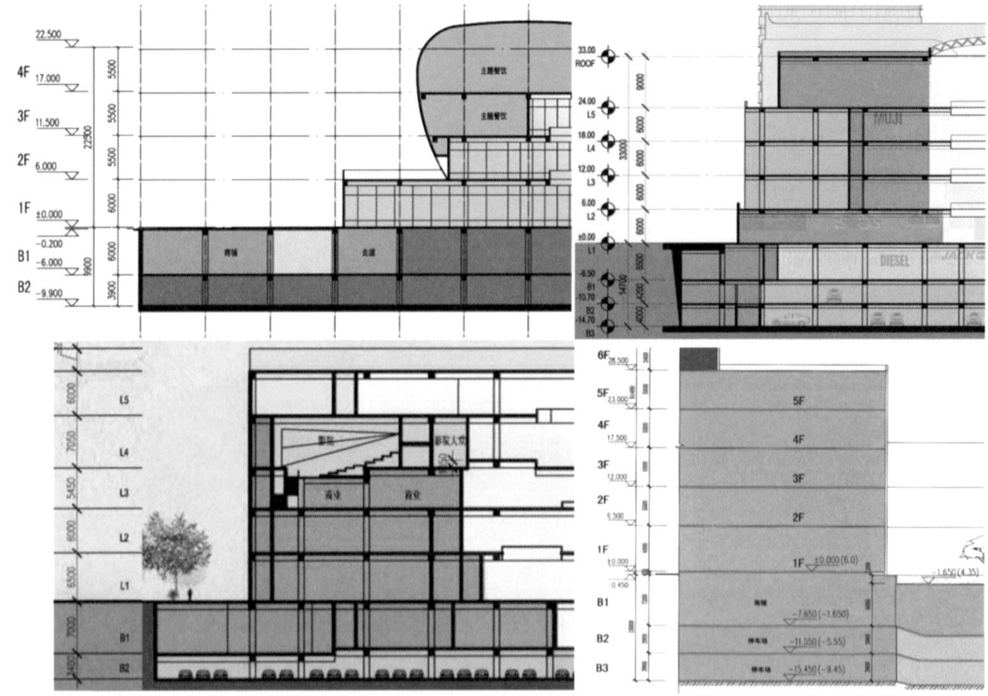

一. 建筑层高和室内净高的关系

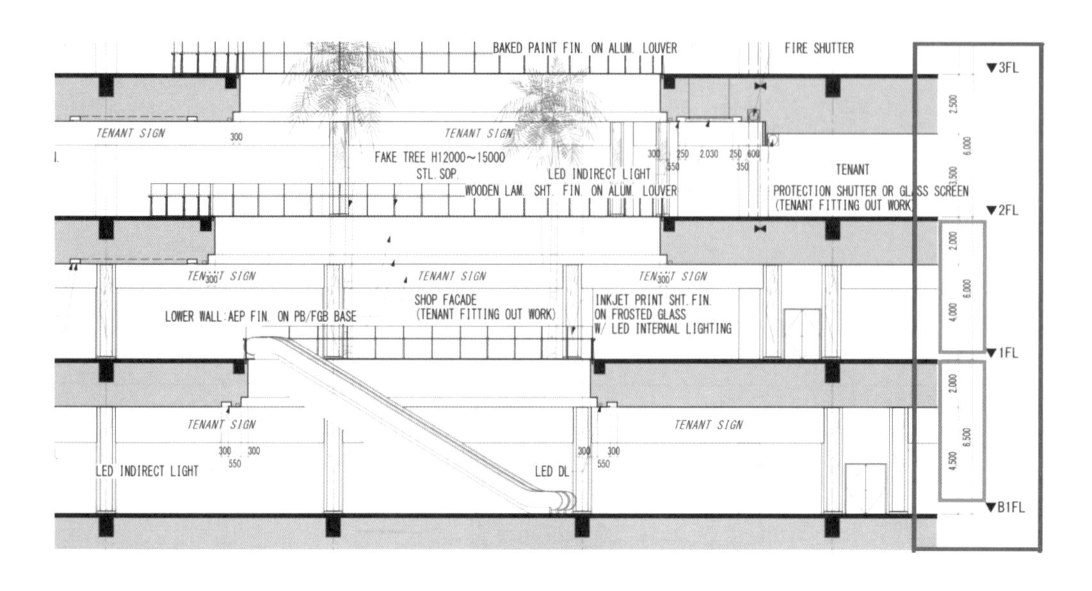

例 –23）初步垂直动线的分析及确定

一. 顾客垂直动线的分析及建议

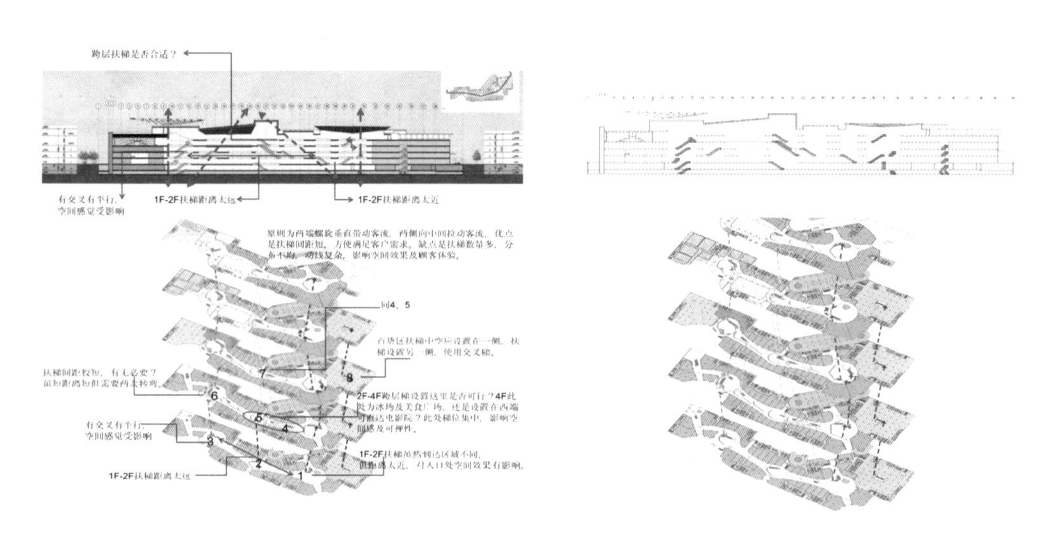

例 -24）建筑及景观设计主题审核

例 24-1）建筑设计概念审核

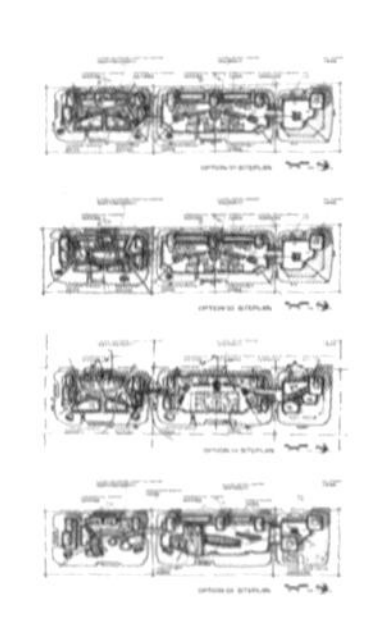

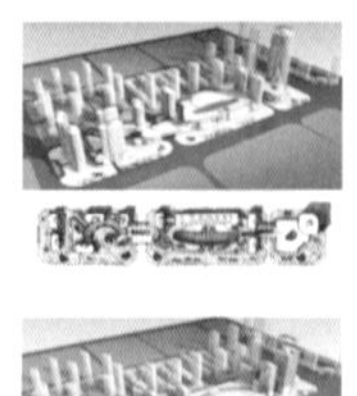

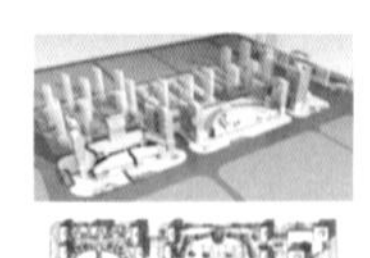

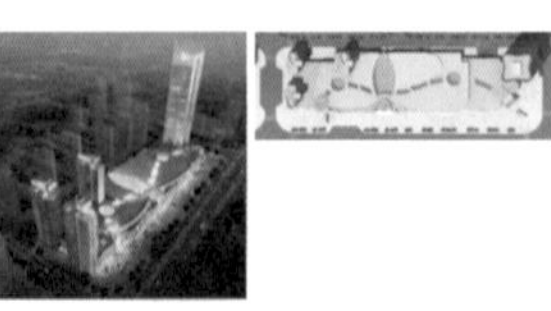

TWO OFFOCE/S A TOWERS

CANCEL THE ROAD BETWEEN 14&18

例 24-2）景观设计主题及概念设计审核

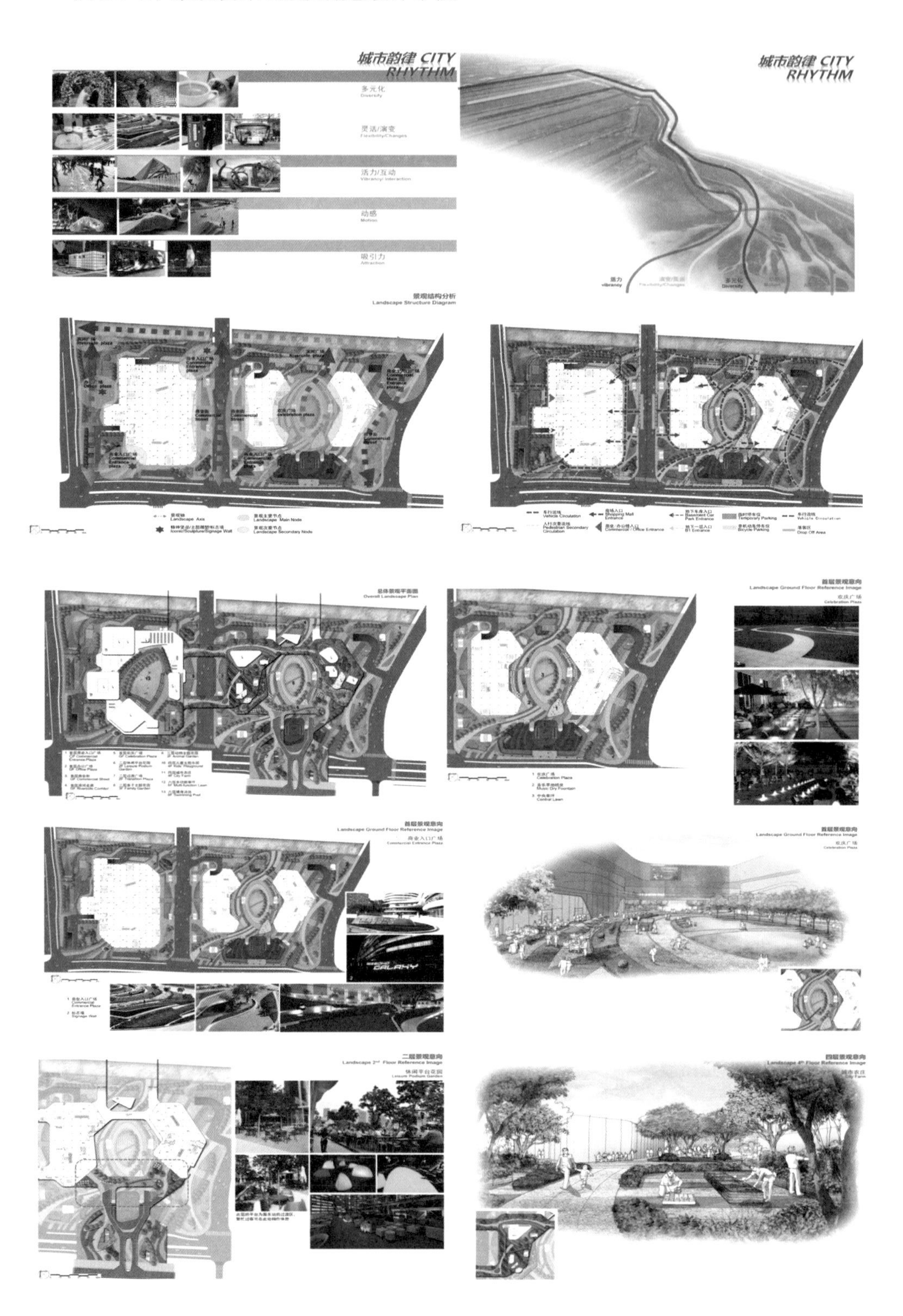

例 –25）室内环境设计主题的审核过程

例 25–1）各方向概念的主题比较分析

< 商环境设计主题的变化经过–1 >

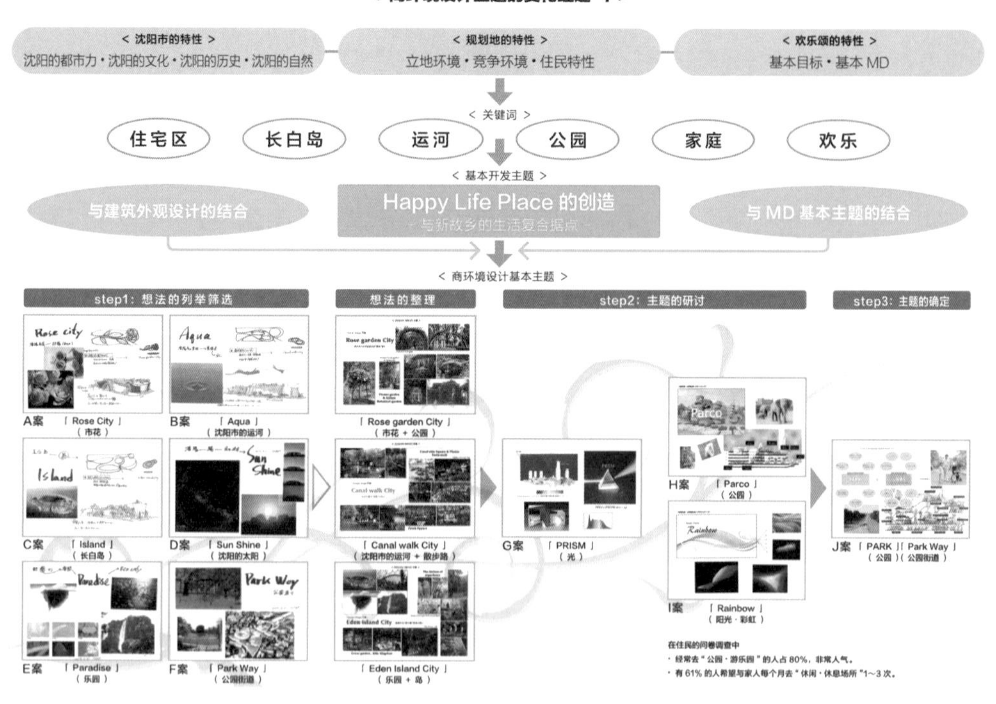

25–2）确认环境设计的前提条件

< 商环境设计主题的变化经过–2 >

◆ 商环境设计意向设定的前提

- 该项目在地理位置上最大的特征是与中心街区被运河南北分断，立地于新开发的住宅区。SC的目标以家庭为主，特别是对新移居至长白岛的年轻家庭需求的对应尤其重要。因此，SC的商环境设计也需要受到作为新长白岛住民的年轻家庭的青睐。
- 需要特别强调的是自然环境特征，该地域受季候风的影响冬季和夏季的寒暖差异大，尤其是冬季的严寒，需要实现一年中都保持舒适舒心环境的商环境设计。
- 由于该SC对长白岛住民来说是地域的标志，因此需要在商环境设计中融入以沈阳・长白岛值得自豪的自然或者文化为灵感的、凸显沈阳・长白岛本色的设计要素。
- 由于来该SC的顾客以居住在长白岛的住民为中心，这些顾客将来店作为日常生活行动的一环，来店频率高，因此，为对应这些顾客，需要在商环境设计中融入舒心感、舒适感、安心感、幸福感等设计要素。。
- 建筑外观、商环境、MD需统一方向性，相互结合。以与新故乡的生活复合据点的“Happy Life Place的创造”为开发基本主题，实现与其相应的商环境的设计。

例 25-3）各方向概念的主题适合度分析

< 商环境设计主题的变化经过-3 >

◆ 为何是“公园”？而且为何是“公园”摩尔？

1. 由于长白岛将被建设成背水与绿包围的最高级居住环境，因此欢乐颂购物中心应采用与自然环境相协调的设计主题。
2. 从运河沿岸的公园这一意向向购物中心导入公园道路要素，设定摩尔与公园道路融合的愉悦的“公园”摩尔为设计主题。
3. 根据沈阳市民的问卷调查，常去“公园・游乐园”的人占 80%，公园对市民来说非常受欢迎。有 61% 的人希望与家人每月去“休闲・休息场所”1～3 次。“公园”摩尔也对应市民的需求。

◆ 商环境设计主题的评价

	主题	说明	利点・欠点	评价
A案	Rose City	・沈阳市花：玫瑰≈蔷薇（rose）	・利点：蔷薇美丽，象征女性美 ・欠点：从玫瑰变成了Rose（蔷薇）	△
B案	Aqua	・从沈阳市的运河联想到蓝绿色的水	・欠点：运河这一设计意向较普通	△
C案	Island	・从开发地长白岛的名字中取“岛”这一元素，设定主题为岛	・欠点：从地块形状难设计出岛式建筑	△
D案	Sun Shine	・取沈阳的阳字，再进一步深化为“Sun Shine”	・欠点：夕阳虽美，但寓意欠佳，改为升起的太阳较好	△
E案	Paradise	・从欢乐颂的乐创造“乐园”	・利点：乐园寓意较好	△
F案	Park Way	・以长白岛周边的运河沿岸公园为灵感，设定“公园道路”设计意向	・利点：公园道路与自然环境相协调	○
G案	Prism	・使光发生曲折、分散的玻璃三角住	・利点：给人印象深刻的主题	△
H案	Parco	・公园的意大利语表现是Parco	・欠点：相比意大利语，用英语表现较好	△
I案	Rainbow	・雨后的空气受到阳光照射产生“彩虹”	・欠点：彩虹属一般设计意向，在沈阳本色体现上欠佳	△
J案	Park	・选择经常去“公园・游乐园”的市民占80%，人气高，因此设定“公园”为设计主题	・利点：将公园道路与摩尔融合的一体化商业环境最佳；市民的接受程度也会高	◎

例 25-4）确定概念主题

< PARK >

主题：J 案「PARK」

◆ 主题设定的背景（灵感特写印象）
・五里河运河沿岸的公园
・和 SC 的形态（MALL：通道）连动
・人和自然和设施的相遇，交流

◆ 主题设定的理由
・五里河运河沿岸的公园和公园街道，通过「PARK（& Park Way）」来表现主题。居民调查中，经常去的场所选择公园最多，人气最旺。重视家庭行动的主题。

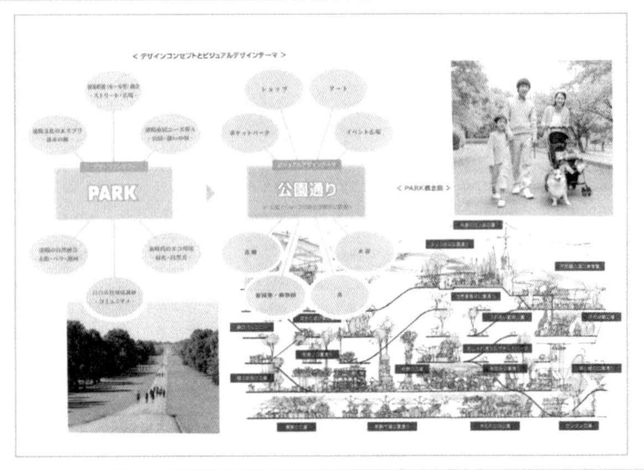

◆ 主题的评价
・具有长白岛本色的主题，是支持家庭消费的主题。冬天及其寒冷的沈阳，SC 全体作为公园，MALL 作为公园街道，演绎室内舒适空间魅力的主题。 ⇨ 确定主题

例 –26）室内环境设计主题审核

例 26-1）室内环境概念设计效果图

※ 购物中心外观是传递店铺功能及意义的最基本的要素，具有形象交流的功能。是进入顾客视线的第一站，是赋予店铺深刻印象的部位，是起到标志作用的部位。此外，还起到引发消费者注意及兴趣，以及形象联想的功能，承担着购买行为首发站的功能。因此，从外观上一定要表现出购物中心的目的、用途及其形象。详细的外观设计当然还是要由专业设计师担当，或是由商业规划师分析如下两点内容后作出判断：

第一点，外观形态与购物中心的目的、用途、形象（店铺定位与主题）是否相符？

第二点，结合各种出入口及内外部动线，综合考虑是否顺畅？此外，外部的通透性与内部规划是否一致？（相反时同样进行判断）

【附加 2】

■未来商业环境的方向■

线下零售店基本上具有直接接触和体验商品的“直接性”和当场购买并带走商品的“即时性”，还有通过商品和销售员与品牌、同行或具有相同取向的人进行交流的作用及特性。但是，随着互联网的出现，特别是可以 24 小时与消费者面对面的智能手机技术的发展，消费行为发生了重大的变化。现在仅靠线下零售业态的基本特点和作用，实体商业很难生存，移动互联高速发展的今天也要求线下零售领域进行相应的创新。在这样的时期，实体零售业态只有创造出各卖场独有的“价值”，并制定相应的战略和方向。

我们对此提出了四个命题：

1. 人们在购物的过程中也能感受到积极的情感。
2. 不能仅销售商品，还要给消费者提供感性治愈及情绪转换。
3. 要提供能感觉得到的归属感体验消费空间。
4. 为顾客提供经常具有新鲜感的体验空间。

在这四个命题下，建议通过实现自身价值，并以成功的线下零售业态作为参照，调整关于卖场环境部分的方向及战略。

通过成功的实体店案例，了解未来实体零售店的环境

-. 为了体现自己独有的顾客体验价值，首先可以提出两个大前提：

第一. Seamless（无界融合）的实现

Seamless，无界首先要具有不“感到繁琐”的光滑体验和不间断的连续体验属性。通过不繁重的立面和内部的开放性，使消费者并非是出于专门目的而是自然地进入空间并进行体验，不能只是内部环境与商品、家具的简单融合。就购物中心而言，可以通过消除过道和各个店铺之间的界限来创造出使顾客可以自由地漫游整个购物中心的环境。此外，不仅应根据环境，而且要通过规划相应生活方式的店铺，使顾客能够持续走动。线上与线下的关系同样也需要通过数字化的新切入点，打造与线上有联系的无界限的卖场。

第二. 小数据

大数据是最基础的消费分析数据，而且目前已经成为绝大部分组织都可以获取的基本信息；而现在的商业设施大多以这些大数据为基础进行开发，反过来也越来越同质化。我们经历了太多有非常好的环境因素却最终失败的卖场案例，这是因为大部分设计规划只反映了设计者或开发者的意图以及“大数据”的参考因素，却几乎没有反映出消费者（即小数据）的意图。因此，基于通用的大数据，我们还需要添加一些小数据的观察，从而发现被大数中排除的个性化消费者的情感 DNA。今后的环境不应首先考虑环

境设计者的意图和开发者的意图，而应先从消费者的感受、角度出发，设计前应首先构建对目标顾客的兴趣、生活方式、情感、购物形态等详细的小数据分析，并以此为基础进行环境设计。

通过这些，我们打造出线上业态和线下竞争者无法提供的、专属自己的空间感、商品性、体验性的具备充分竞争力的空间。

1）人们在购物的过程中也能感受到积极的情感

–.“GALLERIA 百货 光桥店” / 韩国

“Galleria 百货 光桥店”的总建筑面积为 150 000 平方米，营业面积为 73 000 平方米，地上至地上共 12 层。

整体建筑以“Lights in your life（您生活的光）”为概念，Galleria 在建筑的内部和外部均向顾客提供购物、文化、艺术和美食等各种内容，并成为顾客生活中五彩缤纷的灯光。特别是它打破了“百货商店中没有窗户”的固有观念，首次通过玻璃廊道“Galleria Roof”赋予所有楼层室外感的光线，使得全部楼层都亮了起来。Galleria Roof 的屋顶由 1 451 片三角形玻璃制成，让人联想到棱镜，通过光学效应使各种各样的光线散布在整个场内。建筑物的外观也是用螺旋形环绕着 Galleria Roop。用 14 种类型的花岗石和 12.5 万张石材将岩石堆积层的横断面感觉完全形象化地表现出来，到了晚上，通过照明使 Galleria 像岩石中的宝石一样发光。

此外，项目还根据 Galleria Loop 的动线方向，在各个地方设置了著名作家的艺术作品，可以随着光线边行走边欣赏艺术作品；在 3 楼和 10 楼 Galleria room 的阶梯型广场“roof square”中，除了艺术展览之外，还举行各种活动；因此 Galleria loop 除了起到用光线连接百货商店内外的作用外，还起到“市中心散步路”的作用。因此，从 8 层到 9 层的区间“sky bridge”是从底部到天花板的玻璃空间。通过这种方式，Galleria 向参观者提供高端产品的愉悦推介，同时展示了项目的高端文化。

图 1）透过玻璃透明的光和内部风景，在城市生活中唤起被遗忘的感性

图 2）最大程度地体现开放感，内外空间相连，可以充分欣赏外部的风景；规划简约的屋顶空间，让顾客可以舒适地休息

2）为消费者提供感性治愈、情绪转换及归属感的交流空间

一.“湘南 T-SITE”/ 日本

位于神奈川县藤沢市（湘南 /SHONAN 是神奈川县南部沿海一带的地区名称）的复合文化设施—SHONAN（湘南）T-SITE，通过书店及与主题相呼应的 30 个个性丰富的店铺的充分连接，共同提案了“湘南生活方式”。

以 PREMIER senior（银发中产阶级）为目标顾客的代官山 T-SITE（2011 年开业）成功开业后，被评为日本人最想居住的地方之一，现在每年周边的定居居民也在持续增加。以占居民的多数的 Premier senior 次世代、Premier junior 世代（有子女的年轻父母家庭）为目标的 SHONAN（湘南）T-SITE，是代官山 T-SITE 的升级卖场；同样考虑到各品牌的共融、T-SITE 的整体发展、Seamless 关系的创造，湘南 T-SITE 以 30% 的直营率（代官山直营率为 90%），达到了不输于代官山的生活方式感。

湘南 T-SITE 利用中间轴通道，以书籍（MAGAZINE STREET、BOOK&CAFE）为中心，将时尚、日用百货、时尚杂货、宠物用品、餐厅、超市、家具、家电、儿童体验等专卖店有机相连，同时筛选出理解并共享 T-SITE 价值观的品牌入驻，且提出了在其他任何地方都找不到的 T-SITE 的生活方式——差别化的复合文化设施。

图 3）湘南 T-SITE

考虑到东西两侧的住宅布局，湘南 T-SITE 打造了南北均有入口、使人心情愉悦的连续性街道。另外，地块与海岸线仅距离 2 公里，他们根据海岸带来的自然风向，关闭了热负荷较高的东西方向，利用从南边吹来自然通风，营造出强烈的海浪氛围，这对该项目给人带来的舒适、易于亲近的感觉起到了重要作用。

图 4）外部空间和内部空间的有机（无缝）的连接

图 5）内部书店和租户之间的无缝连接

湘南 T-SITE 是使用 SEAMLESS 技法实现具有差异化内容（CONTENTS）和消费者也同时参与场景因素概念的代表性项目。通过空间环境和商品的融合，使顾客拥有参与感，从而实现顾客愿意停留并消费“时间”的购物中心。

图 6）室内外举办多样的活动

另外，在沟通极少的现实时代，网络的壁垒看似难以打破。而湘南以休息室为中心，在室内外的空间每年举办 1 000 个活动，提供客户和商场之间、顾客和顾客之间及顾客和品牌之间的交流机会。

一. “THE COMMONS” / 泰国

THE COMMONS 地处曼谷富有阶层居住的地区，周边居民中有大量外国公司的高级派驻人员，是以富有阶层及外国人为目标客群的商业设施。项目建筑采用开放型设计，可以抵消相对小面积项目的缺点及由此带来的室内憋闷感觉；建筑还采用环保设计和设施，提高顾客对自行参与环境保护的归属感。另外，开放式设计还提供了作为地区高级居住民的归属感，创造他们之间的交流空间，可以和家人或朋友一起享受无负担的休憩。项目本身与其说是突出小区环境的优越性，不如说是能够充分满足地区居民的交流和归属感的商业设施。

图 7）通过设计一个可以放松的开放式空间，顾客可以无负担地见面交流、放松和享受

图 8）让居民提供参与生态 / 环保概念的环境

虽然是面积较小的购物场所，但通过内外开放的设计，看起来并不闷，利用自然环保的空气流动设施和适当的太阳光线，使顾客产生参与环境保护的意识，地区居民对拥有这些设施产生一种基于归属的自豪感。

-. “StarField COEX” / 韩国

2016 年，新世界百货集团获得 2000 年已经开业的 COEX 购物中心的经营权，并以 StarField Coex 之名重新开业，是一个营业面积达到 12 万平方米的地下购物中心。这个项目与地铁相连，有数量庞大的客流量，但由于周边国际会展中心、国际型大型写字楼、两个五星酒店以及高档百货等综合配套体量庞大，商业的形象被掩盖，购物中心本身形象较弱。

因此，为了打造地标性购物中心且具备留客功能的空间，购物中心自己投资 60 亿韩币（约 3 600 万人民币），将过去没有灵活运用的约 2 800 m^2 VOID 空间改造成拥有 13 米高的大型书架，也就是星光图书馆。图书馆运营的方向，与只依靠大型品牌或建筑及室内环境的中国购物中心相比，有着很大的差异。为了真正实现项目的差别化而不仅只是创造具有冲击感的环境，星光图书馆每月上架 600 种以上国内外新杂志及 7 万多册各领域的新书，经常在空间中装饰艺术品，年举办各类活动 160 次以上（演奏会、图书发表会、展示会、人文讲演等），为顾客提供情绪转换与交流，这里现在已成为城市里的文化空间。

2017 年 5 月以开放型图书馆（可携带饮料、自由阅览图书等）的形式开馆，到 2018 年 5 月项目达到约 2 100 万的客流量；到 2019 年 5 月开馆 2 周年时，一年约有

2 400 万名顾客来到星光图书馆，这无疑对整个购物中心（约 320 家店）的客户量产生了巨大的影响，这也意味着 StarField COEX 作为地标功能的运营成功。

图 9）星光图书馆：利用购物中心的中庭，设置有大影响力的环境的自营的开放式图书馆

星光图书馆白天自然采光，晚上则是有气氛的灯光，处处设置舒适的阅读空间，创造出让客户有舒适感的空间；另外空间内还设置了不光陈列图书、同时具备高视觉效果的书架。在拥有相对复杂动线的地下层购物中心中，建构了强力的集客中心作用场所，同时起到了减少顾客空间压力的作用。

通过一年 160 次以上的演奏会、图书发表会、展示会、人文讲演等活动，让顾客每次访问的时候都充满新鲜感。商业环境不仅指固定的装修效果，参与人也会是场景元素之一，这是让顾客加强归属感的空间战略。

图 10）通过多样化的活动，提供空间的不断变化和有情绪的转换及会交流的场景

3）提供生态、环保、康复的休闲空间

–. “The EmQuartier” / 泰国

EmQuartier 是期待在城市、自然与都市生活之间找到平衡点的商业。从建筑外部开始绿色生态的布局，室内处处绿意，再到屋顶室内外空中花园，都拥有大量的休闲生态的绿色空间，这种气氛提供给顾客的不仅是购物环境，更是休闲、健康、感受康复的空间。

图 11）外部和空中花园打造绿色植物和水的环境，给城市生活的人群提供缺失的生态休闲情感

图 12）连接外部的空中花园提供的绿意衍生到了室内空间，同时利用观光梯为中庭空间创造亲近自然感的环境，舒缓顾客在城市中的压力

图 13）不仅是大空间营造绿色环境，商场处处利用绿植，打造全购物中心绿色自然的气氛

一. “MEGA BANGNA MALL” / 泰国

MEGA BANGNA 位于曼谷郊外，是 2012 年开业的大规模购物中心（营业面积 18 万 m^2），他们在 2017 年扩大经营的 food foodwalk 不仅提供购物服务，还引入了顾客亲自体验和感受的自然环境，这为来购物中心的顾客提供了除了购物之外的另一种便利、健康、休息的愉快体验，环境本身起到了目地中心的作用，对整个购物中心产生了巨大的影响。

图 14）引入半开放式的自然环境，尽量减少顾客的不便，提供舒适的休息空间

图 15）不单单满足于看，而是有直接在自然环境中放松休息的感觉

一."乐天马特瑞草社区中心店" / 韩国

韩国传统大型折扣店的开发模式是：将经营面积约为 1 万平方米的空间分开两层，将大部分面积分布在一个空间内形成共同收银形式，并在柜台正面和出入口附近布置租户（在收银线内也会布置供应专门商品的租户）。但是本项目的商圈内有很多写字楼，年轻人的比例更高，所以考虑这店铺所处商圈的特点，乐天打破传统概念，进行了 section 形式（单独商品区形式）的店铺规划。项目特别为延长上班族顾客午餐和家庭顾客休息在店铺里的滞留时间，将店铺最好的位置（地下 1 层和地下 2 层连接 M/W 侧面）作为顾客休息空间。让整个店面都具有"城市康复空间 /URBAN 4REST"的主题。

图 16）"康复、休闲、生态、交流" 主题的休息区

图 17）社区中心不仅是销售商品的地方，商场里最好的空间为顾客提供生态、休闲、解压的主题空间，使项目成为社区居民的交流空间

4）让顾客感到新鲜、常发生变化的空间，与品牌商品及文化交流的空间

–. “9BLOCK 龙仁店” / 韩国

融合概念和品牌特点，打造文化感，刺激消费者感性感受的卖场。

9 BLOCK

图 18）retro 感性的环境

9BLOCK 通过环境的单纯化 + 极简主义（MINIMALISM），使用消费者能够感受到自然色调和自然感觉的材质，通过照明、灯光、装饰演出、家具创造整个气氛；同时项目利用现有材料改造或直接使用原材料，充分融入环保的概念，确立自己的 IP，从而打早了引导消费者自发访问店铺。

图 19）为了使这种工业风持续发展，必须演变成一个具有强烈艺术或文化主题的空间，并向技术与高质量相结合的方向发展，而不仅仅是环境上使用 NEWTRO（新复古）的概念

一. “EATALY” / 意大利

数字技术越快发展，人们反而越会产生寻找怀旧的感性。未来的商业越是无人化、数字化，那些具有复古感性的实体店就更有价值。2007 年成立的 EATALY 为了让顾客体验 “吃、购物、学习” 的口号，通过本地故事，提供意大利追求的固有的饮食文化和热闹的感性，将超市、西餐厅、新鲜食品、咖啡厅、食品专卖店、料理教育等商品不拘泥于过去的规划传统，用复古感性的精神，按照现代感觉重新组合。他们强调卖场是人与人见面交流的空间，应该通过这样的空间重视顾客的体验。

图 20）诱导热闹的复古感性，使年轻顾客群也感受到魅力所在

图 21）商品就是最好的场景工具

11. 动线

1）动线由谁来规划?

商业动线不可以依赖建筑设计师，建筑设计师可以弥补商业规划师在建筑相关技术及经验方面的不足，而商业规划师在建筑咨询下，根据商业主题以及大主题来考虑小主题以及整体动线，并由建筑设计师来完成。按照当前仅是一方的建筑设计业务来考虑是不可行的。

当然，以上所述内容可能会被认为是脱离现实的理想想法，对于当前工作已成习惯的专家们也会持有不同的见解。但是，商业规划师与商业建筑设计专家是截然不同的。动线应是以商业规划师为主进行的工作而非商业建筑设计专家解决的工作。因此，为扭转当前已普及的思维定式的错误，我想再次强调请回归本质，不是改变而是变革，只有这样商业才能朝着更好的水平发展和提升，只有这样才能得到顾客的青睐。

2）何为动线?

（1）从商业角度看动线

从商业角度看，只考虑建筑角度所提的动线绝对不够。理由很简单。

首先，前来光顾的顾客的目的不同。

很多顾客有自己的目标场所，即便累了也会去到那里。但是，与自身目的无关的场所就不会太关注。即使店铺的可视性、可达性以及环境的体验性极佳也很少光顾。因此，满足顾客目的的场所具有连贯顺畅的可达性才是好的动线，而不是绕着购物中心的整体逛街。

其次，前来光顾的目的相同，但是同伴不同受其身体以及心理方面的影响也会很大。

比如女士前来买服装时，与朋友同行和与家人或是夫妻同来时商业空间的消费动线（含娱乐、休闲）也会不同。这就并非是从建筑层面规划的整体水平、垂直概念，而是需要规划与商业定位、目标客群以及主题相符的动线。很多顾客在与家人或是朋友同行，在购买服装或是生活用品时，让其所感受到的舒适便利的购物中心是不相同的。

第三，相比前来光顾的顾客的目的，目前购物中心的体量都很大。

看设计时图纸可以一览无余，但是事实上因为一般商业空间都很大，无论怎样进行动线规划都不可能使顾客逛遍全层所有的店铺。请回顾自身的经历，除以商业调查或研究为目的的人之外，凡以消费购物为目的的顾客很少可以逛遍整个购物中心。如果目的性场所很难找到，极有可能半途放弃而不会整场寻觅。因此，逛遍购物中心的每一个角落的说法可以说不切实际。使能够满足顾客的目的性及需求性的店铺实现很方便的可达性，同时，在满足各种目的性的交叉点结合心理与物理的关联性创造出更多便利的消费机会。

因此，需要有主题。商业的主题可以由若干小主题集中形成一个大主题。结合前来光顾顾客的目的以及身体心理特征，在一个小主题中形成便利的移动，与其他小主题之间也形成顺畅自然地移动，这便是当前购物中心的动线。

（2）什么是商业动线?

商业动线虽然与建筑角度所说动线具有很多相似点，但是撇开建筑相关的技术部分单从商业角度分析动线，具体如下：

A. 在商业空间中谁需要动线?

顾客。

顾客的类型分为什么?

分为“内部顾客”与“外部顾客”。

“内部顾客”指的是谁呢?

是员工和货物。

那么,“外部顾客”指的又是谁呢?

正是光临的顾客。

那么答案就是员工、货物和顾客需要动线。其中，确保人身安全的消防相关动线也非常重要，但涉及到技术层面，在此不再赘述。

B. 各种动线的要求事项

在三种动线中最重要的是顾客动线。当然，另外两种动线也非常重要。但须以顾客动线为中心，三种动线之间形成协调的连接关系。

员工动线、货物动线以及顾客动线之间除满足需求必须接触的区域以外，应该尽量避免交叉。消费者在购买商品（含休闲、娱乐消费等）时需见到导购和商品，除此之外应尽量避免接触。这是对顾客的一种尊重，也是让顾客感到最舒适的做法。

a）员工动线（购物中心以及品牌店）

上下班时，一般分为驾车或是步行，将员工停车场（需与顾客停车场分开，并尽量控制员工用车位，尽可能满足顾客车位需求）的位置与员工出入口的位置设置在垂直动线统一的位置上才能效率最高。在商业内部空间中到达各自岗位（店铺或办公区）时所经过的店铺前方的长度越短越好。

最主要是不影响店铺形象，又不与顾客的进出交叉为最佳。

工作时间内的业务动线、休息时间以及就餐时间的个人动线、解决生理现象的动线等，这些时间段内的动线应尽量避免与顾客动线交叉。如无法避免，那么应当尽量缩短交叉的距离。

b）货物动线：从外部运至购物中心品牌店陈列前为止

货物靠车辆自外部抵达内部卸货区，其间货物动线不可妨碍到顾客的车辆动线。卸货区也有设在1层，但多数设在地下为好（如果地下规划商业，那么层高上一般都可满足货车进入），同时根据购物中心的业态特点不需统一卸货平台位置，而是满足购物中心内尽可能多的店铺可以便利地移动而进行分散设置。在货物到达各层相应店铺最近的位置后，经过与顾客动线不同的另外一条动线送至品牌店内进行陈列或保管。如果不可避免与顾客动线交叉时，应尽量缩短交叉距离，同时在建筑条件上难以实现时，也要在日后运营上通过调整货运时间来尽量避免与顾客动线交叉。

当然货物动线除运入商品以外，还有垃圾的清运。尤其是餐饮等垃圾存在异味并且从视觉上都需避免进入顾客的视线，当然也需尽量避免与员工动线的交叉。因此，在餐饮集中区单独规划垃圾运送动线较好。当然，在地下尽可能避开顾客动线的位置设置垃圾房。车辆利用和货物动线相同的动线。

c）顾客动线：进入购物中心后在空间内的移动

顾客乘车或步行进出购物中心，因而需确保顾客进入以及离开购物中心时的便利性。

无论从哪个方向车辆都很容易进入停车场，而且在进入到停车场的通道也很安全。在进入停车场后可以很容易识别进入方向以及禁行方向，并且停车位置距离直接通向商业空间的动线不会太远，确保方便地随着动线移动。当然购物结束离开时也一样。如果在停车场耗费太多时间行走，那么也会减少购物的乐趣。因此，通往商业区域的动线分散布置，确保可以在最快时间内进入商业区域。

虽然无法满足步行顾客的全部要求，但可以在目标客群步行通行量最多的地方设置出入口，创造容易进入商业空间的条件。尤其地下设有大型超市时，设有从外部直接进入地下的通道是比较有利的（以目的性顾客为主，同时考虑营业时间差异）。而以电影院为目的的顾客结合影院的特点（在观影后顾客比较集中，而且在购物中心闭店后仍然经营等），相比进入影院时顾客离开时的动线更加重要，必须确保顾客可以很方便地离场。其他与购物中心营业时间不同的业态业种也是一样的道理。

在商业空间内移动应确保与其他两种动线不存在交叉，应该形成舒适、便利、安全、愉悦而且节约时间的动线。正因为顾客不可能逛遍所有店铺，所以进行商业的业态业种规划时在符合商业定位、商业主题以及商业开发方向的角度制定若干小主题，而符合顾客购物需求的移动动线才是最高效的方式。当然这同样需要在水平移动与垂直移动间做好协调。从建筑角度虽然存在很多物理性原则和方法，但是从商业角度考虑动线应该是根据购买目的以及商品形成自然移动的处理方式。

-. 出入口和内部动线的关系

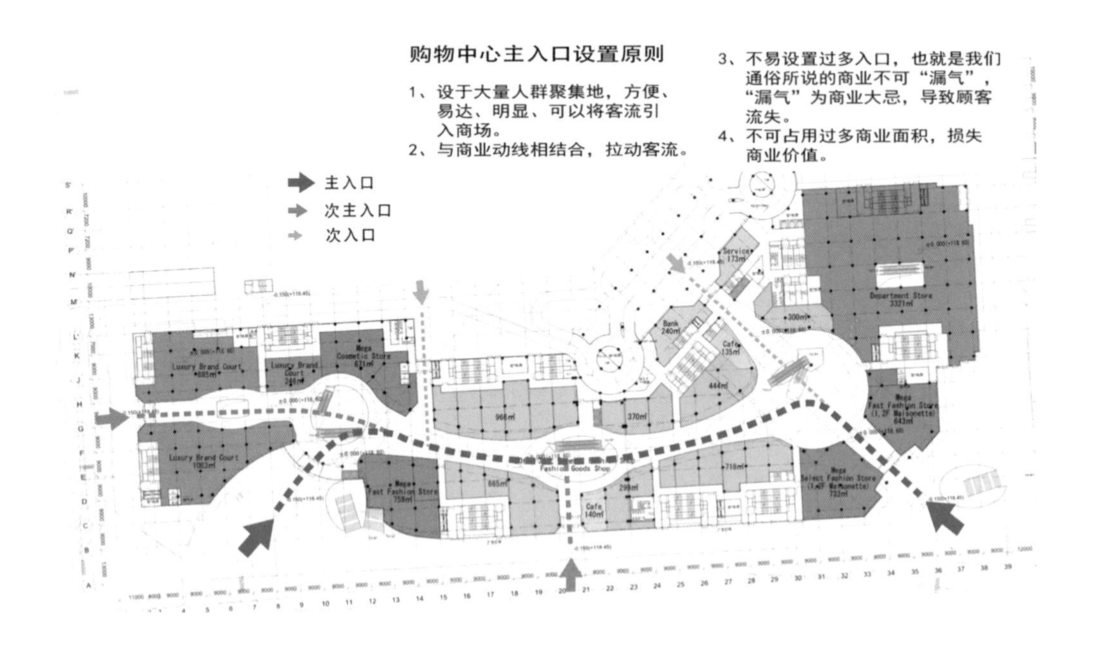

购物中心主入口设置原则
1、设于大量人群聚集地，方便、易达、明显、可以将客流引入商场。
2、与商业动线相结合，拉动客流。
3、不易设置过多入口，也就是我们通俗所说的商业不可“漏气”，“漏气”为商业大忌，导致顾客流失。
4、不可占用过多商业面积，损失商业价值。
主入口
次主入口
次入口

3）动线的类型

我们常见到将购物中心的动线类型分为＂一＂型、“L”型、双动线、圆形动线、复合动线、回流动线等，但是这种分类方法仅是建筑角度的想法。那么，以上所提影响动线类型的最大因素是什么？正是地块的形态。因为绝大多数是由地块形态影响到内部动线形态，而动线形态无法决定整体建筑形态（在进行建筑设计时确定建筑外轮廓线后，再设计内部动线，我们是不是没有见到过先设计内部动线后再确定建筑外轮廓线的情况？）当然相同的建筑形态也可以规划出不同的动线，但是这种情况很少，一定有其重要的理由。为了内部动线而放弃建筑利益（建筑面积）也很难实现。因此，根据建筑进行动线类型分类其实没有意义，评价哪种动线类型好与不好也没有意义。因为，无论哪种动线类型、哪些体验性的环境设计、哪些商品以及业态业种布局、一层能达到几百米、垂直上需要移动几个楼层，都无法实现顾客逛遍全场。

4）垂直动线

（1）顾客垂直动线

购物中心内的顾客垂直动线大致可分为两种，一种是使用电梯和自动扶梯的公用部分的动线，另一种是复式租户的商铺内部移动。其中服饰租户商铺内部的移动是不是常规的方式，但拥有复杂的平面条件或盒子型和街区型组合的购物中心的条件上非常好帮助顾客的便利性垂直移动。

公用部分的电梯和自动扶梯的位置规划大致可分为如下三种类型。(此处每小时移动数量及各等候时间条件等详细记载于建筑相关书籍中，故而省略。)

A. 同一区域布局

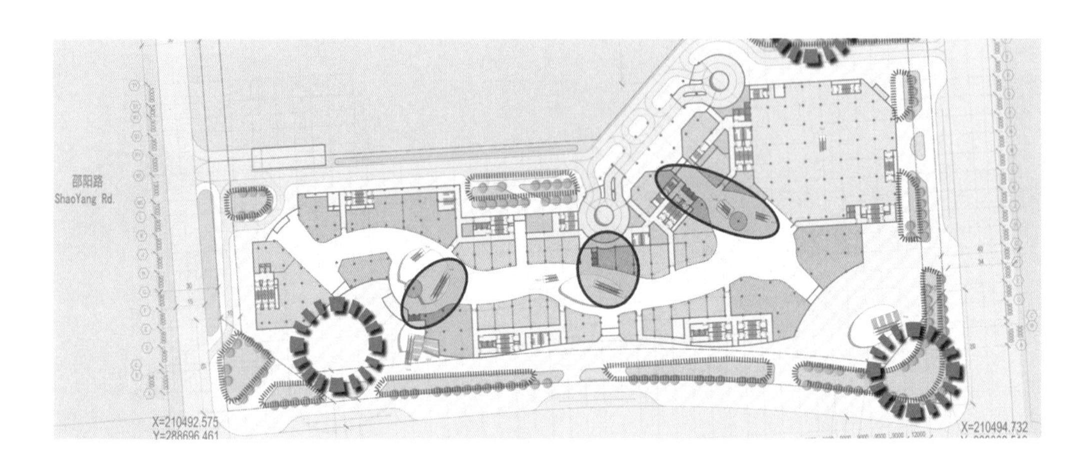

电梯和自动扶梯布局在同一区域，优点是能给客户带来明确的移动位置，但每个位置都有点距离感，客户可能会觉得不舒服。

B. 交叉布局

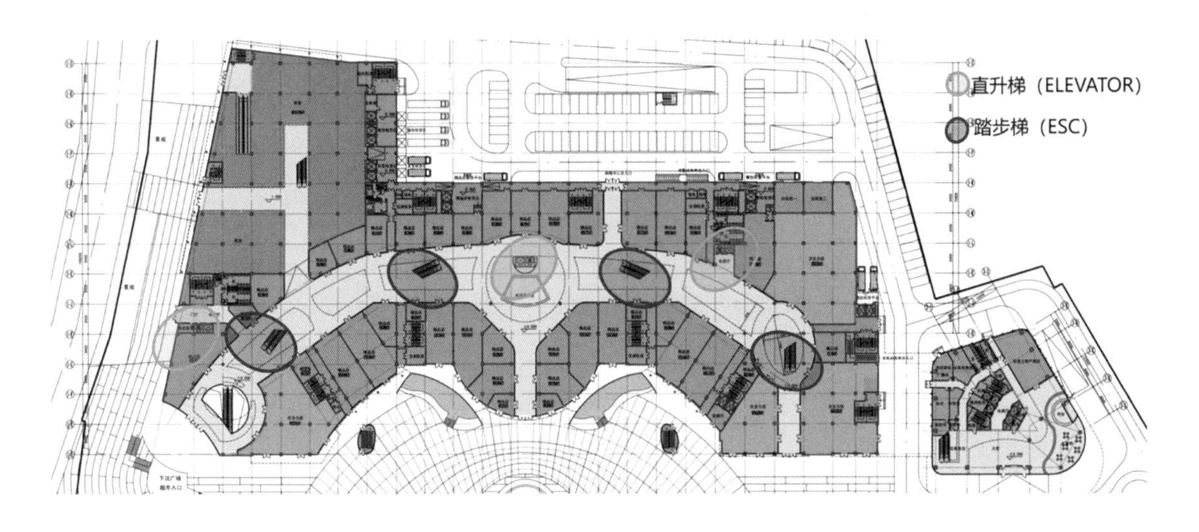

这是将电梯和自动扶梯交叉布局的方法。与水平上的移动相比，这种方法更便于垂直上的移动，在楼层多或平面长，面积大时都可以使用。

C. 集中布局

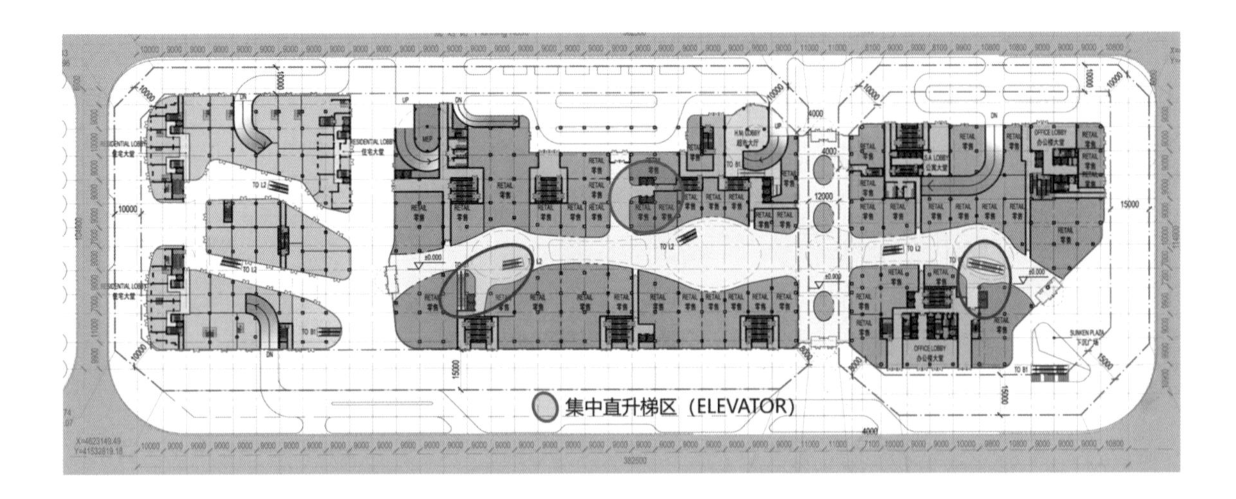

一个地方集中布局多数电梯的方法，在高层设有集客力大的业态行业，或者设有平板停车场时是有用的方法。具有减少顾客等待时间的效果。

D. 跨层自动扶梯

连接 2 个楼层以上的自动扶梯可以成为将低层顾客快速引导到高层的有用方法。另外，还可以作为环境的亮点使用，但根据大小产生的重压感可能会使顾客感受到沉重的氛围，因此需要相当慎重的处理。因此，我们有必要将其打造成环境的一个要素，而不是单纯的移动设备。

E. 自动扶梯布局方法

有集中布局和分散布局的两种办法。利用中空的位置集中布局会全楼层移动的自动扶梯的方法，可以为客户提供垂直移动的便利，特别是为以高层为目的访问的客户提供非常舒适的垂直移动。但需要考虑换扶梯的移动距离和转身的便利性。还有对卖场来说，因客户在一个地方垂直移动，水平移动距离有点短，有可能存在无法有效表现楼层场景的缺点。如果是大型卖场，混合使用两种方式也是有用的。

分散布局是设置自动扶梯之间的距离，拉长一点客户水平动线的方法。这种方式是虽然有让顾客不觉得累的负担感，但是也有让顾客能够自然型洄游，增加多一点商场接触的优点。两种方式都有特点，所以选择布局方式是需要根据商业的规模和形态（含定位及业态业种布局）进行适当选择。

一. 集中式布局和分散布局比较：

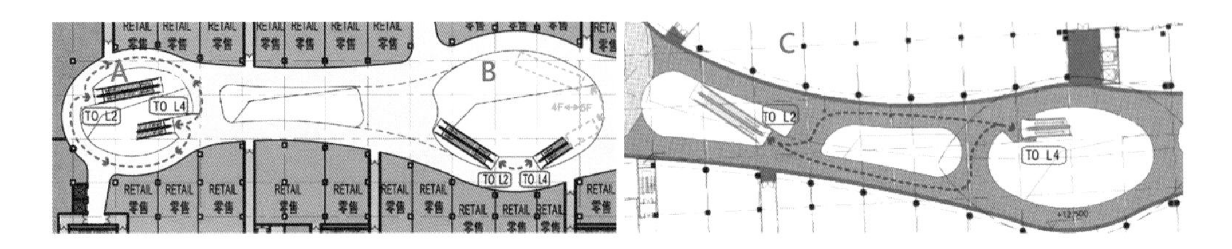

A）虽然水平移动距离很短，但是心理上会感受到累（不超过 3 层以上）。

B）非常方便垂直移动，但有点挡住店铺的门面。

C）虽然有点距离感，但是没有心理上的压力，而且很自然的展示店铺。合适的距离是 50—90 m，一般 60 m 左右的距离是最合适。（必须同时考虑全层自动扶梯的位置，特别是上下层的位置。）

F. 自动扶梯连接方向和距离

一. 顺方向

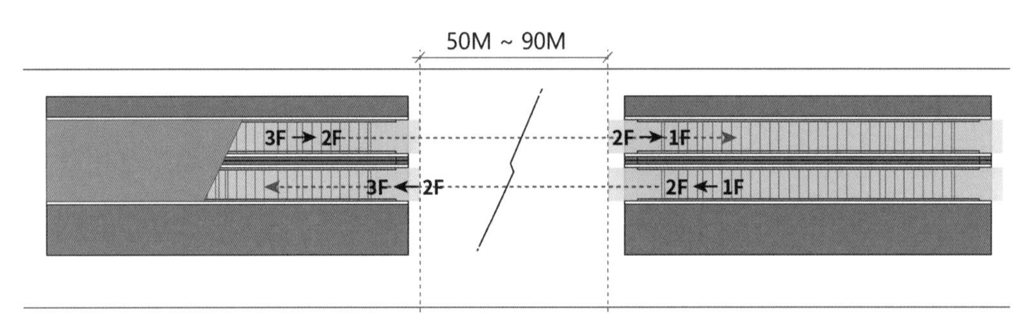

一. 顺方向 + 逆方向转

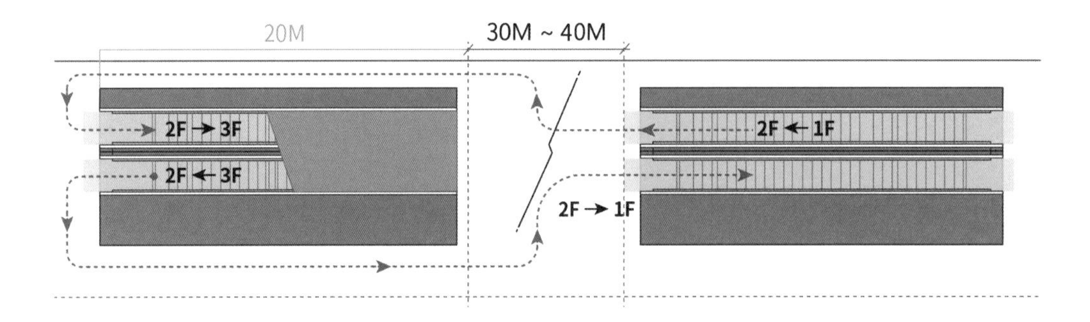

一. 逆方向

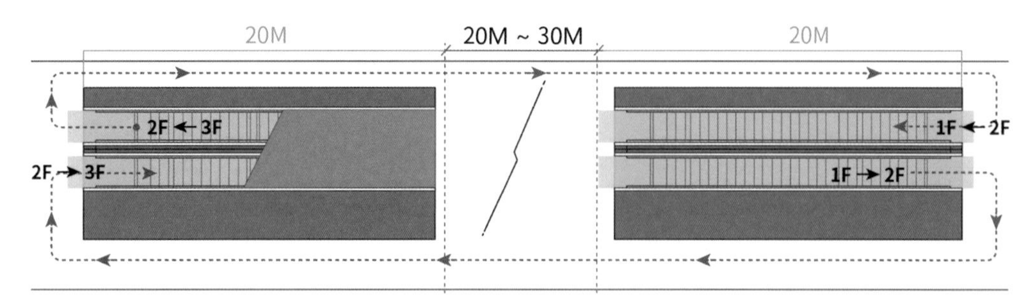

一. 垂直动线（直升梯和自动扶梯）布局案例

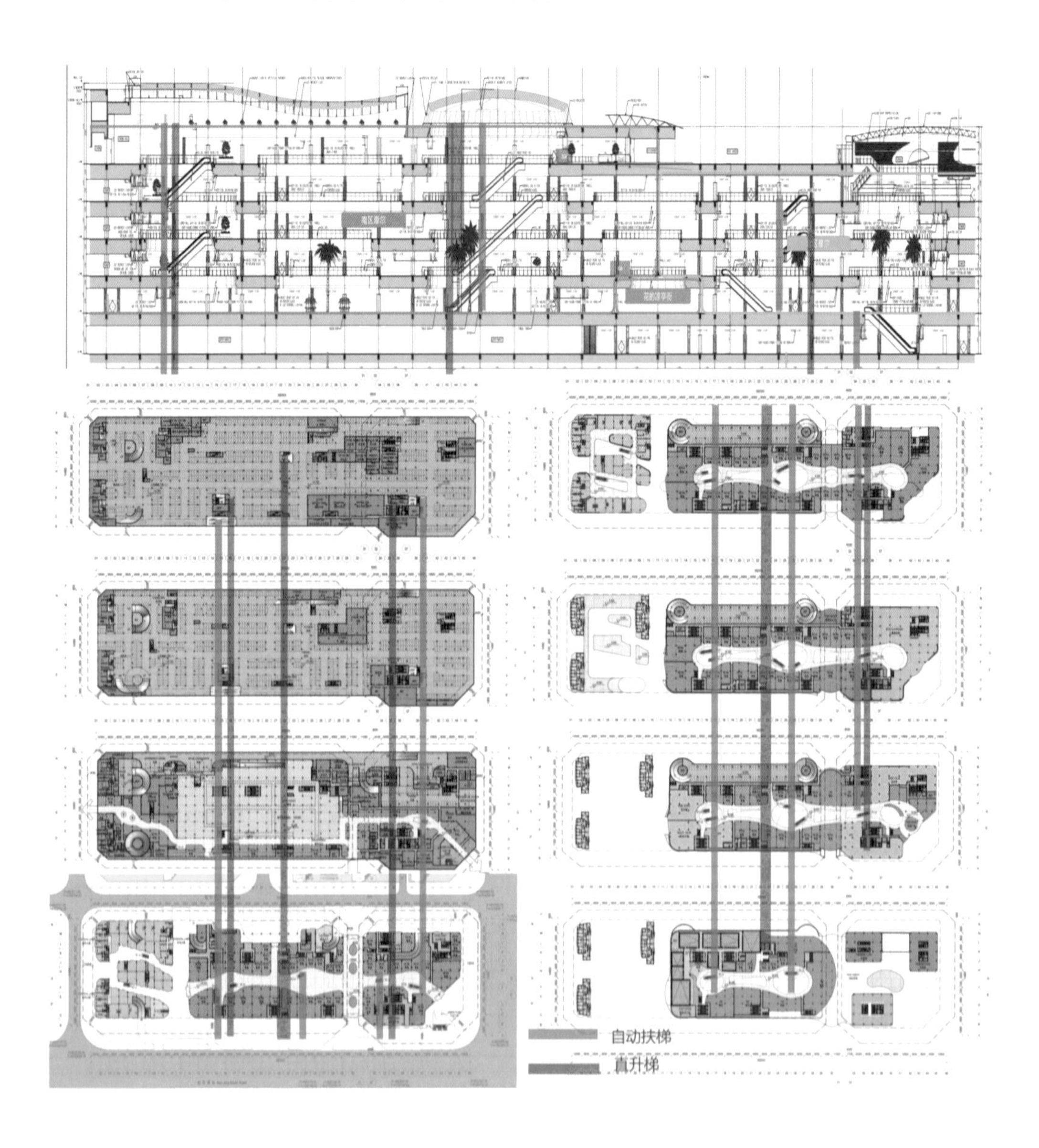

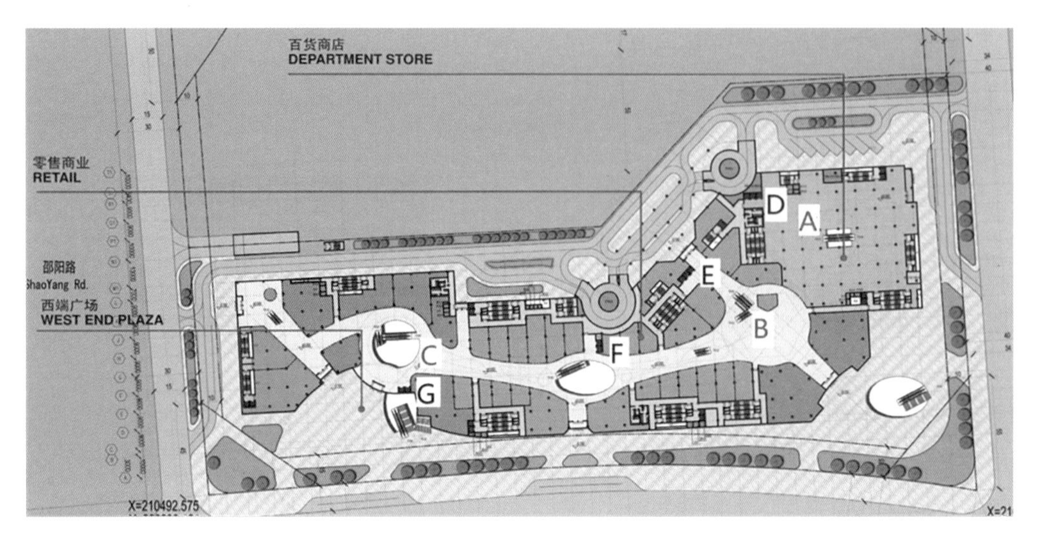

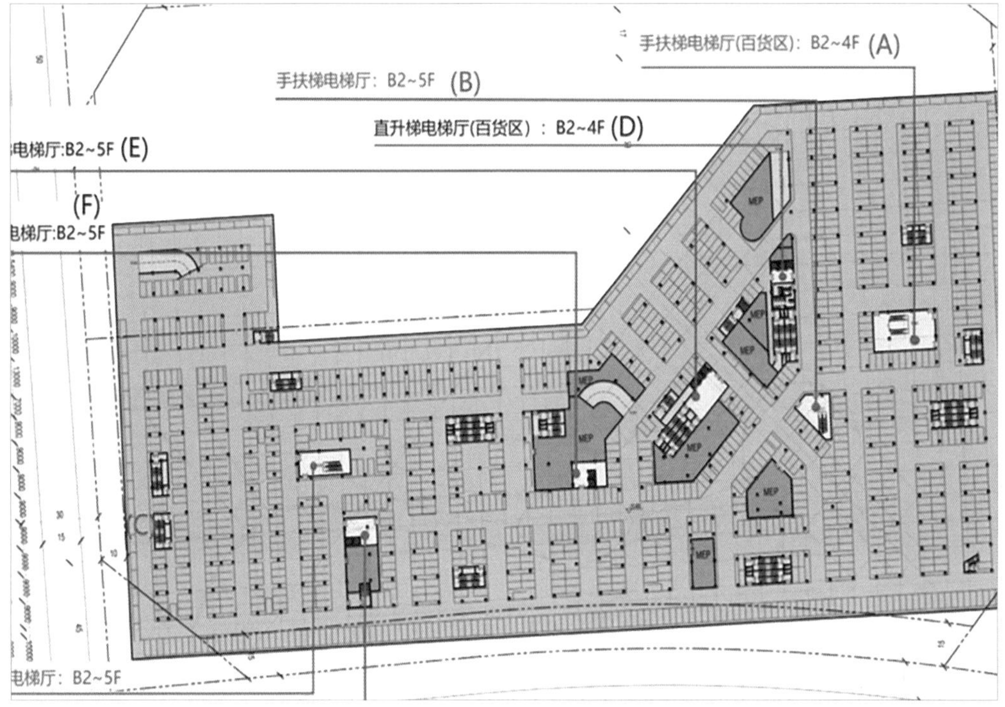

地下停车场和商业层垂直动线规划案例：从地下停车场到地上的商业空间的手扶梯和直升梯的比例和位置的规划合适，让顾客比较方便和各商业部分的均衡的分散。

G. 地下停车空间与商业空间连接的垂直动线

为了满足顾客便利的需求及随着顾客使用车辆的增加，购物中心功能从购物转变为娱乐、休息等时间消费形态，地下停车场如何方便地移动到上部的商业部分的问题变得越来越重要。另外，顾客访问店铺时，进入停车场的感观是形成了顾客对店铺的第一印象的重要体验。因此，应该规划从地下停车场到商业空间适当的垂直移动的动线。为此必须考虑项目的整体平面及项目的定位等，尤其要注意以下情况。

第一，地下建筑线和地上建筑线有不同，因此经常发生地下是室内同样位置的地上是室外的情况，应该最大限度地考虑从地下停车场外围到垂直梯的便利性移动的位置。还有，应该成为能够最大程度地连接相辅相成行业空间的均衡的分散移动。

第二，自动扶梯和电梯的移动要均衡。从地下向高层移动时，电梯有利，但等待时间长，同时移动人员少。此外，自动扶梯具有没有待机时间，同时可以大量人员移动的优点，但向高层移动存在繁琐和相比电梯要占地大的缺点，需要根据整个项目的规模及停车场的大小及动线计划适当的比例。通常来说，1∶1 或 2∶3（自动扶梯∶电梯）的比率比较合适。

第三，为了建造自动扶梯或电梯前室，会减少停车位数。特别是自动扶梯，会减少 6—10 辆的停车位。因此，应尽量减少停车位数的减少，并选定与上部公用通道相连接的位置进行规划。

第四，安装垂直移动设备（自动扶梯，电梯）的上部公用部位通道或接头部分与地下车辆通道发生碰撞时，可能会发生车辆移动动线的变更。因此，必须同时考虑地上空间和地下停车场平面来规划位置。

5）货物动线

商业设施，特别是购物中心，虽然顾客看不见，但向顾客提供舒适、方便的购物的最重要的要素之一就是货物动线。此外，货物动线是消防规定与所在地建筑规约密切相关，所以须与有关专家协商后规划。货物动线首先应该确定的是外部货物车辆出入口和与此相联系的卸货场及垃圾房的位置，即不影响客户的车辆动线、互不发生干涉及其他设施、并能最有效地向各店铺运送货物。

外部出入口要尽量计划好与顾客车辆分离的位置，实现车辆进出时的拥挤及顺利的物流。为顺利的通行足够货物车辆通行标准（高度，宽度，旋转半径等）的设计。

购物中心的卸货区大致可分为两种：百货、大卖场（超市）等大型租户要的单独卸货区和各个租户共同使用的卸货区等两种。主力百货店或大型超市需要自己标准的单独卸货区，因此必须要提前沟通它们需要的规格（设计的时候还没确定主力店品牌的话，先根据一般标准开始做设计），即应规划与所使用满足物流车辆的规格及移动条件、停车位的数量、检验、装卸等作业相匹配的其他条件和公用卸货区分离的卸货空间。货物动线不仅具有外部货物进入的作用，还具有将内部各租户的垃圾等转移到外部的作用，因此应该同时考虑垃圾处理场的位置。一般情况上，适当的货物电梯按 8 000—10 000 平方米（全层覆盖面积）/1 处（2 台）的标准进行，但应根据建筑平面条件及业态业种规划等进行适当规划。

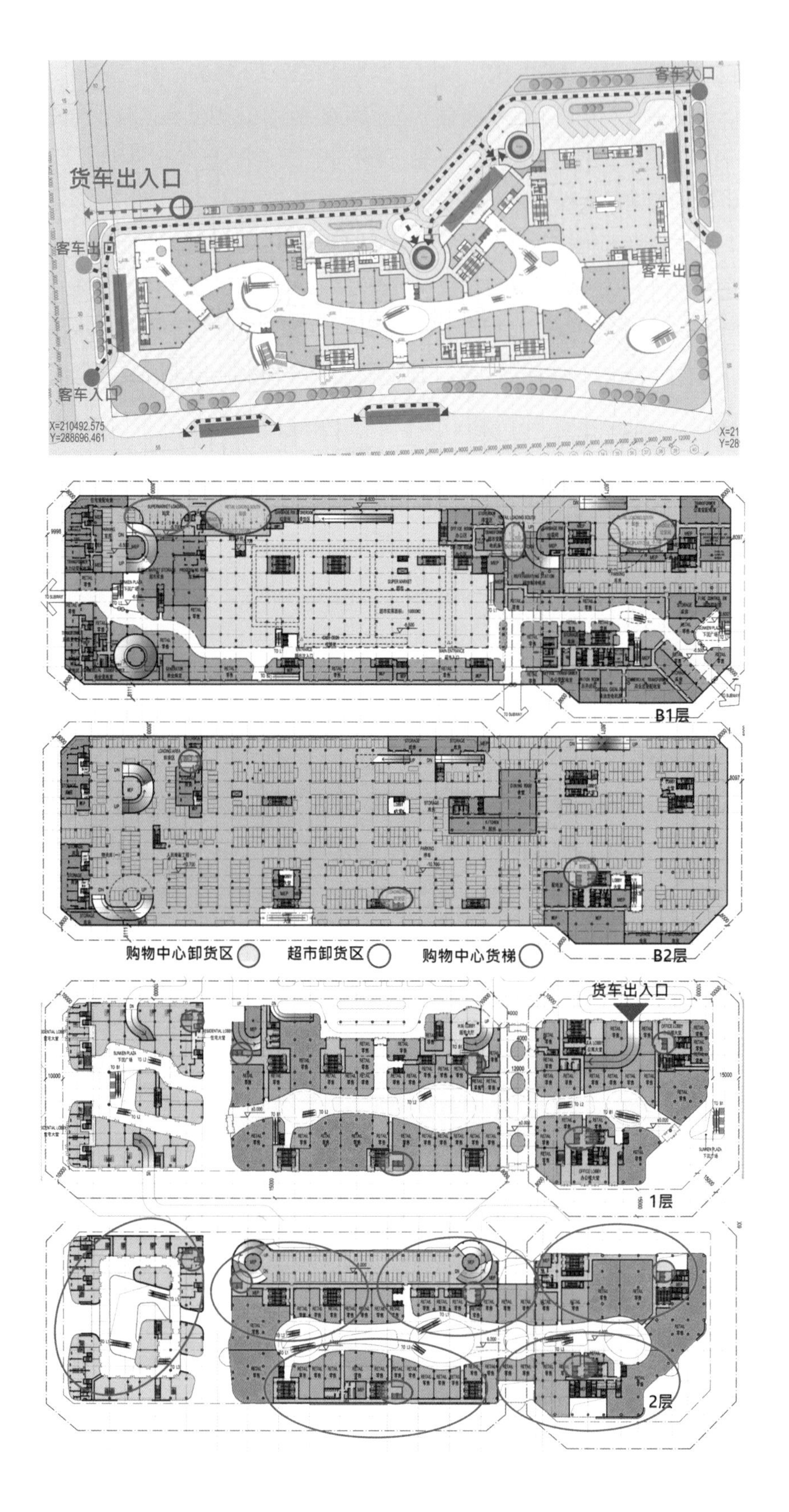
客车入口
货车出入口
客车出口
客车出口
客车入口
X=210492.575
Y=288696.461
B1层
B2层
购物中心卸货区
超市卸货区
购物中心货梯
货车出入口
1层
2层

6）停车场

对于商业设施建筑设计来说，最重要的设施之一就是停车场的设计，但因为地下产权和建设投资成本的问题相对来说较少受到关注。从目前的生活水平和生活方式来看，除了以徒步过来的邻里顾客为主的小型商圈的项目之外所有项目的顾客对店铺的第一印象，就是停车相关的部分。能否轻易发现停车场入口和安全地进入？停车场空间的移动是否安全舒适？停车是否方便？能否轻松舒服地出来？停车场环境是否舒适？停车场与商场的衔接是否方便？等等。停车场是顾客最初和最后印象的重要空间。停车场的细节建筑规定各地区略有差异，不必全知详细的设计规范，在这里要涉及的不是专业的设计，而是作为开发者的立场需要了解的部分及在购物中心运营中需要了解的方面。

一. 停车位数量：

建筑设计上停车位数辆的规定在各地区都有一些差异，即使是同一个城市也有一些偏差，经济及生活环境的变化在不断变化，所以一定要了解项目所在位置的现时规定，一般是 0.6—1 辆 / 平方米的区间范围。在开发购物中心时，停车位数量越多越有利，但为了建设停车场，必须考虑投资（开发地下停车位）额的增加。换句话说，要综合考虑整体投资费用（市中心、校外等土地费用），位置（公共交通接近性），项目定位及访问目的（停留时间）等。但因为开发后很难增加停车场的面积，所以设计的阶段尽量确保多数量的停车位。消费者的车辆拥有率提高，而且已不仅仅是特殊阶层的拥有物，对普通的个人或家庭而言也渐渐成为日常工具，因此，不是满足建筑相关规定，而是确保最大限度的停车空间，对于购物中心来说是非常重要的。

韩国的案例：

两个项目都在城市郊区的纯商业项目，项目上的停车位数量是建筑规定的 2 倍以上，但目前周末仍缺停车位（1.5 万以上的车流）。国内也一样，不仅是满足建筑规范，必须准备适当的停车位数量。

㎡

	总建筑面积	商业建筑面积	营业面积	停车位数	每100㎡数量	备注
A	46万	23万	15.6万	6400辆	2.7辆/100㎡	周末利用附近的临时停车场
B	36万	19万	13.5万	4200辆	2.2辆/100㎡	准备增加1000辆停车位

同层停车场 – 每层停车均与购物中心相连，立体人流，成本相对地下停车低。如：苏州印象城、深圳华润万象城。

屋顶停车场 – 一般适用于单层面积较大、楼层不高的项目。

地面停车场 - 一般为郊区型购物中心常用模式。

地下停车场 - 是目前国内主流模式。

平层停车场 - 一般较低但宽度比较大，从停车场直接达到各目的地层提高便利性。

机械停车场 - 满足规定停车位数量的解决办法，但是，因停车耗费相当长的时间，导致通道堵塞的情况频频发生，购物中心开发时尽量不要使用机械式的。亦有单独的立体停车场方式，但亦有出入停车时的繁琐和所需时间长，对商业设施没大的帮助，但有增加有限面积上的停车位数量的效果。

一. 停车场出入口位置及数量

停车场出入动线由建筑设计院提出专业方案，但可能建筑设计规范和若干在建筑视角上的提案，需要具备实际商业设施运营经验的开发者考虑实际运营情况的分析后与建筑设计院一起决定。

一般建筑规范中显示的出入口数量如下：

国内购物中心是大部分写字楼、公寓、住宅等一起开发的综合体项目，所以必须要分析整体物业条件和周围道路的条件后决定停车场的出入口位置和数量。进出方式优先考虑单线道的通行。

●根据'汽车库建筑设计规范'要求

规模	特大型	大型/中型	小型
停车数 (辆)	>500	51-500	<50
建议出入口数量(个)	3	2	1

韩国案例

该项目的特点是全长 380 米的单独购物中心。项目和主道路之间形成了约 50 米的特色绿地公园，停车场设置为地下 2 层和地下 1 层的部分区域及包括地上 1 层到 7 层的平层停车场（购物中心整体规模：地下 2 层至 4 层建筑、建筑面积 36.5 万平方米，营业面积 13.5 万平方米），拥有 4 200 个停车位。

道路上的车辆出入动线共有 5 处，地下停车场 3 处和平层停车场 2 处。考虑到整体车辆的进入，在西北边设置入口，东南边设置出口，防止车辆进出时的交叉堵塞现象，地下停车场出入口设置在南面的中央部分计划有进出双方向，东侧有出口专用。考虑到项目的路况，平层停车场的入口被分散到两处，出口计划为和入口（包括地下停车场出口）不干涉的东北方向。最大限度防止进出车辆相互交叉的情况，预防进出车辆的拥堵。

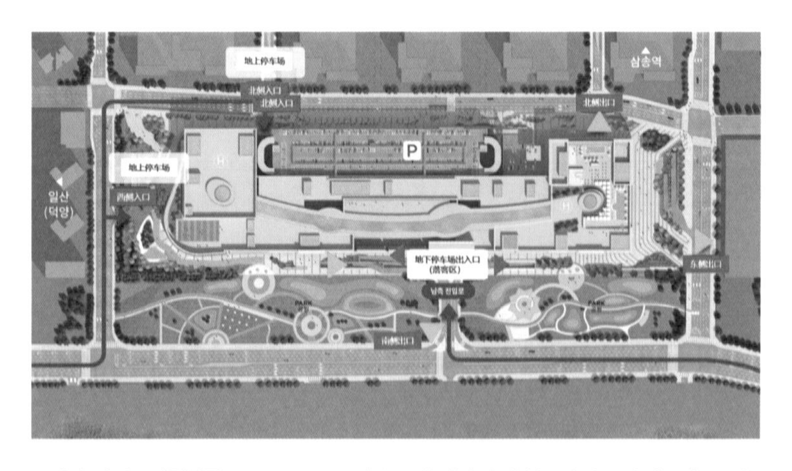

■ **车辆出入口规划图**

出入口的进出方式第一考虑是安全和舒适感，所以单方向最合适，尽量避免作双方向的规划。

■ **商场出入口前面车辆出入口规划**

利用项目前面的广场做成环形交叉路，然后两边都设置进口，只左边设置出口防止互相干扰（东侧设置另外专出口）

■ **平层停车场**

购物中心各层直接连接的平层停车位，考虑土地的形态，会做平层停车位，能提高顾客的舒适性及解决停车位的数量

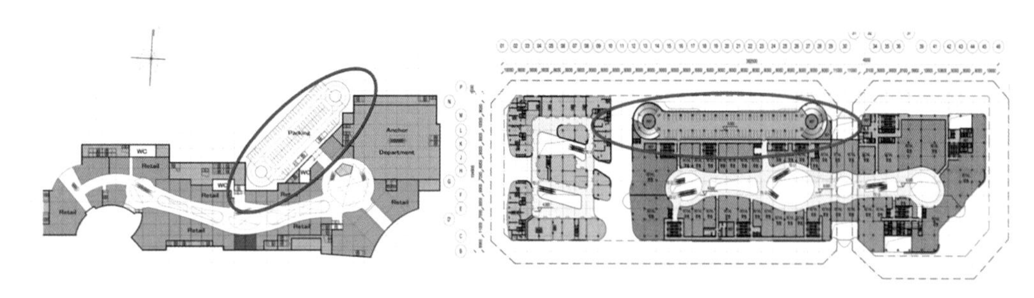

■ 平层停车场设计案例

三、制定战略、战术

本阶段在前文概念设定阶段的基础之上，完成对实际业态业种的规划及整体环境的设计。本阶段是对各项工作进行实际、具体操作的阶段。特别是在顾客的认知中，购物中心的商业规划和环境密切相关，因此两者皆不容忽视。协调两个专业性领域，打造实际形象，向顾客突出主题，绝非易事。尤其是商业规划师，需要确认建筑、室内、景观、照明、导视等所有与环境相关的部分，体现购物中心的主题和定位，不能完全依赖专业设计师。同时，设计师应与商业规划师相互协作，不可单独进行。真正的商业规划师应具备统一规划商业和环境这两个部分的能力。

—.MD 战略战术业务流程表

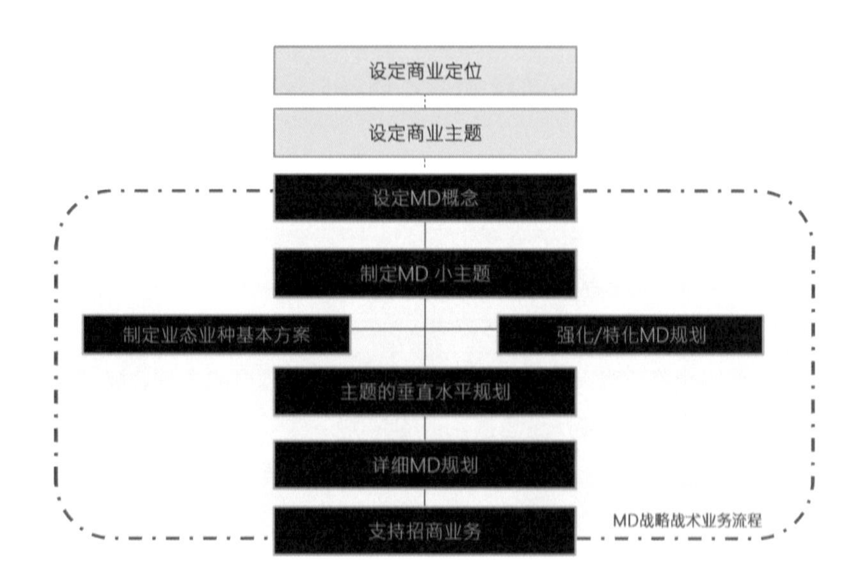

—.MD 战略战术细节 – 业务阶段

第1阶段	第2阶段	第3阶段	第4阶段
生活方式的各项组合	组合各MD构成图	具体业态业种规划	招商阶段
1.在消费者生活方式中选定本项目的目标客户合适的生活方式 2.根据商圈+项目主题+顾客特色+物业条件等调整标准生活方式 3.根据调整生活方式制定MD构成图	1.设定各MD构成图的面积比例 2. ZONING PLAN（分区规划）根据建筑平面垂直条件+客流+生活方式的关联性+面积比例等规划布置各MD构成的业态业种	1.确定各MD构成图里各业态业种的面积和商户数量 2. BLOCK PLAN（地块规划）根据业态业种之间的关联性+平面商户分割具体布置业态业种	1.判断品牌的适合性 2. 根据招商情况进行调整 3. 根据规划方案进行调整

1. 制定 MD 战略

1）消费者行动（消费者生活模式）的概念

–. 社会经济因素及消费者的特性为主要可变因素，影响着消费者的消费行动，从而形成消费生活模式。

–. 消费者进行商品或服务消费的决定性因素是时间、努力等资源如何使用。

–. 消费者除了单纯购买产品（含服务）以外，也会为满足情感需求、社会性动机或欲求进行消费，购物中心为满足消费者的各种欲求，应规划可以充实顾客生活模式的MD。

2）MD 规划对消费者行动方式（生活模式构成）的重要性

（1）消费者不仅需要满足自己对商品效用性的要求，也想从购物行为本身得到满足。

A. 个人动机的满足

转换心情，自我满足，对新潮流行和趋势的学习，刺激感官，活动身体。

B. 社会动机的满足

享受家庭以外的社会经验、社会身份和权威、和他人的交流沟通，以及相似的关注焦点、和公司同事进行交流协商（生意谈判）的愉悦。

（2）通过消费过程向消费者提供趣味、互动、感官刺激、幻想及娱乐因素。

（3）购物的动机

商品主导型动机	对商品信息的欲求和购买的必要性	价格比较 · 商品比较 · 品牌比较 · 实用性动机
经验型动机	快乐休闲动机	新潮流 · 乐趣 · 休闲 · 交流等空闲时光消费
商品主导型动机 + 经验型动机	同时满足休闲经验和消费欲求	活用空闲时间 · 享受购物的快乐

（4）12 个基本主题

–. 除 12 个基本主题外，可根据项目特点，设定其他主题。

日常生活	家庭时尚生活	享受生活	儿童生活
• 超市 • 100¥ shop • 大卖场 • 餐饮/日用杂化 • 药店 • 面包店 • 快餐 • 美发店 • 甜品、美食广场 • 眼镜店、茶叶、银行、诊所	• 大型家居专卖店 • 综合鞋店 • 家庭用品专卖店 • 咖啡 • 综合化妆品店 • 宠物用品 • 厨房用品店 • 家电用品专卖店 • 装饰用品店 • 睡眠用品店 • 结婚用品店	• 游戏厅(Game Center) • 量贩KTV • 主题咖啡店、主题酒吧 • 数码专卖店 • 成人教育 • 屋顶主题公园 • 喜好用品店	• 儿童服装 • 儿童用品,儿童家居.家具 • 大型玩具店 • 儿童教育 • 儿童形象店 • 幼儿教育 • 儿童照相馆 • 儿童乐园 • 主题餐厅 • 职业体验馆 • 幼儿用品店

活力生活	健康&美丽生活	文化生活	品质生活
•大型体育户外运动用品店 •运动品牌专卖店 •室内运动设施 •专业健康运动用品店 •旅行社 •旅行用品店	•SPA • 诊所 •健身房 •健康教室 •有机农食品店 •保健药品/食品店 •化妆品(植物成分) •绿色食品餐饮店	•影院CINEMA •大型CD/DVD店 •大型书店 •大型宠物用品店 •主题餐厅 •BAR •表演场 •展厅 •喜好专卖店	•高级家具店 •高级家居用品店(家居) •IT&AUDIO专卖店 •生活杂品店 •高级床上用品店 •CAFÉ •高级健康用品店 •珠宝店 •高级饰品店

时尚生活	美食生活	年轻时尚生活	社区生活
• 快时尚(国际) • 快时尚(国内) • 设计师用品店 • 品牌化妆品 • 内衣店 • 手表&饰品店 • 主题服装店 • 大型服装品牌 • 鞋类,服装店 • 数码店 • 箱包 • 大型精品时尚店	• 主题餐厅 • 甜品 • 休闲餐厅 • 快餐 • 小型食品店 • CAF/BAR • 美食广场 • 健康餐饮店 • 地方特色餐饮 • 大型连锁餐饮 • 国内知名餐饮店 • 剧场式餐厅	• 流行时尚店 • 流行杂品店 • 饰品(ACC) • 化妆品 • 冰激凌&巧克力店 • 快餐 • 流行综合店 (服装、鞋类、饰品、用品) • 设计师形象店	• 区域展示馆 • 图书馆 • 银行 • 教育 • 屋顶生态公园 • 健康教室

（5）从收入水平得出的一般性消费形态

分类	上层	中层		
		中上	中	中下
收入程度	•月均收入 2万元（360万韩币）以上	•月均收入1~2万元（180~360万韩币）以上	•月均收入5000~1万元（90~180万韩币）以上	•月均收入4000~5000（72~90万韩币）以上
内装/居住	•拥有房产：喜好别墅，复式公寓 •装潢使用壁纸和涂料 •客厅用大理石	•拥有房产或贷款买房 •不使用壁纸只用涂料 •用木质地板	•贷款买房	•租房
车	•德国等欧洲车	•性价比高的日本车	•国产车	•大众交通
投资/储蓄	•使用外汇账户和国际信用卡 •房地产投资	•证券，基金投资	•储蓄	•对投资/储蓄余力不足
子女教育（食品/服装/教育）	•利用海外旅行和出差购买幼儿食品 •子女送入寄宿学校，重视艺术培养 •给子女买名牌服饰	•代购或通过朋友从海外购买幼儿食品 •周末让子女上艺术班，IQ开发，英语培训班 •教育上的投资比子女服饰上的投资高	•在意手续费 •通过朋友介绍安全的幼儿食品	•在普通学校上学，平时穿校服 所以对子女服装不上心
时尚/美容（服装/化妆品）	•平时购买品牌商品，单价较高	•重视品牌服饰，但慎重消费，有喜欢炫耀	•对价格比较敏感	•对价格比较敏感
食品	•订购有机农场食品 •雇佣住家保姆，每日去市场购买新鲜食品 •将不易购买的地方特产和高级保健品送礼	•雇佣小时工：只负责打扫和做饭 •喜好超市里的食品和简单加工的食品 •将保健品和水果作为礼品	•在意油和佐料 •将保健品和水果作为礼品	•不和父母同居的话，喜欢简便的食物
休闲	•商务聚餐较多 •定期海外旅行 •高尔夫等高级社交运动	•下班后探访美食店 •去邻近的亚洲城市旅行并将旅行照片发到网上	•国内自由行并将旅行照发到网上	•比起在外面吃更喜欢在家自己做着吃
使用品牌	•爱马仕包，百达翡丽手表，宾利车，拉菲红酒，周大福，澳门赌场vip包房	•星巴克，普拉达，欧米茄手表，苹果手机，澳门赌场大厅	•必胜客，百利，周大福，中高级百货，大型超市	•麦当劳，KFC，达芙妮（香港鞋类品牌），波司登（中国服饰品牌）

资料：“中国消费市场的四个层次”证券时报 2012.2.10 /余下资料为CTC调查结果

3）设定购物中心 MD CONCEPT

（1）根据上一阶段已确定的商业定位及主题设定商业 MD 基本方向时应考虑 4 点需求事项。

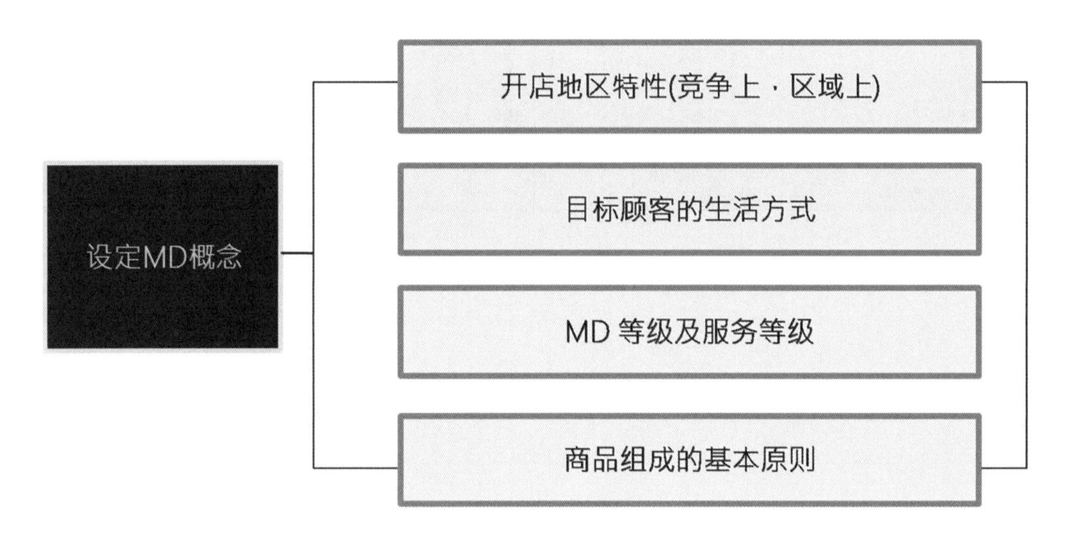

（2）根据 4 点需求事项（上一阶段的分析）掌握消费者购买动机，对于从购买动机中衍生的市场需求进行提炼，从而按照消费方式（销售、休闲 / 娱乐、餐饮、服务）、MD 类别设定打造怎样的目的及功能的商业方向。

–.MD 构成的基本原则

原 则	分 类	内　　容
一站式购物 ONE-STOP SHOPPING	第一阶段	是生活必需品的生活需求型一站式购物
	第二阶段	是提高生活品质的生活建议型一站式购物
	第三阶段	是提高生活满足性的生活创造型一站式购物
比较购买	商品比较购买	是同业种，同等级间的比较购买
	品牌比较购买	是不同业种间的品牌比较购买

例 –27）–MD 概念的设定

例 –28）– MD 主题的设定

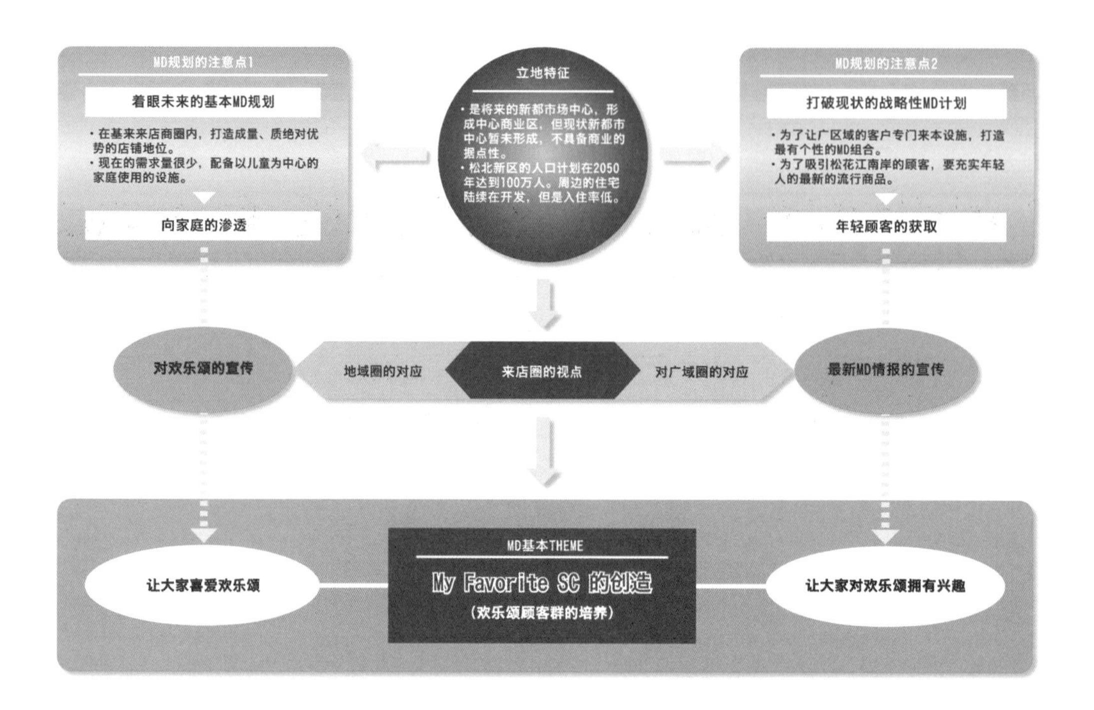

例 –29）– MD 方向性的设定

（3）强化 MD 规划

强化 MD 规划是对目标顾客中尤其是对局部客群进行强化的规划。强化 MD 规划需要优先从竞争方面进行考虑，实际是相比竞争对象更容易吸引核心目标顾客的一种战略。这也直接影响到今后顾客的忠实度，同时也是强化购物中心影响力的部分。

例 –30）– 强化 MD 构成

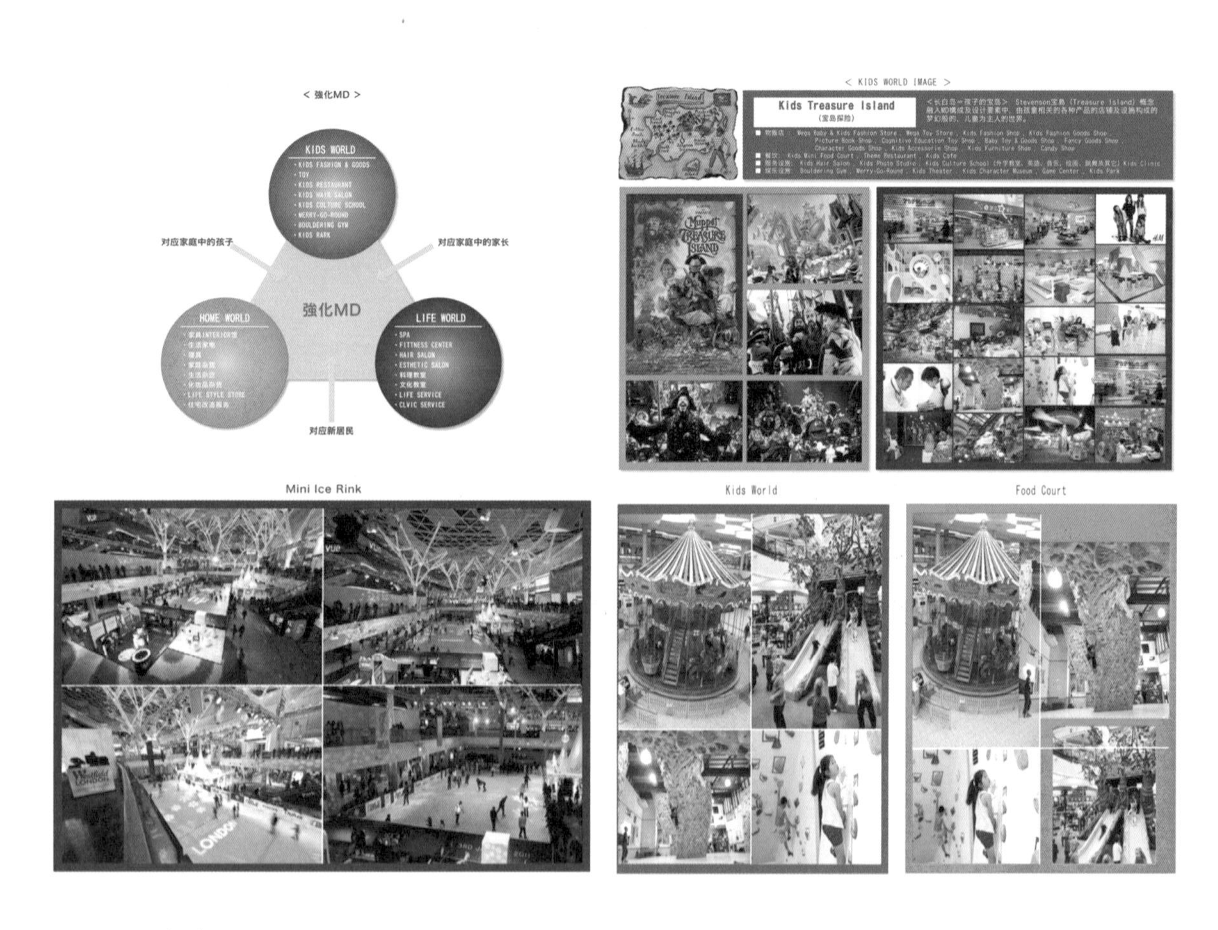

（4）特化 MD 规划

特化 MD 规划是可以影响顾客对购物中心印象的规划。是其他购物中心（竞争对象）没有的 MD 或 MD 组合，这将直接影响到商业的差异化。这就需要商业规划师对众多品牌进行研究，从而找出符合该区域以及目标客群生活方式的业种（业态）。

例 -31）- 特化 MD 构成

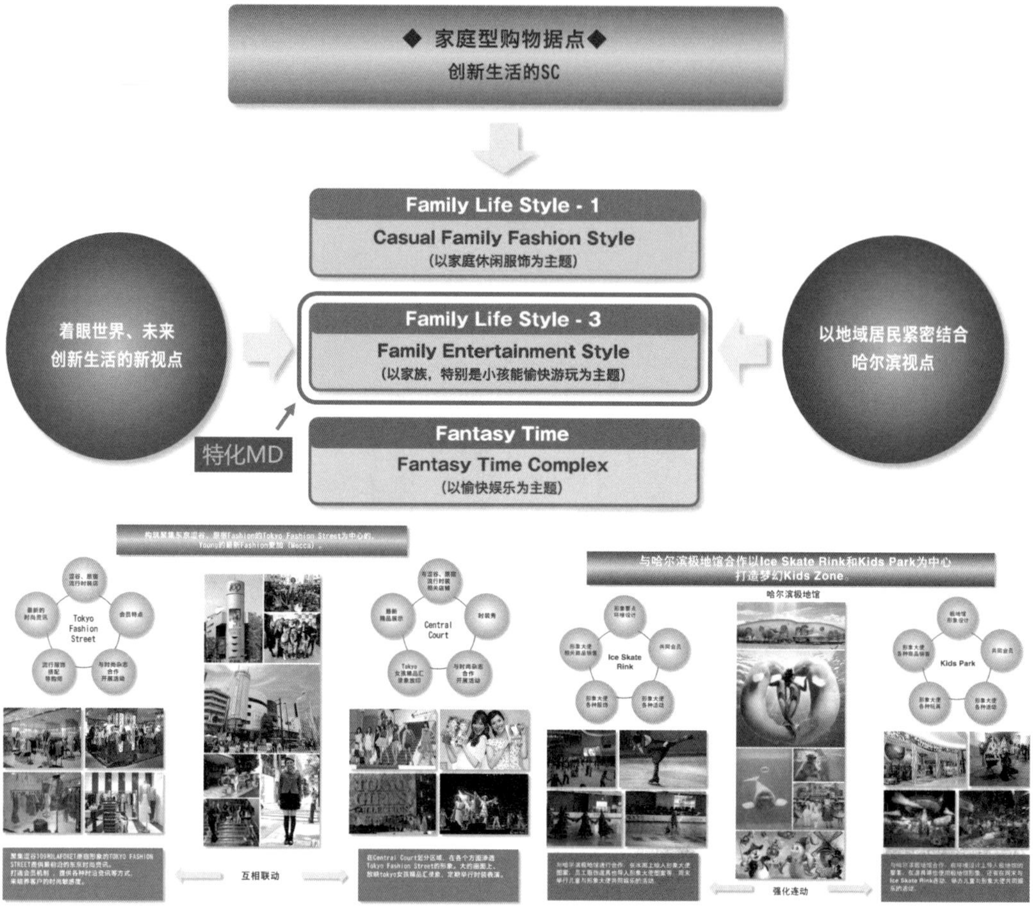
◆ 家庭型购物据点◆
创新生活的SC
Family Life Style - 1
Casual Family Fashion Style
（以家庭休闲服饰为主题）
着眼世界、未来
创新生活的新视点
Family Life Style - 3
Family Entertainment Style
（以家族，特别是小孩能愉快游玩为主题）
以地域居民紧密结合
哈尔滨视点
特化MD
Fantasy Time
Fantasy Time Complex
（以愉快娱乐为主题）
与哈尔滨极地馆合作以Ice Skate Rink和Kids Park为中心
打造梦幻Kids Zone。
Tokyo Fashion Street
Central Court
哈尔滨极地馆
Ice Skate Rink
Kids Park
互相联动
强化连动

强化 MD 和特化 MD 的差异：强化 MD 是竞争对手也有的商品，为了店铺自身的主题性和突出比别的商品更能满足顾客价值；特化 MD 是竞争对手没有的商品，能实现店铺差异化的商品。

4）MD 主题构成方法

（1）选择符合区域目标客群的生活方式

- 在 12 个基本主题中选择（项目的规模、根据顾客的多样性制定适合的主题、主题数量无限制）
- 根据项目特性可再制定基本主题以外的主题

（2）基本主题内 MD 的关联分析

- 根据区域特性来制定 MD 及消费行动的相关关联

– 留意各 MD 的动线

（3）对主题的 MD 进行手绘

– 将 MD 的形象及功能用示意图表现

（4）主题 MD 的垂直、平面布局

（5）各主题垂直、平面布局后，分析面积及连接构成，再进行调整确认

（6）各消费方式业态业种分类

分类	特征	实例
零售 (retail)	购买过程便捷，从小型卖场到主题和商品群分明、市场支配力较强的目的性品牌卖场，作为以购买商品为目的的消费空间而产生购买行为的店铺群。	专卖店，百货店，折扣店，超市，品类集合店等
娱乐 （entertainment）	作为让购买对象有愉快经历的卖场，在购物中心当中主要起到主力店及次主力店的作用，目前出现了集多种综合功能于一体的品牌。（零售+就餐等）	影院，水族馆，游戏中心，休闲运动设施，文化，教育，主题餐饮，SPA等
餐饮 （F&B）	从提供简单餐饮的冲动型卖场，到拥有特定主题的餐厅，作为品牌力较强的餐饮类设施，是以在现场消费的餐饮类为购买对象的店铺群。	美食广场，快餐，咖啡厅，有名的餐厅，家庭餐厅，主题餐厅等
服务 （service）	作为提供生活便利的卖场，是直接与生活相关的服务以及从间接、总体观点出发，是以能够用于提供生活服务为目的的店铺群。	诊所，美甲，美发，银行，改衣，顾客服务中心，旅行，配钥匙，便利店，公共设施（图书馆，公共机关等）

（7）各功能业态业种分类特征

分类	特征	面积（m²）	实例
主力店 Anchor Store	-拥有高知名度的代表性店铺 - 购物中心内面积最大的卖场	3,000~30,000	百货店 量贩店 折扣店等
次主力店 Sub-anchor store	-相较知名度，业态所拥有的特性具有聚客力的店铺 - 可以分散集中到主力店的聚客力，具有吸客能力的店铺	1,500~8,000	家庭中心，超市，大型药妆店，SPA，电影院等娱乐休闲店铺
磁石店铺 Magnet Store	-提高购物中心的形象和稀有性的商铺 -拥有购买或娱乐休闲功能的店铺	300~1,500	大型专卖店 品类集合店 生活用品等 正餐
一般商家 Tenant	-可比较购买的出售商品明确，目的性店铺 -提供简餐的店铺 -高营业效益的店铺	50~300	饮料 专卖店
特殊商家 Tenant	- 为区域居民和顾客提供生活便利及服务的店铺		美容院 公共设施 旅行等

（8）休闲娱乐（Entertainment）的类型

类型	概要
背景 Entertainment	顾客的直接行为，不是体验性的效果，是场所的氛围，商业设施的物理性要素。为吸引顾客而起到互动作用，虽是间接性的，却是产生强烈体验的要因。 包括建筑设计、室内环境、造型物、导视、演出活动等。 *interactive :互动、对话型
冲动 Entertainment	刺激顾客的冲动心理，产生即兴购买的要素 为非购买者营造场所氛围的背景娱乐。 包括旋转木马，儿童娱乐设施，攀岩，蹦极，肖像画等
目的 Entertainment	为了加强实际性购买的固定因素。 包括电影院，剧场，展览，教育设施，主题酒吧，图书馆，主题餐厅等

例 –32）– 生活方式的主题构成

例 32–1）

＜6个小行星（世界）和生活方式＞

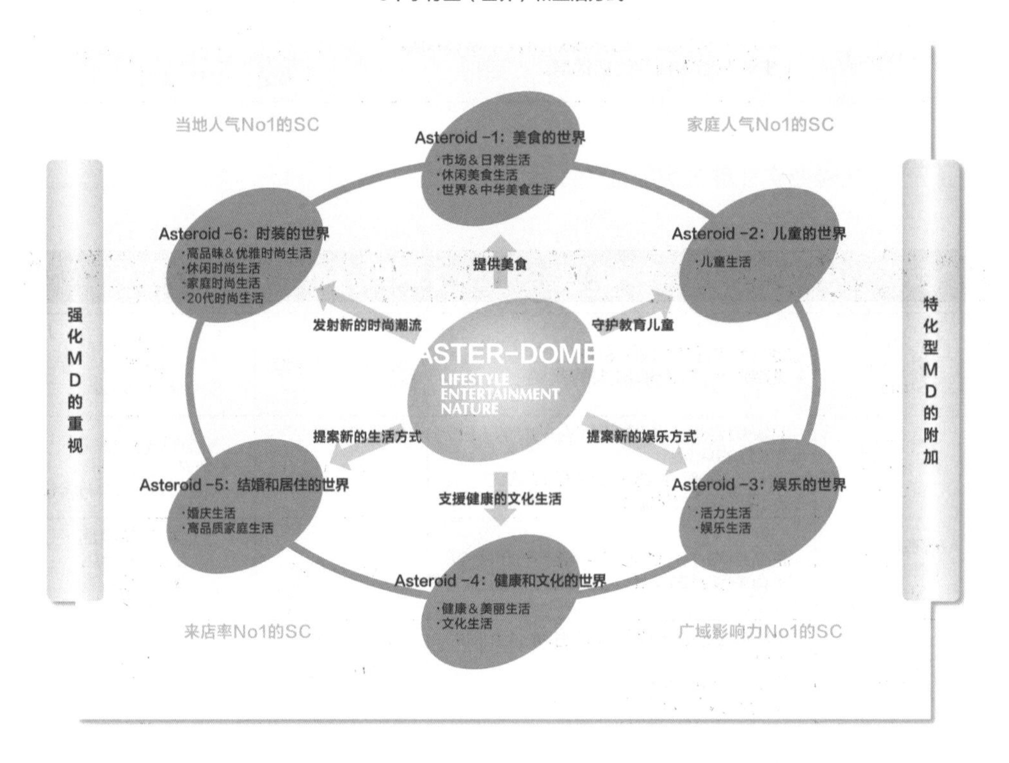

< 活力生活的业种构成印象 >

< 健康＆美丽生活的业种构成印象 >

主要打造女性对健康＆美丽生活向往的世界。以SPA＆健身为中心，全程捕捉对其利用的顾客的从Before到After的行动，将相应业种、设施进行连动、复合。
在SPA＆健身中心充分运动之后，到有机无添加化妆品店或有机食品店购物。之后在有机食品餐厅与SPA的朋友一起愉快享用午餐。
今天是给每天都努力加油的自己的嘉奖；在美容美体沙龙享受之后，回程途中到有机化妆品店给自己买份小礼物。
买了喜欢的衣服，那么就配合新衣服做了新发型，还染了颜色。然后再配合头发的颜色去化妆品店找一找适合的眼影。
美发沙龙
美甲沙龙
本周末是首次去健身中心，通过流汗洗去工作中的疲劳。尽情地运动之后与家人汇合，在大型体育&户外运动品店购买儿子地足球鞋，之后前往体育咖啡观战足球比赛，营造与儿子地快乐时光。
爷爷由于最近有些发福，在诊所被建议需要运动，因此今天到老人健康保健中心去锻炼锻炼。先从简单地慢走开始。
时尚店铺
SPA&
美容美体沙龙
有机化妆品店铺
保健食品店铺
有机餐厅

< 14种生活方式和业种目录 >

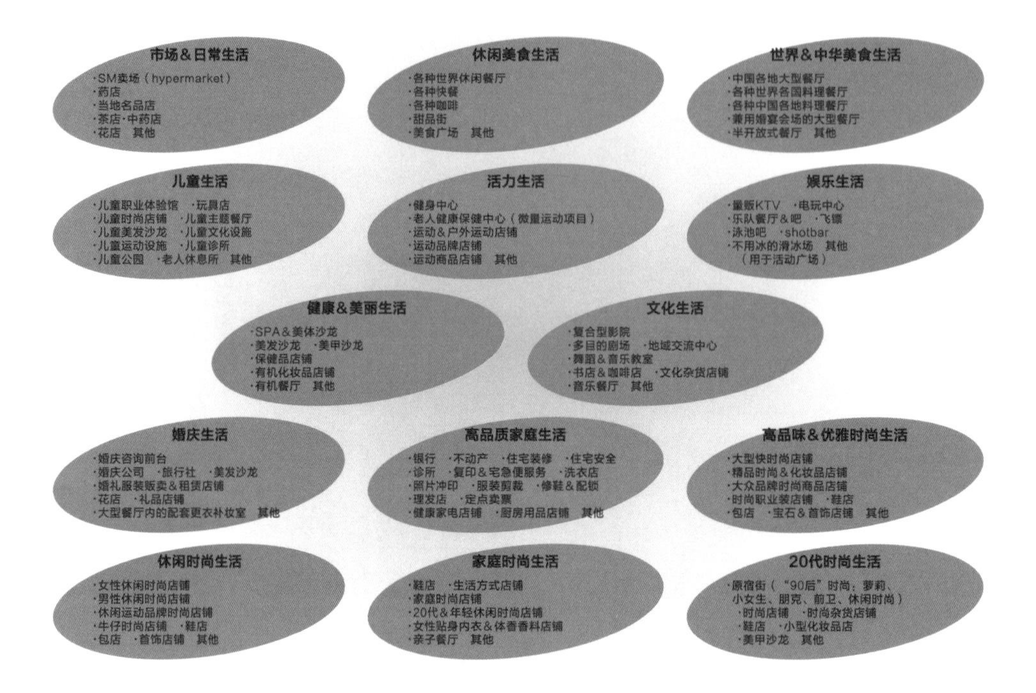

例 32-2）

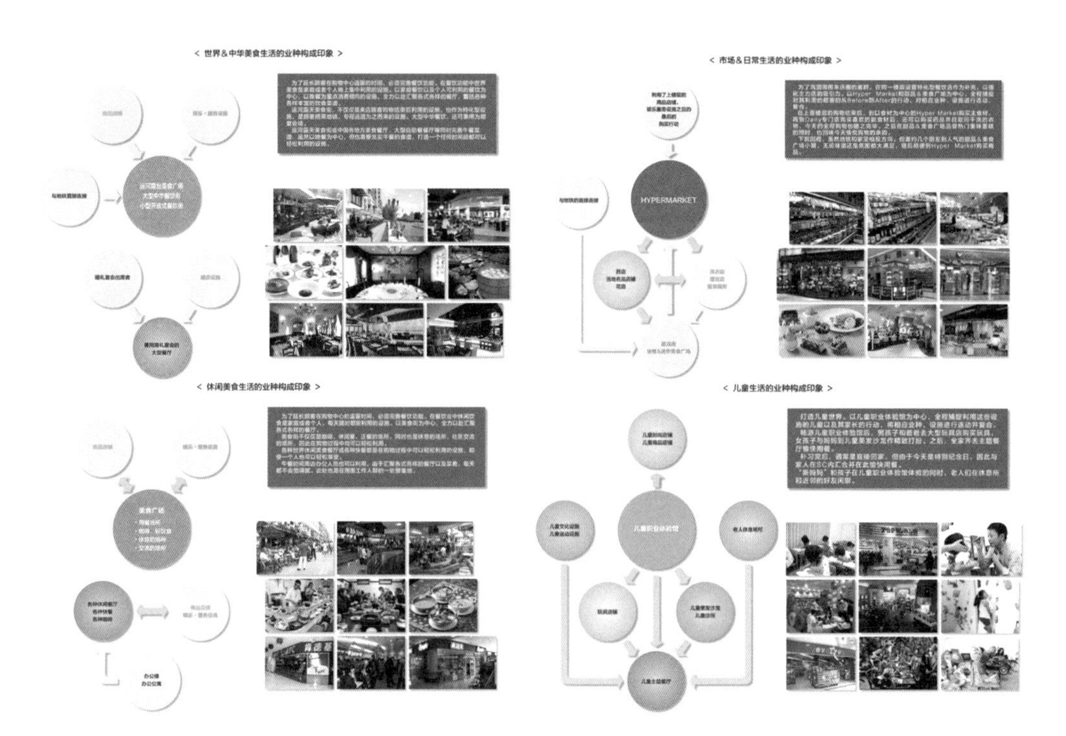

例 32-3）

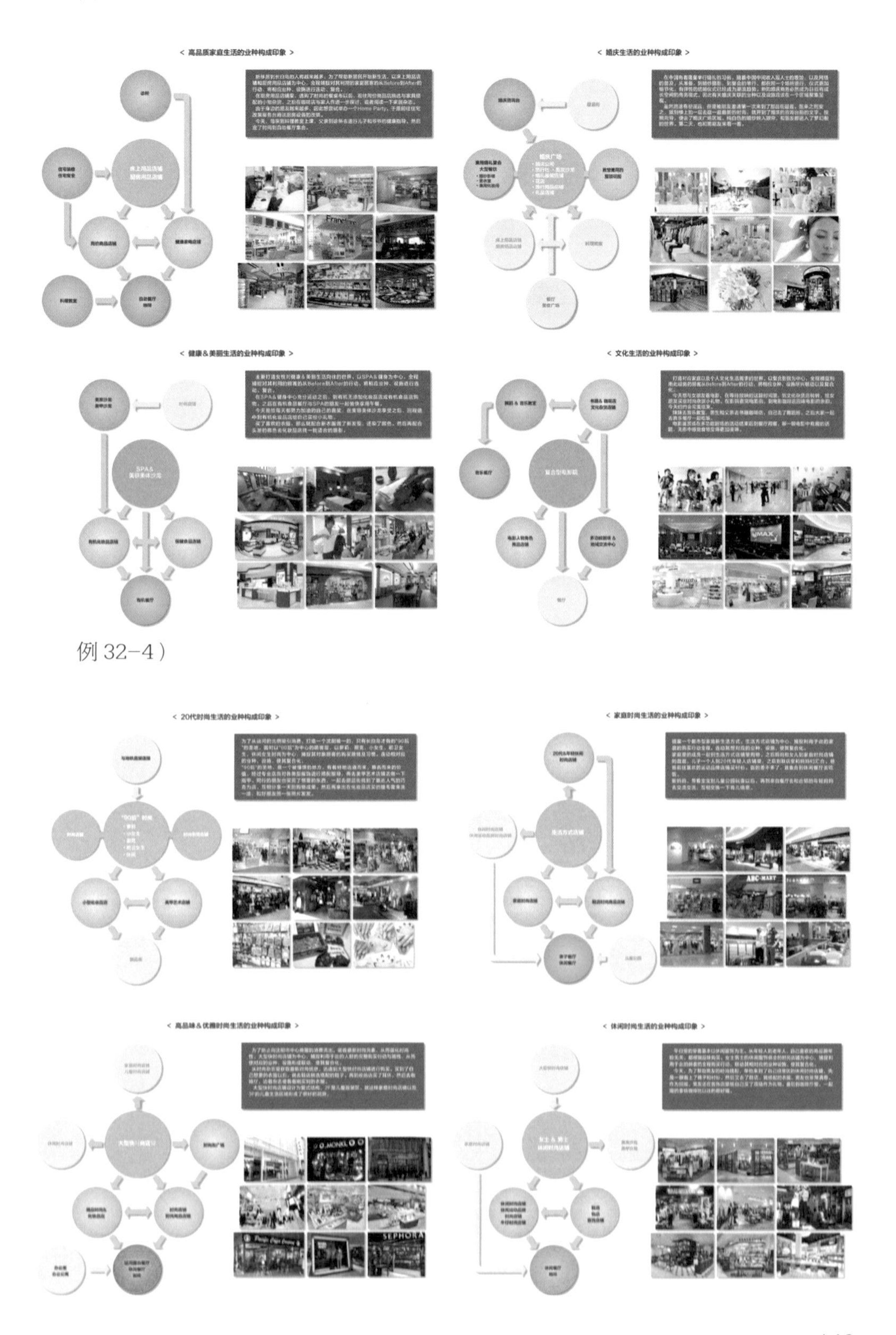
< 高品质家庭生活的业种构成印象 >
< 婚庆生活的业种构成印象 >
< 健康&美丽生活的业种构成印象 >
< 文化生活的业种构成印象 >
< 20代时尚生活的业种构成印象 >
< 家庭时尚生活的业种构成印象 >
< 高品味&优雅时尚生活的业种构成印象 >
< 休闲时尚生活的业种构成印象 >

例 32-4）

例 –33）– 组合各 MD 构成图（Zoning Plan）

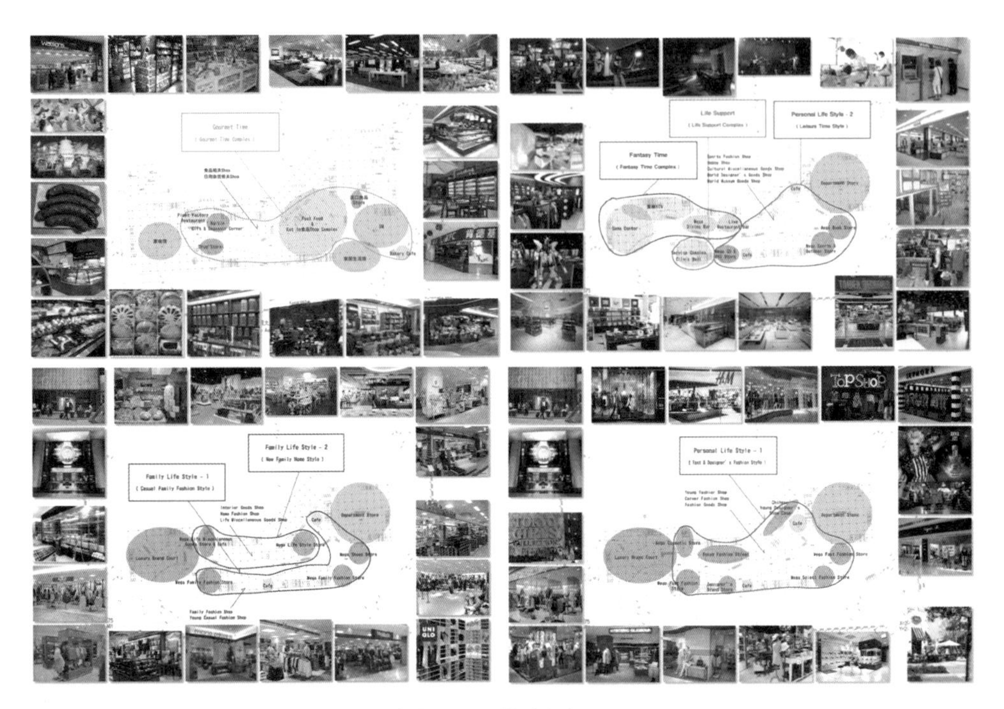

例 –34）– 组合各 MD 构成图（Vertical Plan）

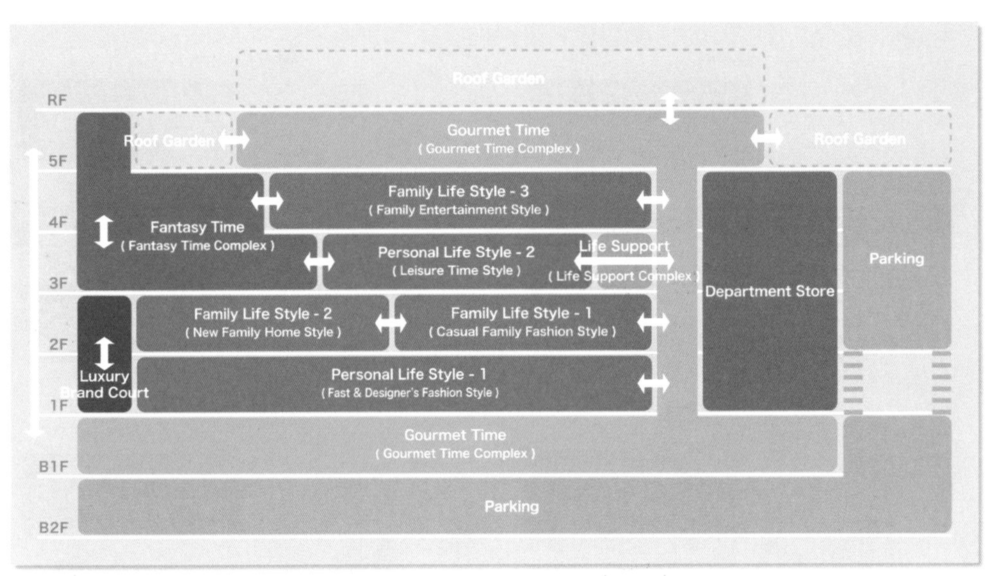

·加强各个生活方式区域间的联系，提高整体SC的回游性。
·在5F和B1F设置与人生里需求紧密相连的饮食相关业种，使人在潜意识里对纵向空间产生一体感（B1F至5F）。Gourmet Time是最重要的MD。
·中间层尽可能在同一位置设置餐饮，提高纵向动线的同时作为休息区与同楼层其他区域联动形成统一横向空间。
·FantasyTime、Family Life Style-3内的餐饮设施要迎合其生活方式，设置具有特色的设施来提高相对区域的魅力。
·虽然在5F的餐饮街设有美食广场，但在4F的滑冰场也设有小美食广场来提高Family Life Style-3的魅力作用。

2. 业态业种规划（Tenant Mix）

1）业态业种规划（Tenant Mix）业务的价值

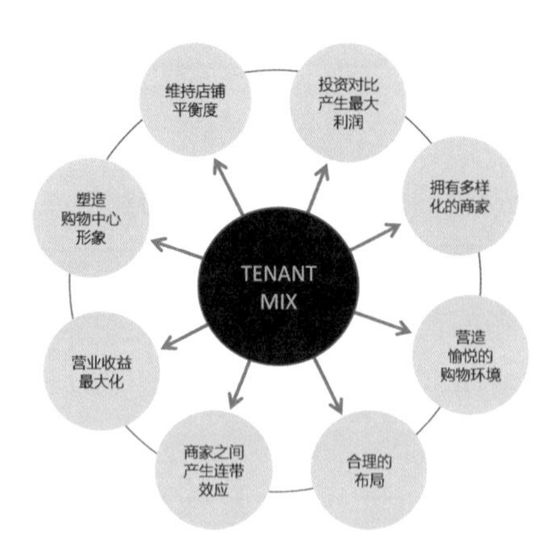

2）业态业种规划（Tenant Mix）业务内容

业务内容是商家构成（业态业种规划）和商家布局（业态业种布局）两个部分组成的，如下表一样的业务的分类和主要工作内容：

分类				工作内容
大分类	中分类	小分类		
MD构成	普通	商家分类		按功能，消费形式设定合理的商家分类
		商家数量		各功能，各消费形式的商家数量及整体商家数量测算
		商家租赁面积		各功能，各消费形式的商家面积及整体租赁面积
		商家组合比例		各功能，各消费形式的商家数量的比例
		商家租赁面积组合比例		各功能，各消费形式商家的租赁面积比例
	主题构成	设定主题		设定符合生活方式及目标客群的主题
		主题构成		设定符合主题的商家组合
		主题构成比		设定各主题的构成比
		设定主力店		符合各主题的主力店，次主力店的个数
		功能构成比		主力店（含次主力店）及一般商家的面积比例
		强化MD构成		根据地域特性、商圈特征及开发商的理念组合强化竞争力的MD
		主题的布置		考虑各主题水平、垂直的连贯性进行布局规划
Tenant布局		平面形态		分析建筑平面（水平移动、垂直移动、动线形态、共用设施、消防等）
		布局	平行	考虑每层平面特征及生活方式间的连接性的商家布局
			垂直	考虑低层、高层及垂直移动功能（ELEV，ESC）的商家布局规划
	关联性	临近性		根据水平布局考虑主力店和一般商家间的稳定性的布局
	集中布局	业种	同业种	水平、垂直空间上同业种的商家集中布局
			其他业种	水平、垂直空间上其他业种的连接性商家衔接布局
		商品特性	对比商品	水平、垂直空间上对比商品群的集中布局及位置的合理性分析及布局
			便利商品	水平、垂直空间上便利商品群的集中布局及位置的合理性分析及布局
		品牌特性		根据水平、垂直空间上的品牌特性（目标客群，价格区间，商品）直接布局
		价格区间		根据水平、垂直空间上的品牌商品价格区间进行直接布局
	接近性	物理接近性		考虑各主题、商家间的水平、垂直移动的接近性分析
		视觉连接性		考虑各主题、商家间的水平、垂直移动进行视觉连接性分析

3）业态业种规划（Tenant Mix）时的考虑点

（1）为了将商家垂直、水平连接起来，要维持相关店铺及共用设施的连接性。

（2）投入滞留设施及便利设施以及强化水平、垂直动线的连接，促进动线的回流和提高购买率。

（3）通过所有卖场的动线布局均等时，能够实现最高营业额，因此店铺布局时需要实现均衡的动线移动。

（4）通过结合强调体验营销的商家，增加体验的多样性。（生活 + 便利、休闲 + 运动、文化 + 教育设施、儿童 + 体验馆等）

（5）影院的目的性消费者的支出费用比起其他目的性消费者要低，通过和影院进行多样化的商家组合提高支出费用。

（6）为利用主力店引导淋浴效果，在最下层布置大型折扣店，边缘布置百货。

（7）对目标顾客层细分化后，将适合各顾客层的商家进行组合，打造主题化，以此提高顾客光顾率。

（8）拥有很强目的性的商家会引发通行量的不均衡，结合目的性较弱的业态和建筑要素（ELEV、ESC、共用设施等）或通过和休息设施等相结合实现通行量的均衡。

（9）相比以特定商家为主的招商，按照消费者生活方式延伸的各类消费方式组合多样化的商家更具效果。

（10）拥有相似性质和特性的商家的营业额比起分散更应集中布置，这样可以提高顾客的便利性，起到易于聚客的磁场空间的作用。

（11）主力店和次主力店布置在能够实现动线均衡的位置上，维持聚客的平衡性。

（12）为了给消费者提供高效的体验效果和有趣开心的经历，需按生活方式进行商家组合。

（13）消费形式功能逐渐形成复合化，需按商品、生活方式进行商家布置。

（14）根据比较商品和便利商品的特性进行商家组合规划，提高消费者的忠诚度。

（15）商家按照功能、消费形式进行分类。（功能分类：主力店、次主力店、普通商家，消费形式分类：零售、餐饮、服务、休闲娱乐。）

（16）确保动线不断开，需要连接起各生活方式或将商家布局形成自然衔接。

（17）决定符合项目定位的各功能及消费形式的商家的合理数量、面积、种类及与此对应的面积比例。

（18）为构成生活方式，需要以能够衬托主题的商家为主进行商家组合。

4）中国购物中心的主力店现况

（1）百货为主力店的问题

一. 观察国内百货店的情况，在国外百货品牌虽拥有强大的品牌影响力，但在中国却不具备。相比百货品牌，专卖品牌的形象更加强势。因此，Shopping Center 中专卖品牌的影响力领先于百货品牌。其原因似乎在于中国百货的经营方式依赖进场的品牌（二房东），而定位也与 Mall 区几乎无差异。此种情况下，Shopping Center 中虽有百货进驻，但因无法达到很强的吸引力或干脆不能起到主力店的作用，反而产生需要依赖 Mall 的情况。美国的百货形式则是直接购买而不依赖专卖品牌，并且购物中心针对顾客也有明确的功能（如果是喜好某种特征性品牌的顾客会选择进入 Mall 的专卖品牌，如果寻找和品牌无关的特定商品，如男性服饰、鞋具等时，顾客为了购物的便利自然会选择百货）。但在中国，百货和 Mall 的专卖品牌都同样依赖专卖店品牌的影响力。而专卖品牌相比重视坪效的百货中的小型卖场，更倾向于选择 Mall。优秀的品牌优先进驻 Mall，而无法进驻的品牌再进驻百货，从而变成毫无购物价值的商业。超市（Mart）因业态定位受限，虽在中小规模以生活为主的社区型购物中心内起到主力店作用，但在大中型商圈范围较大的购物中心或中高端定位的商业中则是针对顾客层或为吸引周边住宅居民而起到次主力店的作用。量贩店业态在日本很成功，但在其他国家却有很多失败的案例。量贩店也发展到中国部分地区（JUSCO，ITOYO-KATO），但未能发展到全国，而中国国内几乎没有这样的企业。

在中国品牌中大型专卖店几乎没有能成为购物中心主力店的规模和实力。因和 Shopping Center 的定位相冲突导致无法起到主力店的作用。

（2）百货的定义

每个国家对于百货业态的本意理解都有差异，但是原本定义是“以非食品为主的各商品按类型分类并直接买入，直接定价，按综合店铺形式直接销售的零售店”。英文的 DEPARTMENT STORE 中 DEPARTMENT 的寓意为“部门 / 部门管理”“各商品部门”，再结合“STORE 店铺形成”“按商品类型销售的零售店”。

目前我们看到的百货不能视为真正业态定义的百货，而是从东洋式的百货演变发展的形态。不考虑本质性，只考虑演变的百货，这样探讨未来的百货是不科学的，所以我们应该从转型前百货的本质出发进行思考。

目前转型后的百货的概念是：众多类型的商品，均有按部门组织的合理化经营及集中经营等特征，为了促进销售、提升服务、经营及财务的合理化，商店组织按商品、顾客合理化分类。将以上综合企业来统一经营的大规模零售商。

（3）各国百货的特征

为了解各国百货的特征，首先简单了解商品买入方式。（关于具体买入方式已有很多官方资料，在此不再详谈）

欧洲和美国、韩国、日本、中国根据各国特征及表现方式略微差异，但从大方向分析可分为三大方式：直接买入、特定买入、租赁。日本的特点是收购买入、委托买入形式。

区分	直接买入	特定买入	租赁乙	租赁甲
商品所有权	百货	百货	供应商	供应商
发票 / 税	百货	百货	供应商	供应商
退货 / 是否返库	基本不可行	可退货	可返库	可返库
销售管理	百货	百货	百货	供应商
库存管理	百货	供应商	供应商	供应商
管理费	无	无	有	有

■ **买入形态的特征**

日本百货的采购方式分为“自采”“委托采购”“去化采购”等，韩国百货的采购方式有“直接采购”“特定采购”“租赁乙”“租赁甲”等方式。欧美的采购方式以直接采购形态居多。

A. 自采

百货以再次出售为目的直接向厂家支付货款取得商品，商品所有权归百货所有。自采是按照商品类别陈列销售的形态，而商品定价权也归百货所有，有利于与竞争单位竞争，也可以形成与竞争单位差异化的 MD 组合，并且即便是小型卖场也可以取得较多商品，具有提升坪效的优势，但同时也会产生库存处理费用的负担。

B. 委托采购

厂家或批发商委托百货进行商品销售，百货并非是在一定期限采购商品，而是签约时确定百货需承担的去化率（库存量），即百货也承担一定期限的商品销售的形态，未能销售出去的商品由厂家或批发商全数负责。百货收取一定销售金额的手续费。此时，商品所有权归厂商或批发商所有。委托销售是在无新品或市场认知度、又或是市场环境不稳定时，由于销售有难度而依赖于百货销售能力的一种方法。

C. 特定采购

特定采购是百货从供货商（厂家、批发商）赊账购买并销售商品，未能销售出去的商品再返还的一种交易形态。从百货角度，由供货商承担销售相关费用（人工费、装饰费、库存、商品管理、营销费用等），可以将运营风险降至最低。由百货担责，以百货名义进行商品销售，从销售金额中扣除一定的比例的手续费，再向供货商支付货款的方式，销售产生的税金以百货的名义计算。以时尚为主的商品根据流行趋势，商品具有供货快速的优点。

D. 去化采购

去化采购与特定采购形态相似，百货在商品售出时购入商品的形态（售出部分即购入）：百货仅购入售出去的商品的方式，而商品所有权归供货商所有。

与特定采购不同之处在于商品售罄时办理购入流程，而未能销售的库存可以全数返还的这一点与特定采购不同。签约时，指定百货需承担一定去化率（库存量），即百货也许承担一定库存。

E. 租赁乙与租赁甲

店铺的税金、名义以及店铺运营的所有责任均在出租方（百货），与营业额无关，按照确定金额支付一定的租金即为租赁甲，而没有确定的租金额按照营业额支付一定的扣点即为租赁乙（联营）。租赁甲由出租单位管理其营业货款，但租方乙则由百货店管理其营业货款。

日本的采购形态

年份	各类采购形态的比重		
	自采	去化采购(特定采购)	委托采购
1997	34.0	39.6	29.9
1985	35.3	28.5	42.0
1965	60.1	15.8	24.5
1955	67.5	11.8	20.2

因自采遭遇经济停滞以及其他业态的竞争影响，百货会增加相对库存处理费用较小的去化采购、委托采购的比例。

韩国各类百货采购方式的营业额比重（%）

区分	2005	2006	2007	2008	2009
自采	5.9	6.8	6.2	5.2	5.6
特定采购	71.7	70.7	70.8	70.7	69.2
租赁乙	12.4	12.5	13.0	14.1	15.2
租赁甲	10	10	10	10	10

租赁甲的销售因不属于百货管辖范围，因而按照 10% 的预测值计算。其中，韩国百货中租赁甲的形态正呈现减少的趋势。

中国的采购方式

中国如前所提将购买方式的概念直接与经营方式相连。其实众多资料中并没有购买方式的用语，而是直接表述为经营方式。

在中国分为联营、租赁、买手、自营。而国外与中国的概念差异存在于最基本之处。在国外（韩国、日本）是商品的概念，而在中国是招商的概念，基本无法直接购买，而且已形成在专业品牌做的规定。目前最常用联营方式的购买形态，这类似于韩国的租赁方式。

定义为“由各品牌生产商或代理商分别负责具体品牌的日常经营，店方负责商品店整体的全面营运管理，除收取与面积有关的场地使用费、物业管理费等固定费用外，同时推行保底抽成的结算方法”。

不过也有采用部分自营与联营结合的模式，目前也在逐渐变化。

美国和欧洲的百货大部分采用直接买入方式（80% 以上，包含 PB90% 以上），而韩国和中国、日本的买入方式相对比较喜欢特定买入方式。主要以直接买入起始的欧洲和美国的百货通过日本进入到韩国和中国时，从库存量大而危险性较高的直接买入方式转变为库存量危险性较低的特定买入方式。

虽然韩国和日本多数采用特定买入方式，但百货以高档定位的方式与其他业态形成差异化。并不依赖于指定入驻品牌，欧洲美国式直接销售方式的商品群集合体（集合店）的概念，而是按品牌类型规划的同时强化百货自身运营能力，强化百货自身品牌性。但是在中国，很可惜对于百货的定位模糊，比起百货自身的能力更依赖入驻品牌，导致百货自身的品牌价值和经营能力弱化。简单来说，欧洲、美国、韩国、日本的百货以百货自身品牌力来竞争，但是中国百货靠入驻品牌与其他业态或百货竞争。

• 百货自然是可以在购物中心当中起到主力店的作用。但是需要摆正当前扭曲的现象，这并非易事。

购买价值的差异化：

如果百货店的根本——根据直接采购（即便不是所有商品都直接采购，至少可以让顾客感觉到在一定量以上）进行各类商品群销售，那么问题将迎刃而解。如此，百货店与 Mall 区的功能与价值将完全不同。突出购物便利性以及商品丰富性的百货店将为顾客提供购物的便利以及选择的多样性，反之 Mall 区可以解决顾客对于休闲、娱乐、服务消费方面的需求，加之满足顾客对于品牌的倾向性购物的价值就足矣。

劣势互补：

目前若想改变百货的购买方式其实面临很多难题，而百货从规划上是要补充 Mall 区的不足，从而起到向顾客提供完全不同的购物乐趣的主力店作用。

例如，依赖坪效的商品群与为实现比较购买的合理规划，以商品群、目标客群为目标的主题性商品群，打造极具吸引力的百货。

从购物的便利性而言，百货比 Mall 更占优势。百货的不足如休息、娱乐专业品牌由 Mall 区填充，而 Mall 区在购买的不便性上由百货补充，如此将百货作为主力店，即可规划出购买容易并且满足休息、娱乐、服务及品牌消费便利的购物中心。

5）水平 / 垂直 MD 布局规划

根据前一阶段的 MD 规划，在已确定的建筑平面上布局更为详细的业态业种。在该阶段规划详细的位置和面积，需要同时满足平面 MD 布局和垂直 MD 布局的需要。另外，在后期的招商阶段，应制定可供参考的各品牌标准，提供符合商品主题的国内外品牌。

例 –35）水平 / 垂直 MD（业态业种）布局

例 35–1）案例 A/B1F–5F、建筑面积：11 万平方米项目

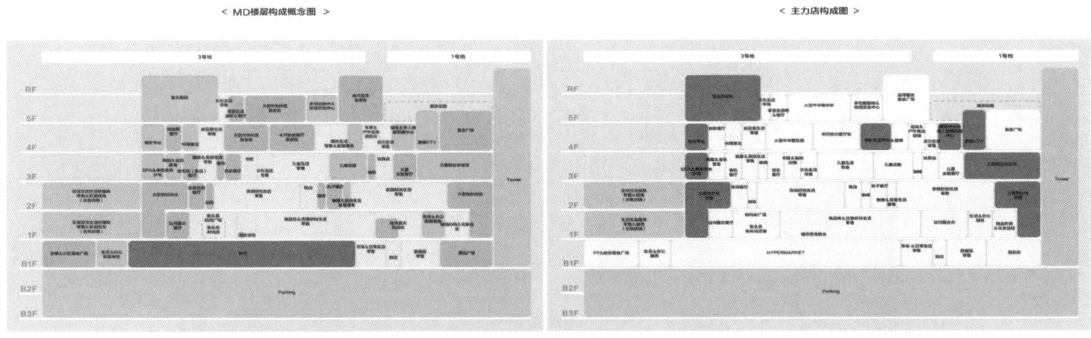

< 各业态体量 – 合计 >

生活方式主题	销售								餐饮		娱乐·服务 其他		合计	
	HYPERMARKET		大型店铺		零售		合计							
	面积（㎡）	比例（%）	面积（㎡）	比例（%）	面积（㎡）	比例（%）	面积（㎡）	比例（%）	面积（㎡）	比例（%）	面积（㎡）	比例（%）	面积（㎡）	比例（%）
市场＆日常生活	10,133	14.7			840	1.2	10,973	16.0					10,973	16.0
休闲美食生活									4,523	6.6			4,523	6.6
世界＆中华美食生活									5,786	8.4			5,786	8.4
儿童生活					2,043	3.0	2,043	3.0	1,123	1.6	5,123	7.5	8,289	12.1
活力生活					820	1.2	820	1.2			1,384	2.0	2,204	3.2
娱乐生活									543	0.8	2,183	3.2	2,726	4.0
健康＆美丽生活					148	0.2	148	0.2	273	0.4	1,137	1.7	1,558	2.3
文化生活					931	1.4	931	1.4	256	0.4	5,826	8.5	7,013	10.2
婚庆生活					1,047	1.5	1,047	1.5			272	0.4	1,319	1.9
高品质家庭生活					730	1.1	730	1.1	364	0.5	1,549	2.3	2,643	3.8
高品味＆优雅时尚生活			4,538	6.6	8,664	12.6	13,202	19.2	1,085	1.6			14,287	20.8
休闲时尚生活					2,680	3.9	2,680	3.9	1,083	1.6			3,763	5.5
家庭时尚生活					2,389	3.5	2,389	3.5	533	0.8			2,922	4.3
20代时尚生活					696	1.0	696	1.0					696	1.0
合计	10,133	14.7	4,538	6.6	20,988	30.5	35,659	51.9	15,569	22.7	17,474	25.4	68,702	100.0
5F					100	0.1	100	0.1	3,852	5.6	5,314	7.7	9,266	13.5
4F					2,597	3.8	2,597	3.8	4,438	6.5	4,110	6.0	11,145	16.2
3F					3,022	4.4	3,022	4.4	1,652	2.4	6,592	9.6	11,266	16.4
2F			3,253	4.8	5,069	7.4	8,322	12.1	1,616	2.4	180	0.3	10,118	14.7
1F			1,285	1.9	8,664	12.6	9,949	14.5	1,085	1.6	663	1.0	11,697	17.0
B1F	10,133	14.7			1,536	2.2	11,669	17.0	2,926	4.3	615	0.9	15,210	22.1
合计	10,133	14.7	4,538	6.6	20,988	30.5	35,659	51.9	15,569	22.7	17,474	25.4	68,702	100.0

■ **MD 楼层布局、各层主力店布局、各 MD 面积及比例和整体面积**

例 35-2）B1F、1F、2F 业态业种布局和面积

< 业种业态布局规划 - B1F >

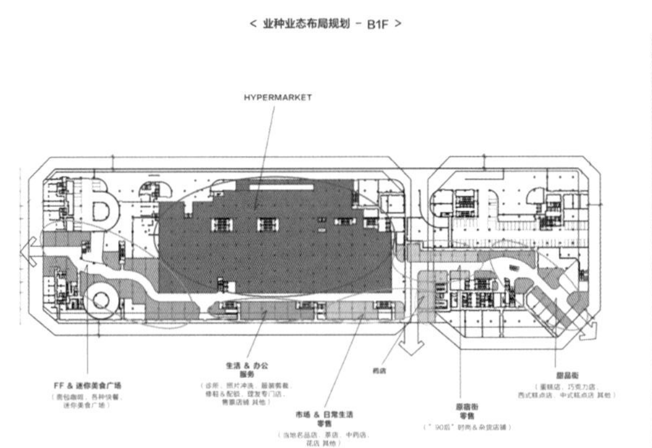

< 各业种业态的体量 - B1F >

楼层	生活方式主题	副主题		业态	区画标号	业种	面积（㎡）	备注
B1F	市场&日常生活			HP	B1F-A-01		10,133	
				销售（零售）		药店、各种名品店铺、茶店、中药材店铺、花店 其他	840	
	合计						10,973	
	高品质家庭生活	生活&办公服务		服务·服务 其他		洗衣店、照片冲洗、服装裁剪、修鞋&配钥、理发专门店 其他	615	
	合计						615	
	90代时尚生活	原宿街		销售（零售）		"90后"时尚&杂货店铺 其他	696	
	合计						696	
	休闲美食生活	甜品街		餐饮		面包店、巧克力店、西式糕点店、中国式糕点 其他（eat-in-out 风格方式）	1,006	
		FF&迷你美食广场		餐饮		麦当劳、各种快餐、迷你美食广场 其他	1,920	
	合计						2,926	
楼层合计							16,210	

< 业种业态布局规划 - 1F >

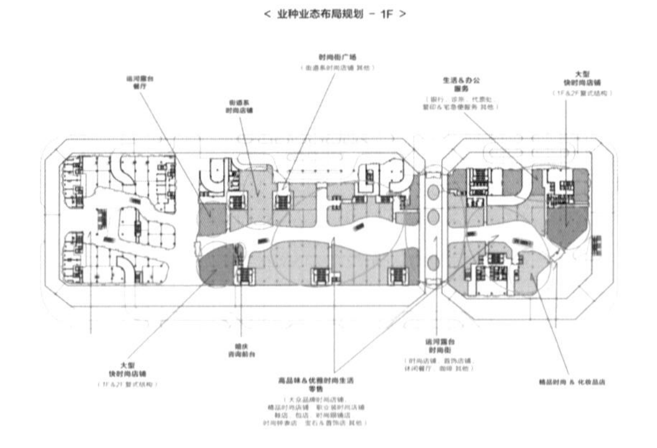

< 各业种业态的体量 - 1F >

楼层	生活方式主题	副主题		业态	区画标号	业种	面积（㎡）	备注
1F	高品味&优雅时尚生活	运河露台街		销售（零售）		时尚店铺、首饰店铺 其他	643	
				饮食		休闲餐厅、咖啡 其他	658	
		街道时尚广场		销售（零售）		街道系快时尚店铺 街道系时尚店铺 其他	1,102	
				销售（大型店铺）		大型快时尚店铺	897	1F & 2F 复式结构 合计面积 2,696㎡
				销售（大型店铺）		大型快时尚店铺	593	1F & 2F 复式结构 合计面积 2,047㎡
				销售（零售）		精品时尚&化妆品店 大众品牌时尚店铺 精品时尚店铺、职业时尚店铺 鞋店、包店、时尚眼镜店 时尚钟表店、宝石&首饰店铺 其他	6,610	
				饮食		运河露台餐厅	427	
	计						11,034	
	高品质家庭生活	生活&办公服务		服务·服务 其他		银行、诊所、代理处、复印&宅急便服务 其他	632	
	计						632	
	服务生活			服务·服务 其他		顾客咨询前台	31	
	计						31	
楼层合计							11,697	

< 业种业态布局规划 - 2F >

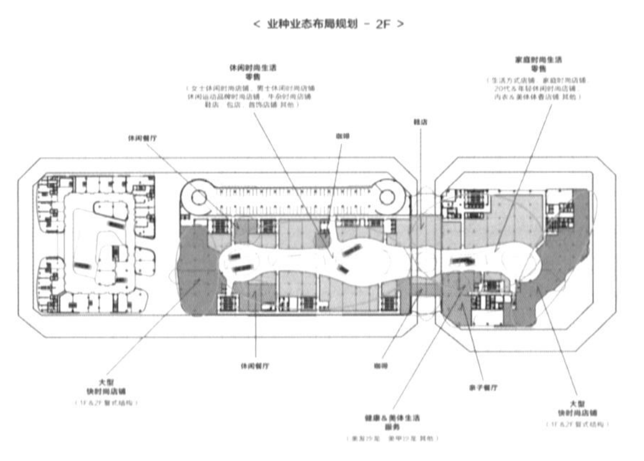

< 各业种业态的体量 - 3F >
< 各业种业态的体量 - 2F >

楼层	生活方式主题	副主题		业态	区画标号	业种	面积（㎡）	备注
2F	高品味&优雅时尚生活			销售（大型店铺）		大型快时尚店铺	1,799	1F & 2F 复式结构 合计面积 2,696㎡
				销售（大型店铺）		大型快时尚店铺	1,454	1F & 2F 复式结构 合计面积 2,047㎡
	合计						3,253	
	家庭时尚生活			销售（零售）		鞋店、生活方式店铺 家庭时尚店铺 20代休闲时尚店铺 内衣&美体减肥体香店铺 其他	2,380	
				餐饮		亲子餐厅	533	
	合计						2,927	
	休闲时尚生活			销售（零售）		女士休闲时尚店铺 男士休闲时尚店铺 休闲运动时尚店铺 牛仔时尚店铺、鞋店 包店、首饰店铺 其他	2,680	
				餐饮		休闲餐厅、咖啡 其他	1,083	
	合计						3,763	
	健康&美体生活			服务·服务 其他		美发沙龙、美甲沙龙 其他	180	
	合计						180	
楼层合计							10,118	

例 35-3）3F、4F、5F 业态业种布局和面积

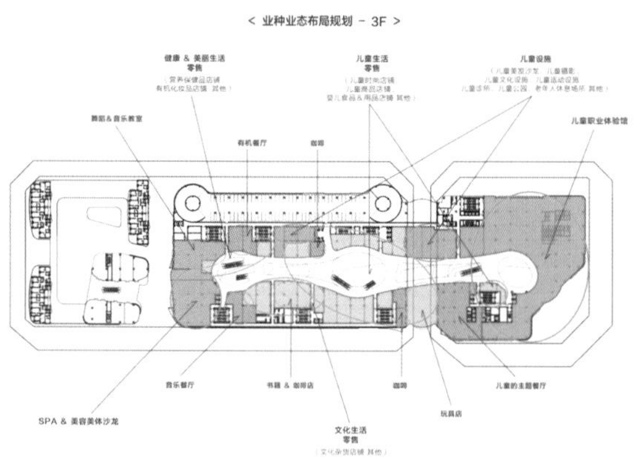

< 各业种业态的体量 - 3F >

楼层	生活方式主题	副主题		业态	区画标号	业种	面积（㎡）	备注
3F	儿童生活			销售（零售）		玩具店、儿童时尚店铺 儿童用品店铺、婴儿食品&用品店铺、其他	2,743	
				餐饮		儿童的主题餐厅	895	
				餐饮		咖啡、其他	251	
				娱乐·服务 其他		儿童职业体验馆	4,134	
		儿童设施		娱乐·服务 其他		儿童美发沙龙、儿童影楼 儿童文化设施、儿童运动设施 儿童诊所、儿童公园、老人休息场所、其他	989	
	合计						8,289	
	健康&美丽生活			销售（零售）		保健营养品店铺、有机化妆品店、其他	148	
				餐饮		有机餐厅	273	
				娱乐·服务 其他		SPA&美容美体沙龙	957	
							1,378	
	文化生活 合计			销售（零售）		书籍&咖啡店铺、文化杂货店铺、其他	831	
				餐饮		音乐餐厅	256	
				娱乐·服务 其他		舞蹈&音乐教室	512	
	合计						1,599	
楼层合计							11,266	

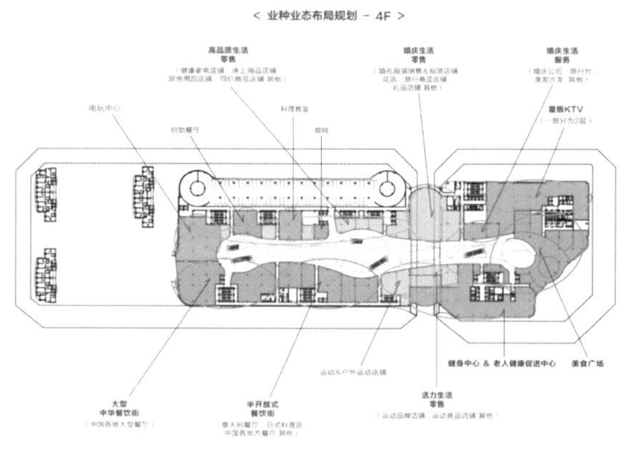

< 各业种业态的体量 - 4F >

楼层	生活方式主题	副主题		业态	区画标号	业种	面积（㎡）	备注
4F	高品质家庭生活			销售（零售）		健康家电店铺、床上用品店铺 厨房用品店铺、照护用品店铺、其他	630	
				餐饮		自助餐厅	279	
				餐饮		咖啡	95	
				娱乐·服务 其他		料理教室	302	
	合计						1,306	
	娱乐生活			娱乐		量贩KTV	1,418	一部两层
				娱乐		电玩中心	765	
	合计						2,183	
	婚庆生活			销售（零售）		婚礼服装销售&租赁店铺、花店 旅行商品店铺、礼品店铺、其他	1,047	
				娱乐·服务 其他		婚庆公司、旅行社、美发沙龙、其他	241	
	合计						1,288	
	活力生活			销售（零售）		运动&户外运动店铺 运动品牌店铺、运动商品店铺、其他	820	
				娱乐·服务 其他		健身中心&老人健康保健中心	1,384	
	合计						2,204	
	休闲美食生活			餐饮		美食广场	1,597	
	合计						1,597	
	世界&中华美食生活	大型中华餐饮街		餐饮		中国地方各地餐厅	1,340	
		半开放式餐饮街		餐饮		意大利餐厅、日式料理店 中国地方特色餐厅、其他	1,137	半开放式
	合计						2,477	
楼层合计							11,145	

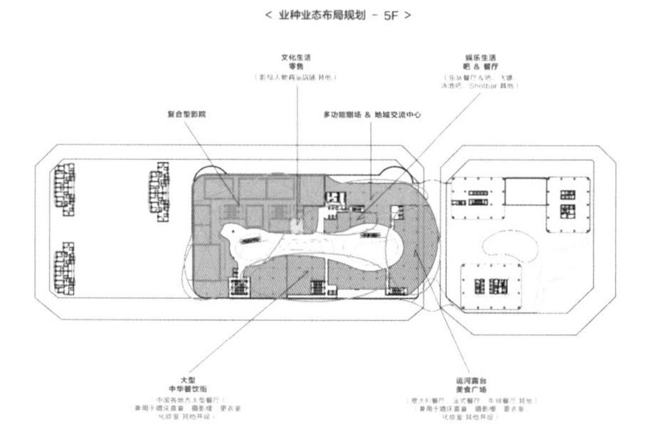

< 各业种业态的体量 - 5F >

楼层	生活方式主题	副主题		业态	区画标号	业种	面积（㎡）	备注
5F	文化生活			销售（零售）		影视人物商品店铺、其他	106	
				娱乐		复合式影院	4,221	
				娱乐·服务 其他		多功能剧场&地域交流中心	1,087	
	合计						5,414	
	娱乐生活			餐饮		乐队餐厅&吧、飞镖、冰泡吧 Shotbar、其他	543	
	合计						543	
	世界&中华美食生活	大型中华餐饮街		餐饮		中国各地方大型餐厅	1,865	兼用于婚礼宴会、摄影棚 更衣室、化妆室、其他用途
		运河露台美食广场		餐饮		意大利餐厅、法国餐厅 日本料理餐厅、其他	1,444	兼用于婚礼宴会、摄影棚 更衣室、化妆室、其他用途
	合计						3,309	
楼层合计							9,266	

例 35-4）案例 B/B1F-5F、建筑面积 12 万平方米项目业态业种布局和面积

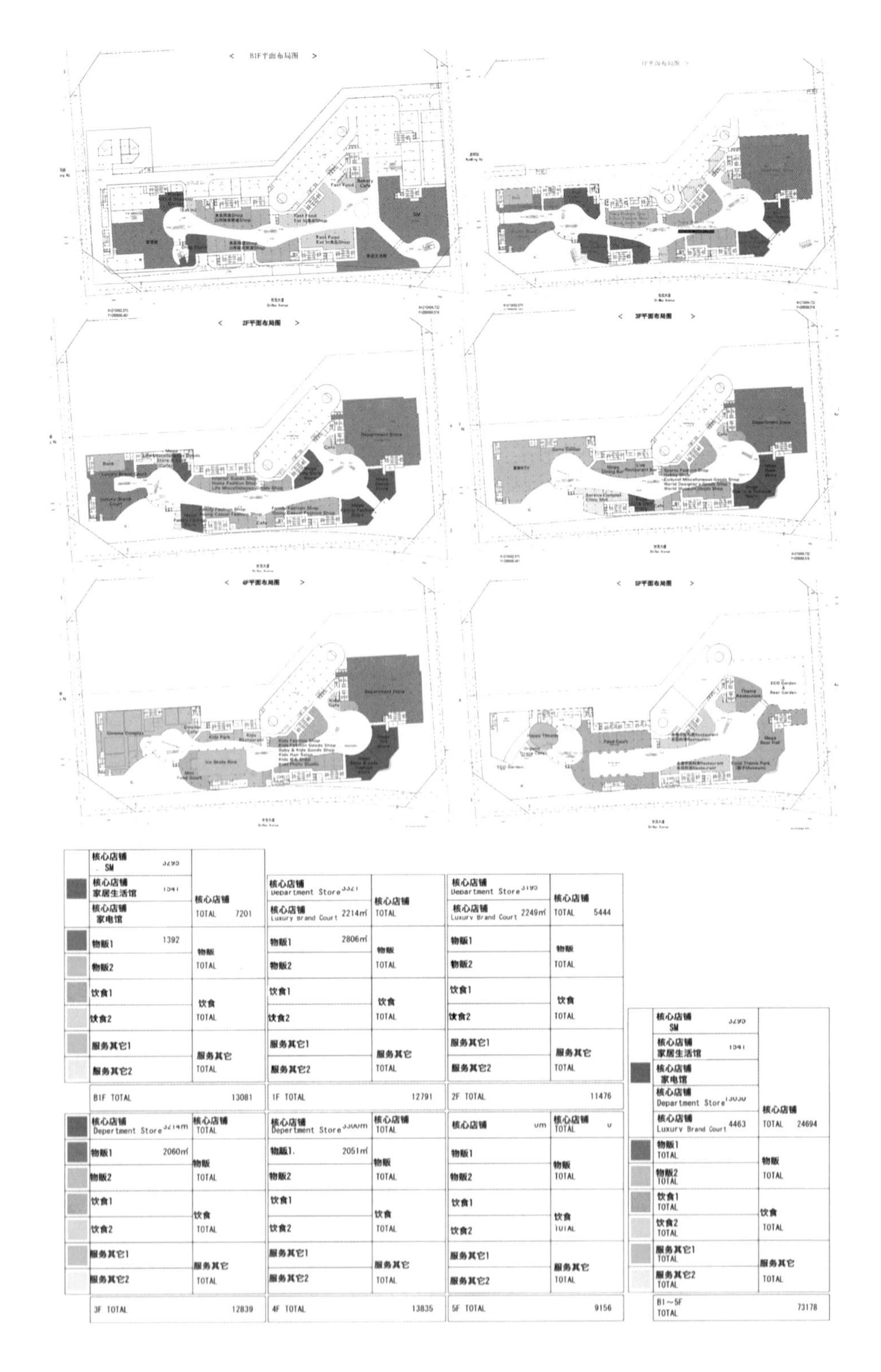

B1F		
核心店铺 SM	3295	核心店铺 TOTAL 7201
核心店铺 家居生活馆	1541	
核心店铺 家电馆		
物贩1	1392	物贩 TOTAL
物贩2		
饮食1		饮食 TOTAL
饮食2		
服务其它1		服务其它 TOTAL
服务其它2		
B1F TOTAL		13081

1F		
核心店铺 Department Store	3321	核心店铺 TOTAL
核心店铺 Luxury Brand Court	2214㎡	
物贩1	2806㎡	物贩 TOTAL
物贩2		
饮食1		饮食 TOTAL
饮食2		
服务其它1		服务其它 TOTAL
服务其它2		
1F TOTAL		12791

2F		
核心店铺 Department Store	3195	核心店铺 TOTAL 5444
核心店铺 Luxury Brand Court	2249㎡	
物贩1		物贩 TOTAL
物贩2		
饮食1		饮食 TOTAL
饮食2		
服务其它1		服务其它 TOTAL
服务其它2		
2F TOTAL		11476

3F		
核心店铺 Depertment Store	3214m	核心店铺 TOTAL
物贩1	2060㎡	物贩 TOTAL
物贩2		
饮食1		饮食 TOTAL
饮食2		
服务其它1		服务其它 TOTAL
服务其它2		
3F TOTAL		12839

4F		
核心店铺 Depertment Store	3300m	核心店铺 TOTAL
物贩1.	2051㎡	物贩 TOTAL
物贩2		
饮食1		饮食 TOTAL
饮食2		
服务其它1		服务其它 TOTAL
服务其它2		
4F TOTAL		13835

5F		
核心店铺	0m	核心店铺 TOTAL 0
物贩1		物贩 TOTAL
物贩2		
饮食1		饮食 TOTAL
饮食2		
服务其它1		服务其它 TOTAL
服务其它2		
5F TOTAL		9156

B1~5F		
核心店铺 SM	3295	核心店铺 TOTAL 24694
核心店铺 家居生活馆	1541	
核心店铺 家电馆		
核心店铺 Department Store	13030	
核心店铺 Luxury Brand Court	4463	
物贩1 TOTAL		物贩 TOTAL
物贩2 TOTAL		
饮食1 TOTAL		饮食 TOTAL
饮食2 TOTAL		
服务其它1 TOTAL		服务其它 TOTAL
服务其它2 TOTAL		
B1～5F TOTAL		73178

例 –36）品牌标准提示

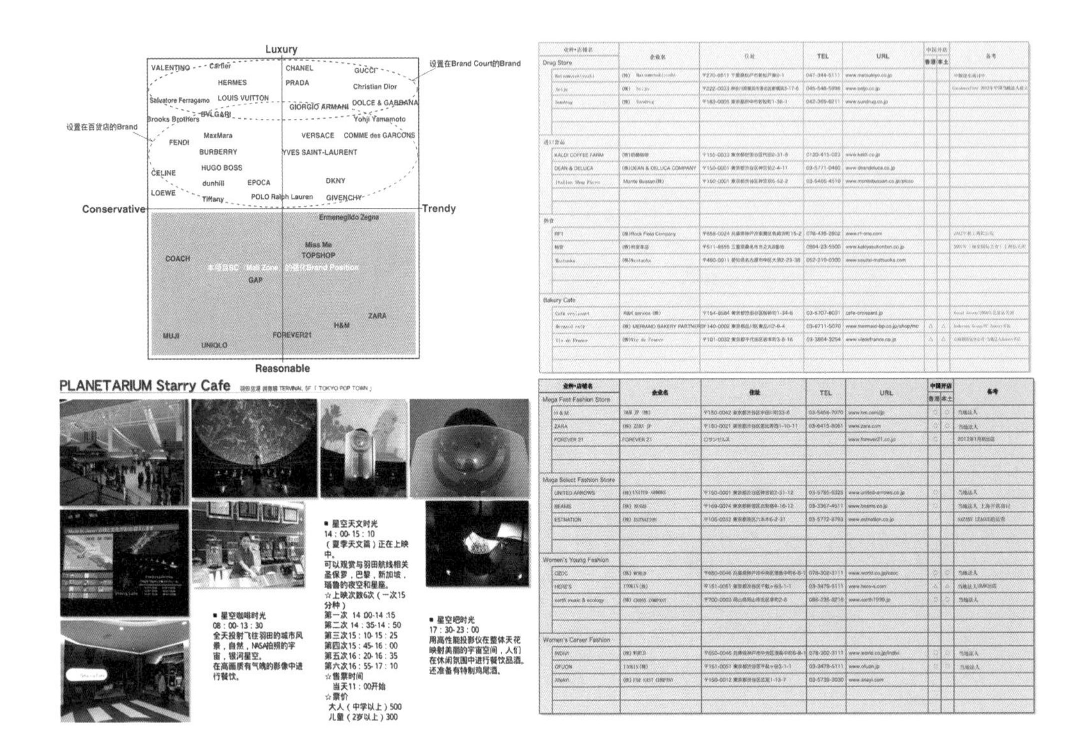

业种·店铺名	企业名	住址	TEL	URL	中国开店 香港	中国开店 本土	备考
Drug Store							
Matsumotokiyoshi	(株) Matsumotokiyoshi	〒270-8511 [illegible]	047-344-5111	www.matsukiyo.co.jp			[illegible]
Seijo	(株) Seijo	〒222-0033 [illegible]3-17-6	045-548-5898	www.seijo.co.jp			[illegible]
Sundrug	(株) Sundrug	〒183-0005 [illegible]1-38-1	042-369-6211	www.sundrug.co.jp			
进口食品							
KALDI COFFEE FARM	[illegible]	〒155-0033 [illegible]2-31-8	0120-415-023	www.kaldi.co.jp			
DEAN & DELUCA	(株)DEAN & DELUCA COMPANY	〒150-0001 [illegible]2-4-11	03-5771-0460	www.deandeluca.co.jp			
Italian Shop Picco	Monte Bussan(株)	〒150-0001 [illegible]5-52-2	03-5466-4510	www.montebussan.co.jp/picco			
熟食							
RF1	(株)Rock Field Company	〒658-0024 [illegible]15-2	078-435-2802	www.rf-one.com			[illegible]
柿安	(株)柿安本店	〒511-8555 [illegible]	0594-23-5500	www.kakiyasuhonten.co.jp			[illegible]
Matsuoka	(株)Matsuoka	〒460-0011 [illegible]2-23-38	052-210-0300	www.souzai-matsuoka.com			
Bakery Cafe							
Café croissant	R&K service (株)	〒154-8584 [illegible]1-34-6	03-5707-8031	cafe-croissant.jp			[illegible]
Mermaid cafe	(株) MERMAID BAKERY PARTNERS	〒140-0002 [illegible]2-6-4	03-6711-5070	www.mermaid-bp.co.jp/shop/mc	△	△	[illegible]
Vie de France	(株)Vie de France	〒101-0032 [illegible]3-8-16	03-3864-3254	www.viedefrance.co.jp	△	△	[illegible]

业种·店铺名	企业名	住址	TEL	URL	中国开店 香港	中国开店 本土	备考
Mega Fast Fashion Store							
H&M	H&M JP (株)	〒150-0042 [illegible]33-6	03-5456-7070	www.hm.com/jp	○	○	当地法人
ZARA	(株) ZARA JP	〒150-0021 [illegible]1-10-11	03-6415-8061	www.zara.com	○	○	当地法人
FOREVER 21	FOREVER 21	ロサンゼルス		www.forever21.co.jp	○		2012年1月[illegible]
Mega Select Fashion Store							
UNITED ARROWS	(株) UNITED ARROWS	〒150-0001 [illegible]2-31-12	03-5785-6325	www.united-arrows.co.jp	○		当地法人
BEAMS	(株) BEAMS	〒169-0074 [illegible]4-16-12	03-3367-4511	www.beams.co.jp	○		当地法人 [illegible]
ESTNATION	(株) ESTNATION	〒106-0032 [illegible]6-2-31	03-5772-8783	www.estnation.co.jp			[illegible]
Women's Young Fashion							
OZOC	(株) WORLD	〒650-0046 [illegible]	078-302-3111	www.world.co.jp/ozoc	○	○	当地法人
HERE'S	ITOKIN(株)	〒151-0051 [illegible]3-1-1	03-3478-5111	www.here-s.com	△	△	当地法人[illegible]
earth music & ecology	(株) CROSS COMPANY	〒700-0903 [illegible]2-8	086-235-8216	www.earth1999.jp	○	○	当地法人
Women's Career Fashion							
INDIVI	(株) WORLD	〒650-0046 [illegible]	078-302-3111	www.world.co.jp/indivi	○	○	当地法人
OFUON	ITOKIN(株)	〒151-0051 [illegible]3-1-1	03-3478-5111	www.ofuon.jp	○	○	当地法人
ANAYI	(株) FAR EAST COMPANY	〒150-0012 [illegible]1-13-7	03-5739-3030	www.anayi.com			

3. 环境及设施相关研究

虽然由专业设计公司进行建筑设计、室内环境设计等，但是从商品到环境，商业规划师需要进行整合统一，表现购物中心整体一贯的主题。技术专业领域是由各领域专业设计师负责进行，但是是否符合商业整体主题、是否体现出商业的功能，则是商业规划师应思考的问题。

1）客用设施

（1）出入口

–. 出入口位置需要掌握整体购物中心的顾客流线，以适合周边道路与交通情况的角度进行规划，因此需要在规划前准确判断周边情况及预测顾客流入量等，并且要与内部动线形成自然连接。

此外，出入口是从公共外部空间进入到私属购物中心内部引起变化的空间，因此需要充实此功能，同时需要便于识别、便于行人滞留及移动。

形态类型	适用建筑	形成因素	形态
平型出入口	小规模购物中心	经济性、连续性	
后退型出入口	中大规模购物中心	-吸纳外部空间领域 -确保转移空间 - 强调个性 - 提供避难休息处	
外凸型出入口	主题型购物中心 单独购物中心	-强烈的主题表现 - 提高顾客冲动性 - 强化通道功能	

■ 出入口的形态类型

* 平型出入口 – 小规模购物中心较为常见，以经济效率为目的。

* 后退型出入口 – 提高吸引力，易于确保转移空间。

* 外凸型出入口 – 强烈的主题表现，与其他场所相区分的差异点。

例 –37）实际案例

一. 出入门开闭类型

A. 内外开门（自动、手动）

手动设置居多，虽然使用频率最高，但难以挡风。

B. 转门（手动、自动）

易于阻挡内外部空气流动，当前虽然能满足消防需求，但是顾客出入速度相对较低。设置转门时，与内外开门结合共设较为合适。

C. 推拉门（自动）

自动设置，购买商品的顾客易于通过。

开闭方式	通行人数(人/min)
内外开门	60-110
转门	25-50
自动推拉门	40-60

■ 开闭方式与通行人数（仅一侧方向的通行量）

-. 必须根据预测通行量来计算出入门的个数。

-. 需要结合考虑一般通行以及购买商品后的通行情况。

-. 考虑行动不便人群的出入。

（2）客用洗手间

-. 客用洗手间通常是 100m 距离内。根据建筑平面情况进行设置。相比单独通道，利用消防通道与之相连的位置较为合适（考虑店铺的连接性）。此外，不要远离公共通道或转弯点太多。同时，在 MD 规划上如果店铺不需太长进深时，设置在其后端，满足其功能需求。如果通道较宽或洗手间位于较深处时可利用其前面的空间打造为休息空间，这样可以缩短心理上的距离。

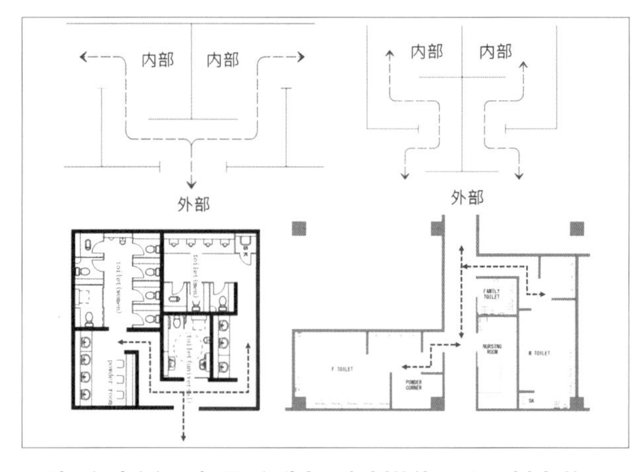

■ 洗手间出入门一般以不设为好，规划从外面看不到内部的平面。

• 卫生间位置规划及平面设计

洗手间内部空间，其中男卫分为便器空间（大、小便器）、洗手台空间、服务空间（幼儿尿布更换空间）等；女卫分为便器空间、洗手台空间、化妆空间、服务空间等。规划上需要结合考虑动线利用、合理的布局以及空间的有效利用。在男女洗手间内设置儿童小便器、儿童用洗手台以及幼儿尿布更换台，以及考虑到幼儿带领人在使用上的便利性，准备幼儿用椅等。

洗手间空间也是非常重要的体验空间之一。提供卫生便利的洗手间，为顾客提供购物及娱乐休闲消遣以外的生活体验，绝不可忽视这样的体验。

（3）BABY ROOM（母婴室）

母婴室目前多设于购物中心或商业设施中。但是仅止于形式上的设施而已，并不能满足顾客对此的期待（卫生、安全、便利上），因此顾客的利用率下降，最终造成空间的浪费，形成恶性循环。

母婴室数量并非特定的，一般是一层设置一处。（根据平面情况、规模也可设在1层。）

所在位置不需另设通道，而是设在与洗手间共用通道的位置上较为合适。

规模没有另行标准，空间按照清洗空间、幼儿尿布更换空间、幼儿洗手空间以及哺育空间等进行划分规划。此空间的目的是为带领幼儿前来的顾客提供哺育及其他需要的全程服务，让顾客在购物中心中没有带娃负担，可以长时间滞留，并提高购买率。因此，可以在商业中持续宣传提高母婴室的使用率，让顾客熟知此处，关注此处空间，自然地熟知此处的使用方法。此外此处也是可以知晓幼儿知识及情报的空间，进一步提高利用率。同时，通过对设施的保洁和管理，提高顾客的信赖感，从而提升顾客对整体店铺的信赖度和忠诚度。

没有投资就没有收获，没有收获的投资也是不存在的，应该以这种思路运营商业。洗手间以及母婴室也可以提高顾客生活水平，也应赋予其生活体验场所的功能。

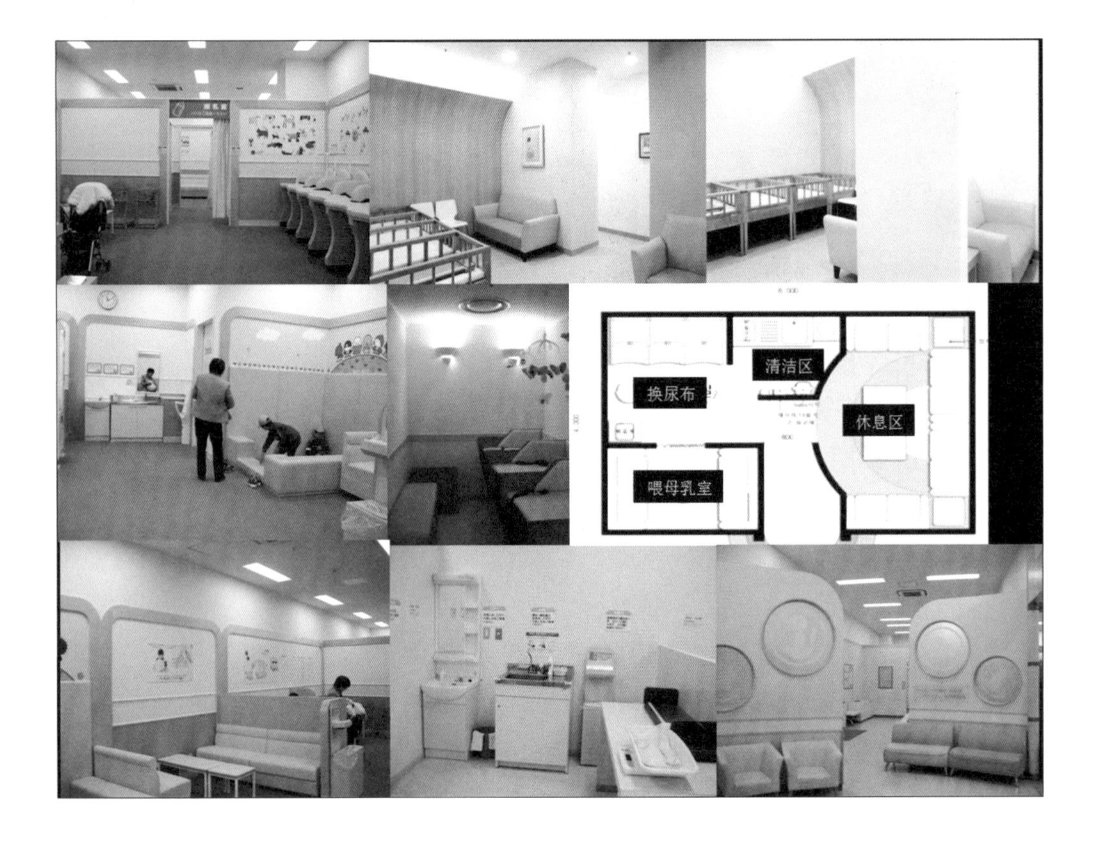

（4）通道与中空形态

A. 通道与中空形态的重要性

购物中心在业态特性上存在较长的 MALL 部分（顾客通道），不仅是顾客通行也是对主题的表现，而备受顾客瞩目的 Atrium（中庭）的形态与设计也是实现顾客背景体验的非常重要的元素。当然具体的形态以及装饰设计虽然属于建筑设计、室内设计的环节，但也需要在进行商业规划时分析基本事项，在构思符合主题的形态与规划后，经过与设计师（建筑、内装）协商然后确定设计的方法较为合理。

此外，通道与中空形态受建筑条件影响，并且与商业规模、水平垂直动线有很大的关联性，因此需要考虑与 MD 规划、扶梯、电梯之间的关系。尤其，为表现商业主题需要注意强弱调节。按照可以表现商业定位、开发主题、公司理念的角度进行规划。

B. 动线类型分类

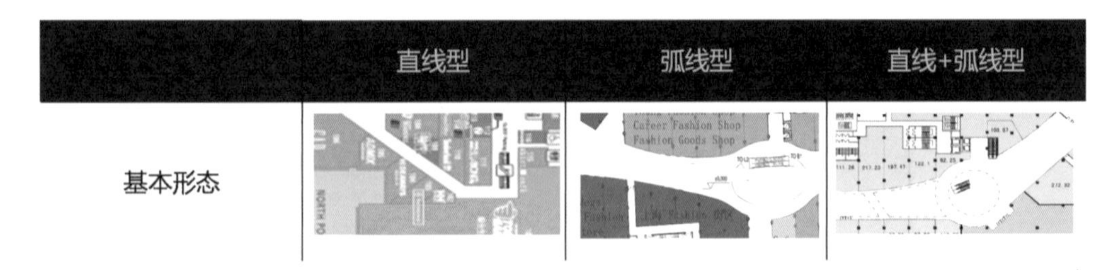

	直线型	弧线型	直线+弧线型
基本形态			

■ 通道形态

* 直线型可以取得最高效率。
* 弧线型可以延长店铺展示面，降低步行的单调感。
* 不可出现急剧回旋或转折。
* 基本形态的多样组合可以提高空间变化及其体验感。
* 从与中空的连接性角度进行考虑。

C. 标准层与上层的店铺前面的连接关系

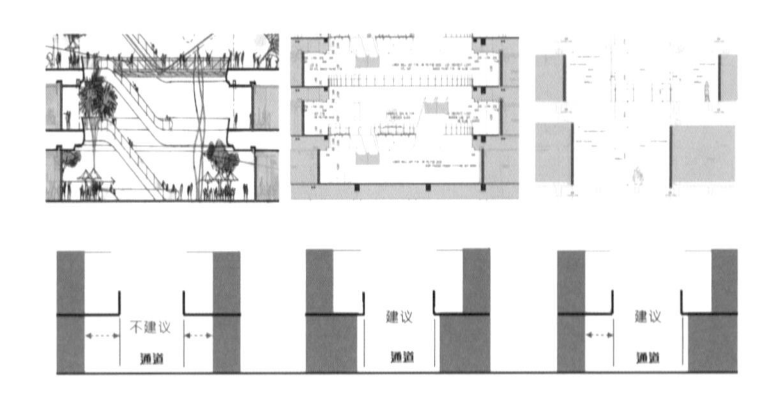

例 –38）地下通道店面位置的做法

※ 注意事项：

挑空一般从 2 层开始，这会对 1 层的平面产生重要影响。挑空与通道的宽度决定 1 层通道的宽度，形态上也会影响到 1 层通道的形态。如果过于强调 2 层以上时（宽度过宽或是窄小的圆形、直线型时），那么 1 层通道的处理以及通道都会存在问题，而且还需要考虑出入口的位置进行规划。地下层与 1 层之间的挑空必须结合地下层 MD 及出入口（外部出入口、地铁出入口及周边其他连接方式）进行规划，同时在规划时 1 层相比上层挑空个数要少。目前，为提高顾客的体验感，简单的表现商业主题，对于各层挑空大小及位置进行自由规划，摒弃中规中矩的感觉。

D. 通道的垂直形态

通道的垂直形态总体上可分为一列型、对称型和自由型。一列型虽然突出各个楼层，但是整体垂直形态单一，对称型存在上层店铺进深减少的缺点；自由型适合采用弧线型通道，表现出垂直形态的趣味性，但是过度时会导致混乱感或繁杂感，需要采用与建筑条件或主题相搭配的垂直形态。

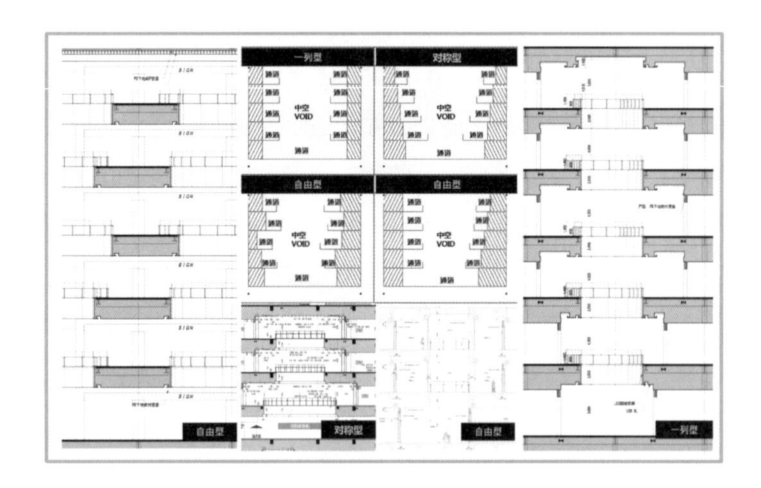

E. 挑空（VOID）形态

-. 挑空分为两种类型。一种是位于通道，起到连接全层作用的中空（VOID）的作用。另一种是可以表现购物中心主题为顾客提供视觉上体验的中庭（Atrium）。尤其，中庭在购物中心中起到非常重要的环境体验的功能，同时也是可以进行展销、氛围软装及活动的空间。

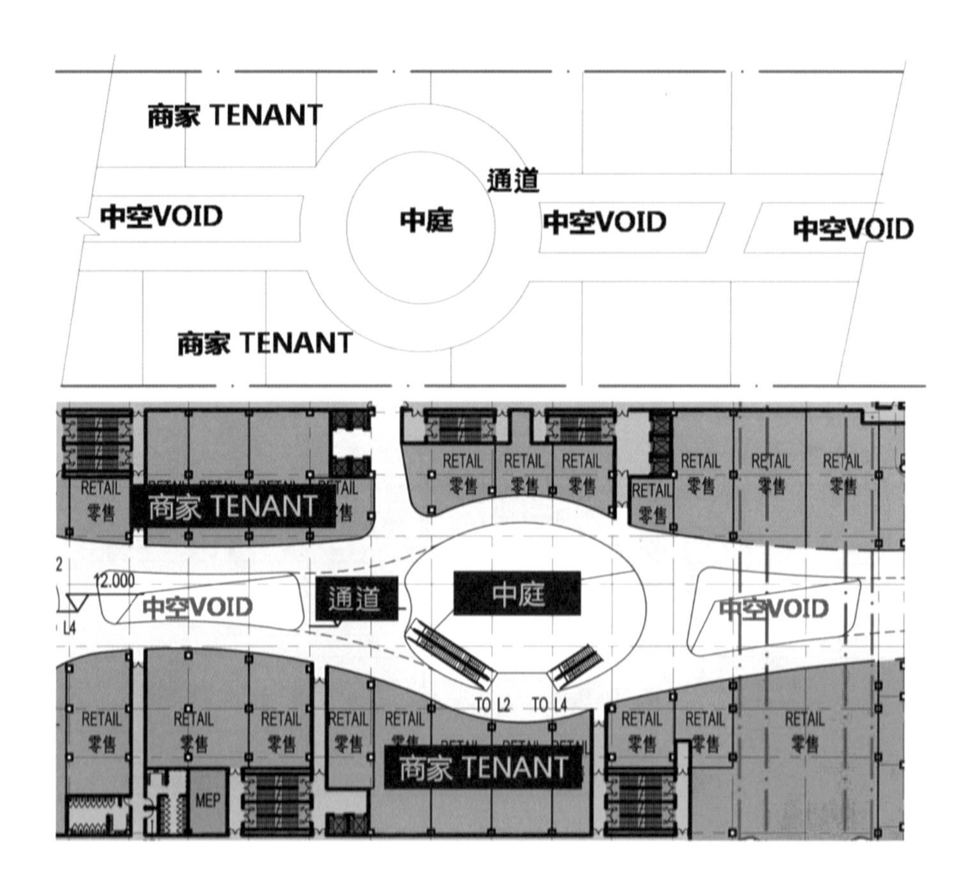

–. 挑空形态大体上可分为圆形（椭圆形）及多边形（含四边形）。

–. 中空 / 中庭（VOID/Atrium）的位置及规模

规模大且需要突出的中空的位置通常位于通道的中间或是预计客流量最多的出入口附近。（根据建筑条件各平面形态不同，一般位于平面上最重要的部位。）

一般中庭规模，如果中庭是 2 处，那么一般一大一小；如果是 3 处，那么一般一大两小；如果是 4 处，那么一般一处大一处适中两处较小，从而赋予变化感。如果中空两处均大或是三处均大而空间规模是不变的，那就会减少顾客的体验感。此外，除了规模还需后期与设计师协商应该打造出可以充分表现出商业主题的空间。

–. 中庭（Atrium）的垂直形态

还需结合主题与项目定位来规划丰富的中空或中庭形态。

例 –39）中庭 image sketch

不仅是只考虑各个中空的形态和大小，还要考虑商业整体室内环境主题及各个中空之间故事和各楼层之间的连结性等全方位的视觉。

例 39–1）

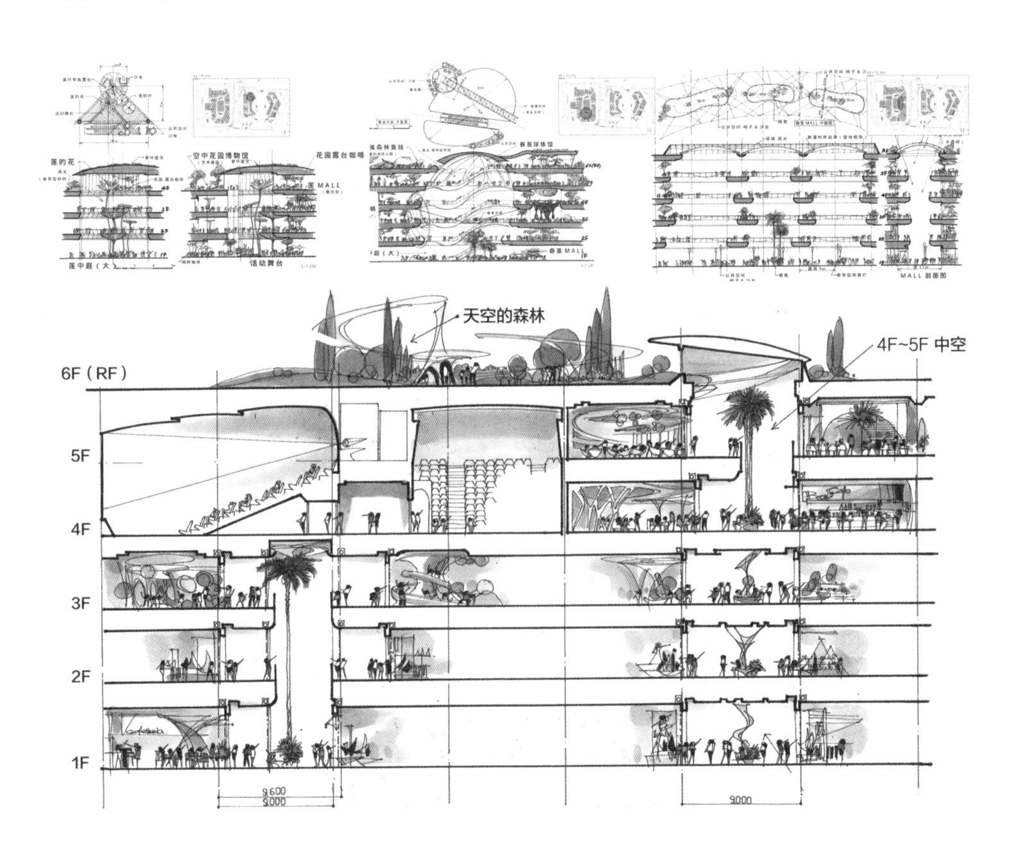

例 39-2）

• 中庭 style

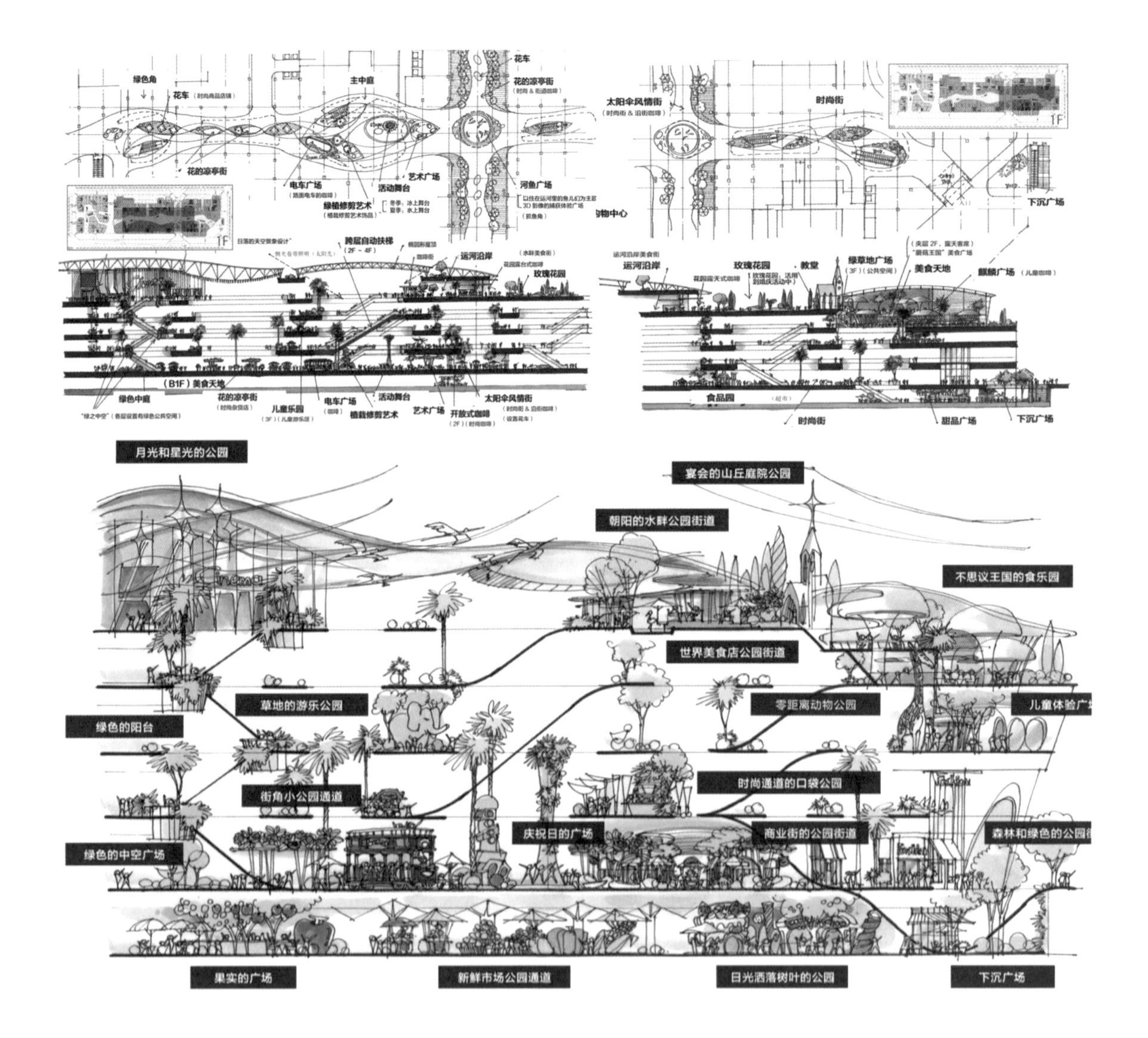

中庭的垂直形态会做很多设计，但大致上会整理成金字塔、逆金字塔、圆形、鸡蛋型等 4 类型。根据项目的定位和主题及建筑的条件（容积率，建筑面积）决定中庭的形态。金字塔形态是给顾客的安静感，所以适合高档定位的项目；逆金字塔形态是非常突出开放性，所以多楼层的时候容易让顾客从底层到高层上去；圆形和鸡蛋型是通过楼层的错开方式给顾客活力感，空间的趣味感，所以年轻时尚定位合适的形态。

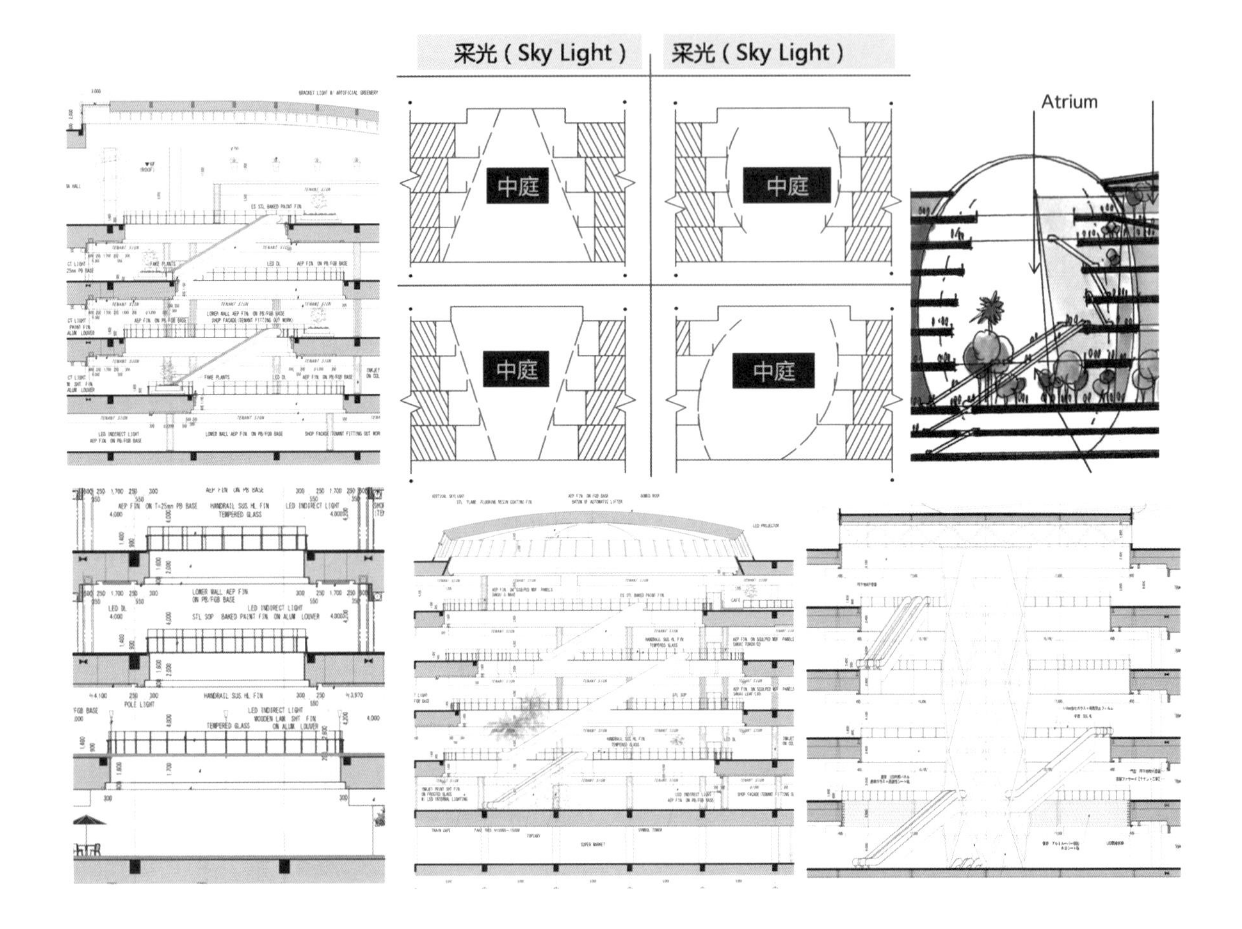

（5）顾客吸烟室

顾客吸烟室实际上违背当前的世界趋势。但是，在商业空间中为吸烟者创造空间这一点不能仅从健康角度考虑。因为顾客当中也有吸烟者，提供吸烟室可以减少其进入商业内部再到室外吸烟后再进来的繁琐感，起到促进顾客购物联系性的作用。

吸烟室在 1 层设置 1 处较为合适，在规模上，与其单设吸烟功能室不如为使用者提供可以同时满足吸烟与休息的空间。位置选在不需另设通道的地方，同时在进行环境设计时需注意设置双重门、绿色环境、排烟、家具等，尤其需要避免内部烟味扩散到吸烟室外部。

除此之外还有很多顾客设施（休息设施、信息台、客服中心、通道），不要局限于只是为顾客提供这些设施，而是打造成为可以提供购物（购物、娱乐、休息休闲）以外的另一种体验，提高顾客光顾率，力争成为购物中心发展的中轴之一。

例 -40）共用空间的休息区（韩国 STARFIELD HANAM）

例 -41）服务中心和服务台（韩国 STARFIELD HANAM）

服务中心，服务台，婴儿车，购物卡中心

例 -42）吸烟室（日本购物中心）

2）员工设施

员工设施不只是单纯只为员工设立的设施，而是通过员工满足从而实现顾客感动的重要因素。

很多购物中心受营业面积限制以及关爱员工意识不足，在员工设施上相当吝啬，其结果最终会反映到顾客服务问题上。在购物中心里，除直营员工还是很多导购（品牌）的工作场所，首先保障这些员工可以舒适地工作，才能真正实现更好地为顾客服务。规划员工设施时将顾客空间与员工空间分离，即便员工不进入顾客空间，也需要确保其可以便利地移动及工作。

（1）员工洗手间

员工洗手间首先跳出顾客与员工的身份，它是人类解决生理现象的重要空间，是必须要有的空间，同时也是区分顾客与员工空间的重要设施之一。

目前很多购物中心与商业忽视员工洗手间的设置，导致员工也使用共用顾客洗手间。这样是对顾客相当失礼的，会降低顾客心目中对该购物中心的形象，也会降低顾客的忠实度。

员工洗手间应安排在远离顾客洗手间、并与后方货物通道相连且难以规划为店铺使用的位置较为合适。

实际在各项目当中，其平面规模及形态各有不同，位置与数量也并未明确规定，通常其布置方法可以隔一层设置两处或是在每一层设置一处且按楼层左右分散布置。

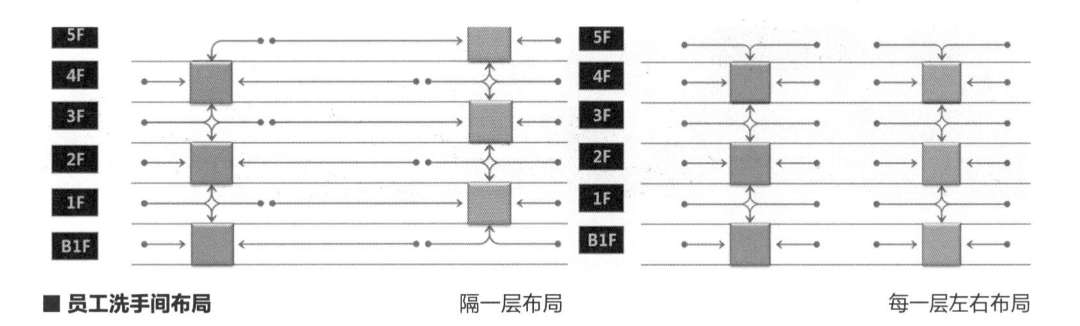

■ 员工洗手间布局　　隔一层布局　　每一层左右布局

（2）员工电梯

在移动设施中已有提及，为避免员工使用顾客移动设施，必须要严格管理。制定水平移动、与顾客在通道上相遇、与顾客同时移动的情况下的管理规定，并根据规定严格执行。

（3）员工休息室（含吸烟室、餐厅等）

在购物中心中有很多直营员工在工作，需要为其规划休息以及餐饮空间。如果并未准备此类空间，很可能发生在营业空间休息及就餐，以及在疏散通道活动的情况。在营业空间中进行大量体力劳动并且直面顾客是会产生巨大压力的，因此需要为员工提供可以舒适地休息与就餐的空间。位置选在便于管理员工设施且与其他员工设施临近的地方较为合适，规模与数量根据各购物中心规模、预计办公人员数量等综合考虑后设置。

此外，也有很多为员工提供的便利设施。因为只有为员工提供舒适的工作环境，员工才能为顾客提供最好的服务。另外，员工的设施动线不能与顾客设施动线重叠，尽可能将员工和顾客所使用的设施分开设置。

3）室内 / 外导视规划

建筑的外部基本设计完成之后，商业规划师应在整体周边条件和项目建筑条件的基础上，对室外导视规划进行分析。根据顾客整体的流向、动线、道路及周边建筑物的情况，对所选点位是否合适，进一步进行分析和确认。

（1）导视牌的分类

导视分外部和内部两个部分，还有各部分再分顾客用、促销用、后勤设施用等 3 个部分。

（2）导视牌的功能

分类	适用位置	基本方向		
名称SIGN	建筑为墙面 ENTERANCE	设计性	◎	用来表达使用者的目的SIGN，其设计性和认知性，即呈现出的美的形象让人一看到就能联想起很好的商业空间，视觉上的醒目是最重要的。
		认知性	◎	
		功能性	○	
		费用性	○	
指示SIGN	ENTERANCE HAll 坡道梯周边	设计性	◎	用来传达使用者行动、行为上必要的内容的SIGN，其设计性和功能性，即让人联想起很好的商业空间的美的形象以及通俗易懂的表达非常重要。
		认知性	○	
		功能性	◎	
		费用性	○	
引导SIGN	楼梯	设计性	○	用来提示使用者行动、行为方向，引导动线的SIGN，其功能性，即通俗易懂的表达最为重要。
		认知性	○	
		功能性	◎	
		费用性	○	
后方SIGN	BACKYARD	设计性	△	使用者只限于相关人员，其设计性就不那么重要，节省性，即以尽可能降低费用最为重要。
		认知性	○	
		功能性	○	
		费用性	◎	

（3）外部导视牌

外部导视牌是在远处能看得到的远景牌，项目周围可以看到的是中景牌，项目前面或者进去的时候会看到的是近景牌。

■ A：远景牌 B：中景牌 C：近景牌

（4）导视分析例

首先，要了解周边建筑物及道路状况及车辆的移动接近性等周边实际情况，并考虑各个方向的可视性等进行配置。在可视性最好的地方安排项目名称。主力店的标志原则上安排最大限度的规格、减少混乱感、在低于项目名称的地方设置。条幅及 LED 电光板等按照与建筑相配套的统一规格配置，同时控制数量，防止混乱。

例 –43）建筑设计时反映导视布局规划

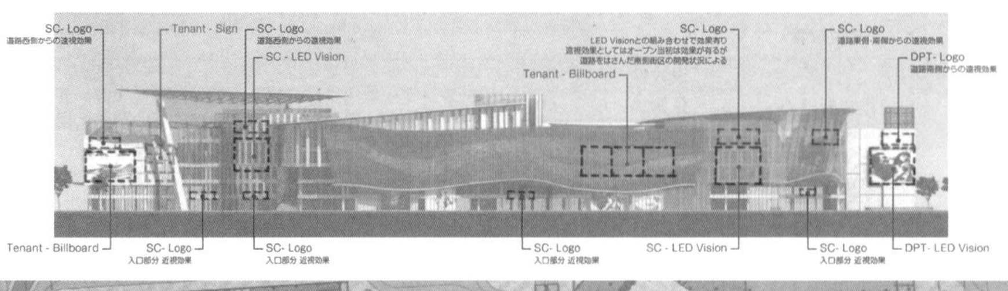

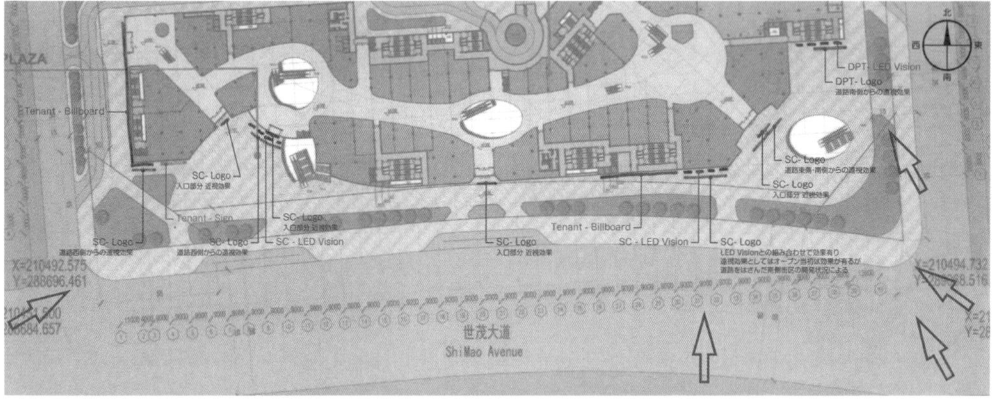

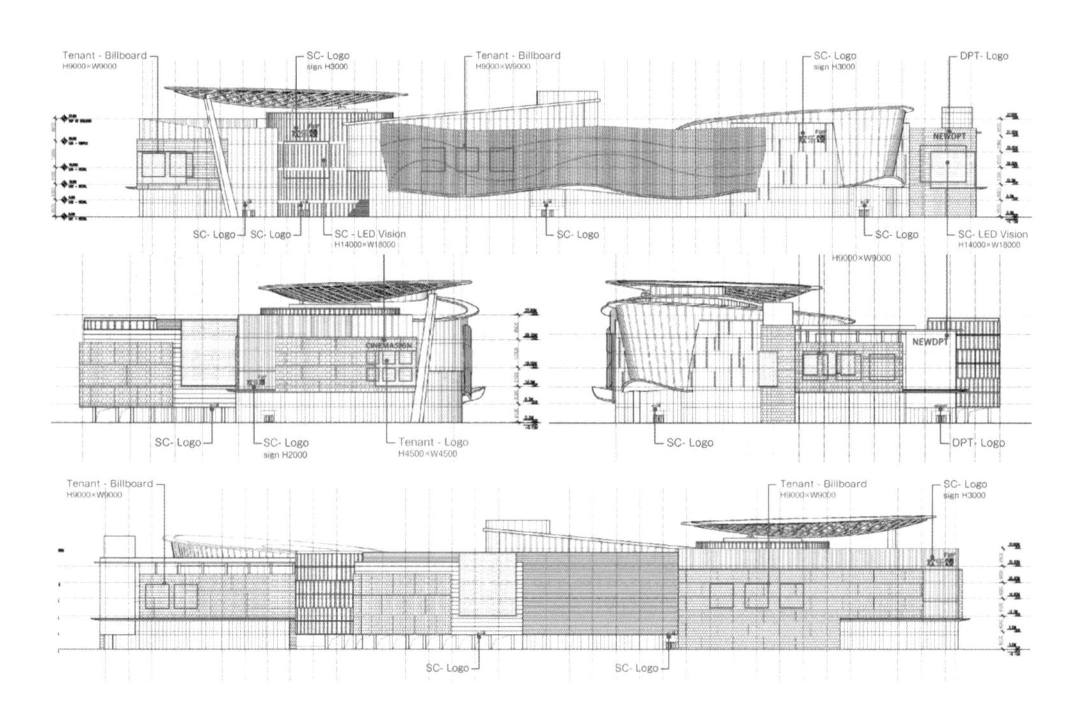

例 –44）建筑工程时外部导视的落地做法

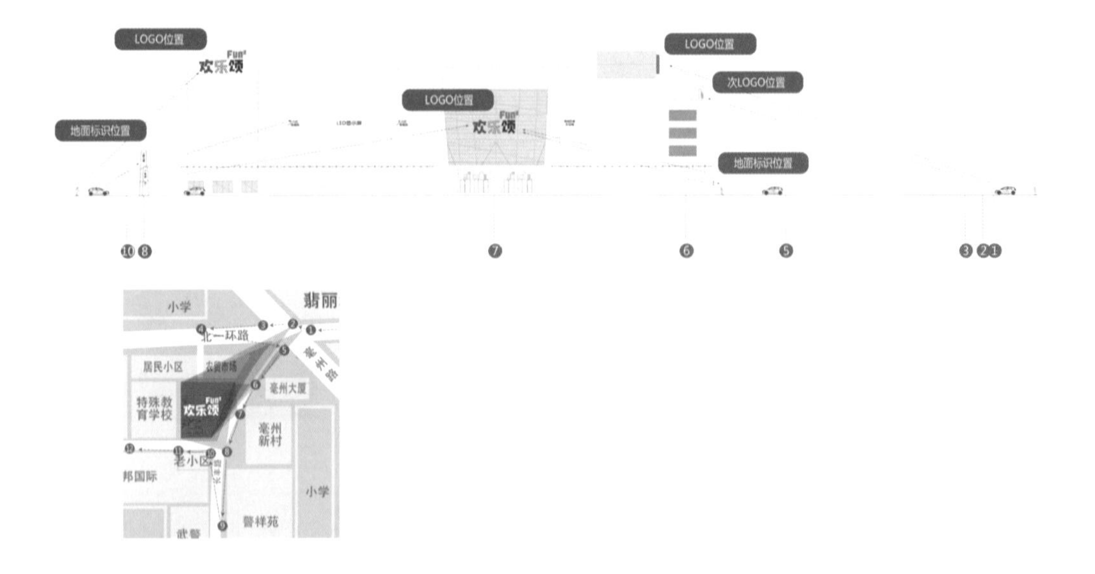

例 –45）外部导视牌的布局

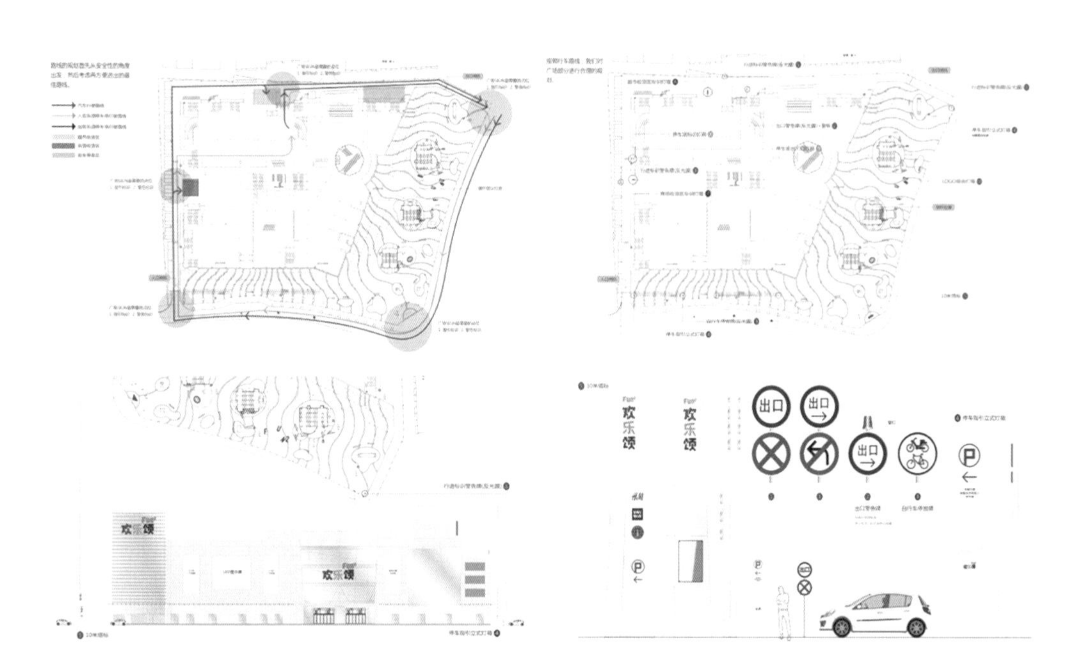

• 室内导视示意图

室内导视牌的设计要融合商业定位及建筑 / 室内环境主题的概念，室内导视牌的功能性比设计性重要，所以不可设计性比功能性高。

例 –46）导视牌设计概念

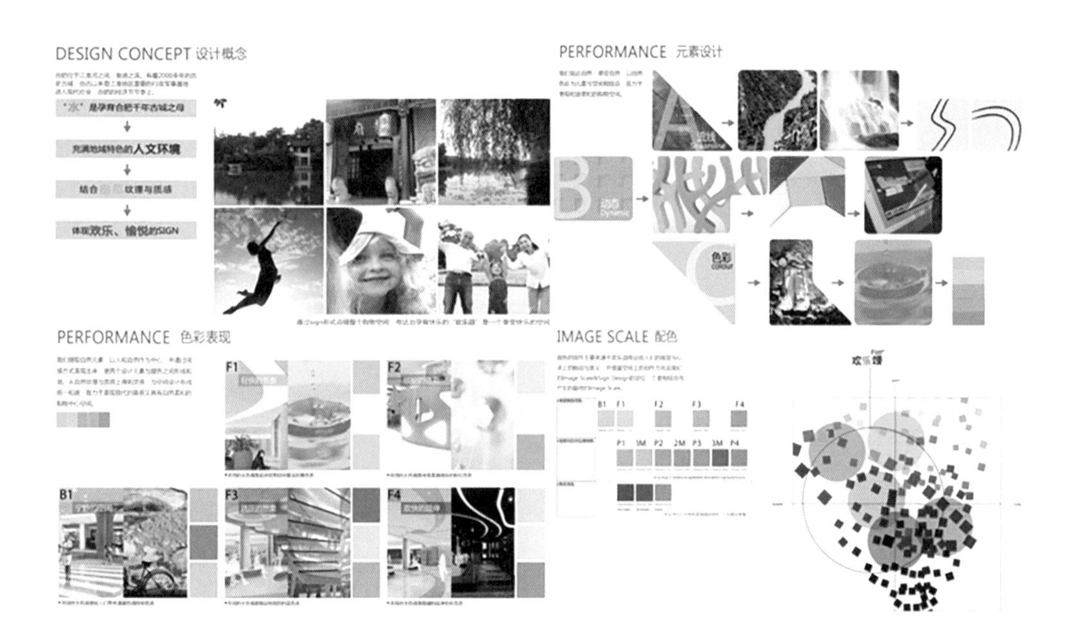

例 –47）室内导视牌布局和种类

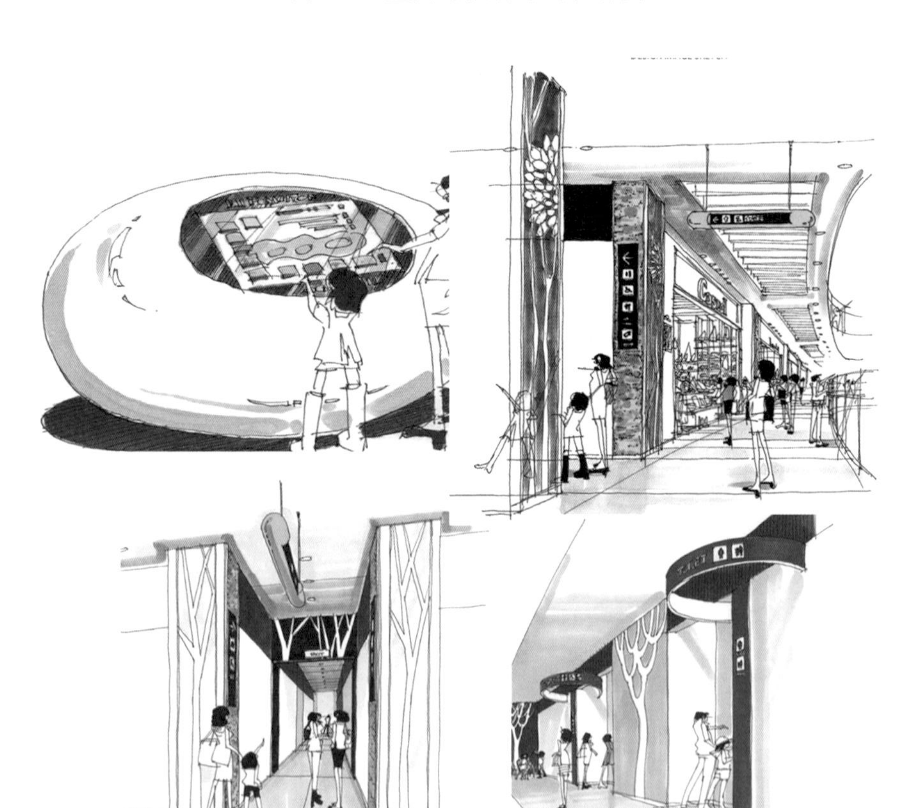

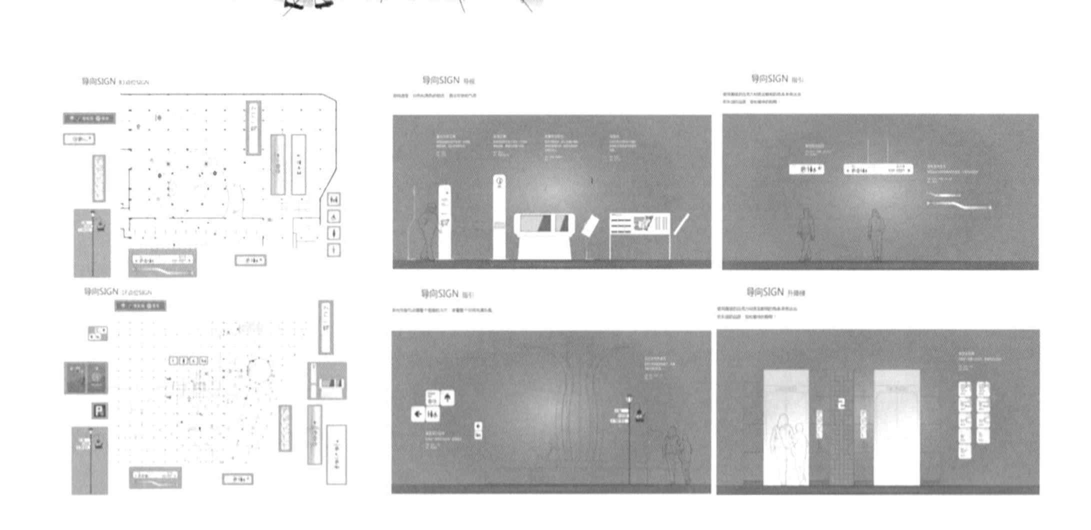

购物中心和别的百货、超市类也太不一样，所以共用部位的招贴不必要很多。但拥有复杂的平面的话，可安排用以表现区域。

■ 各区域不同颜色的招牌

■ 易于看见的功能性很强的招牌

■ 利用柱子的招牌

4. 进行建筑、室内、景观等方案设计

在确定各部分的概念设计及主题和确定商业设施所需的相关后方设施的位置、大小、数量等后，在消防、结构、机电、交通等相关专业咨询公司或设计院等的协助下，进行建筑及室内设计、造景、外部灯光等基本方案设计，必须要根据商业定位和主题融合，整体视觉的呈现能够表现项目主题。RDEM 业务到上述设计的基本方案设计为止，不进行施工设计和需要专业技术的消防、结构、机电等等设计。施工图阶段和施工阶段支持协助专业部门的业务。

例 –48）建筑基本方案设计

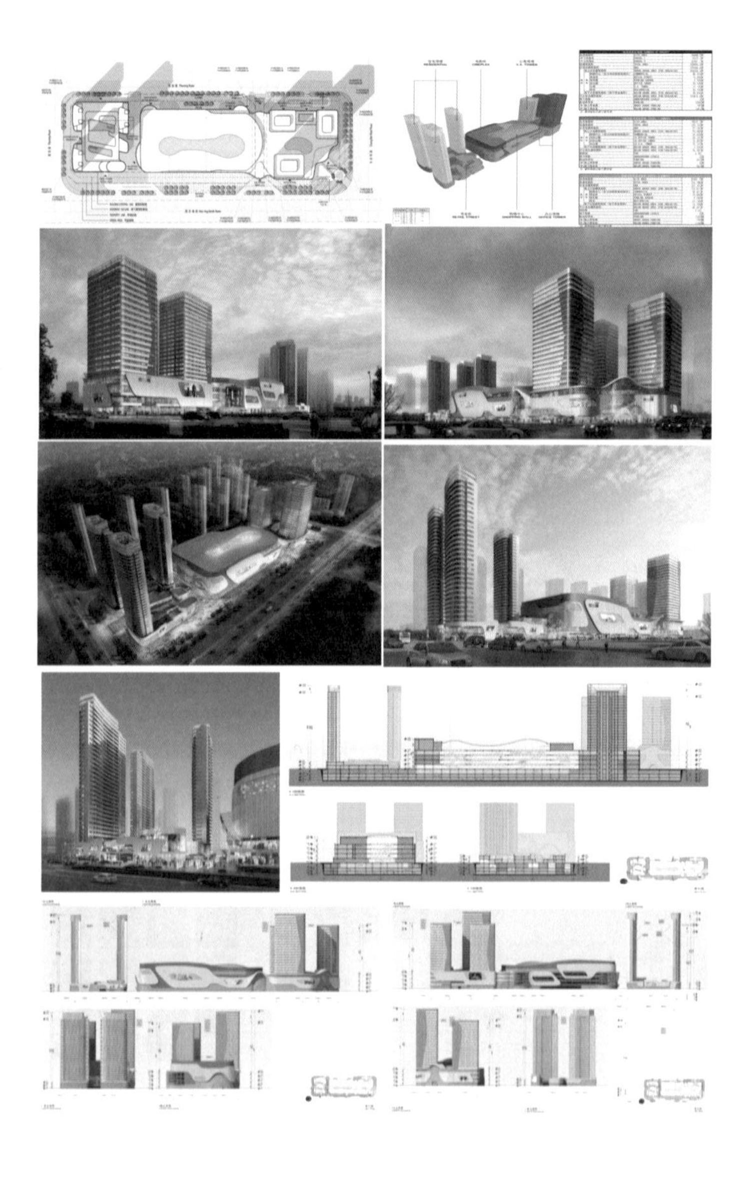

例 -49）室内基本方案设计

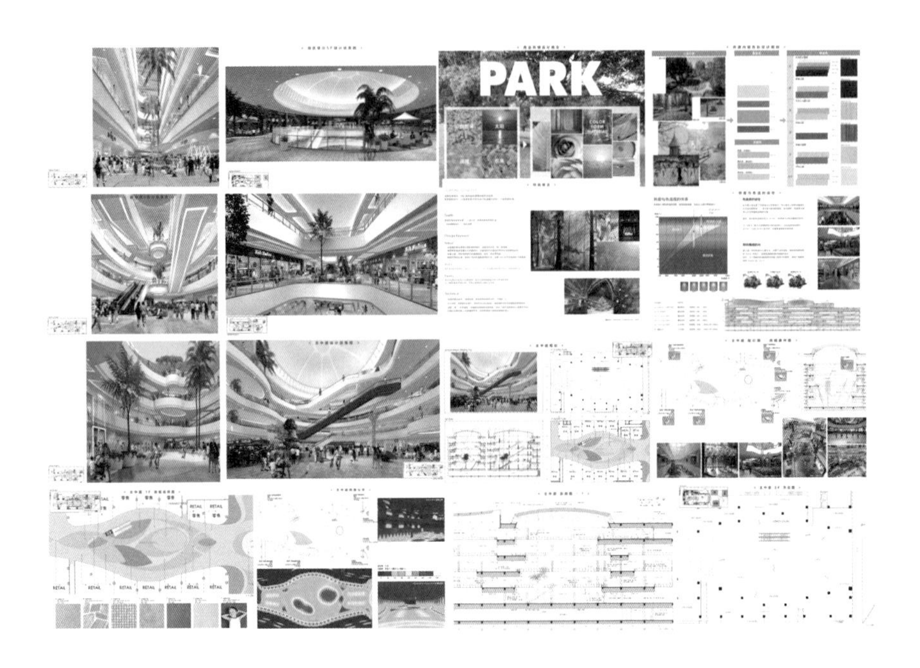

例 -50）景观基本方案设计

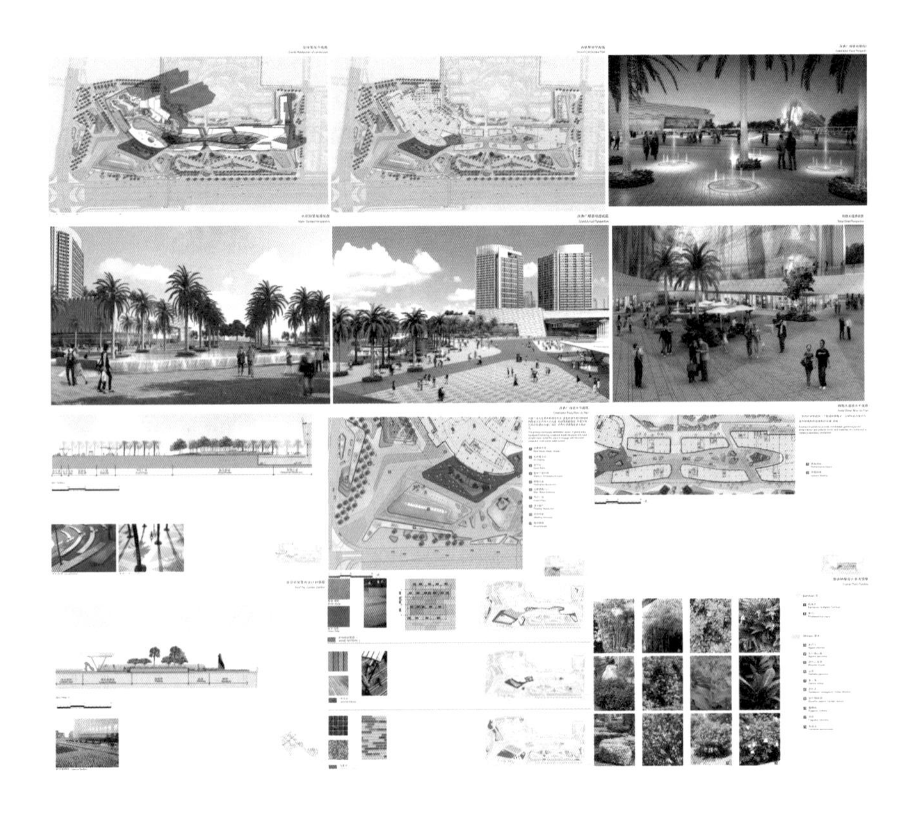

韩国及日本各类型成功购物中心案例

1. 社区购物中心案例

在中国国内，目前正在积极开发的社区中心不是新出现的类型，而是以商圈的大小为基准的传统购物中心之一。但是，在目前所有零售业态中出现的高度竞争状态中，满足最基本的居民日常生活的单一目标零售业态的竞争力正在下降。基于这种现状，为了满足不同周边消费者的类型，社区购物中心也在基本功能以外研究各个项目的商圈的特点，结合不同业态，表现不同类型购物中心的优势，各有明确的定位和主题。

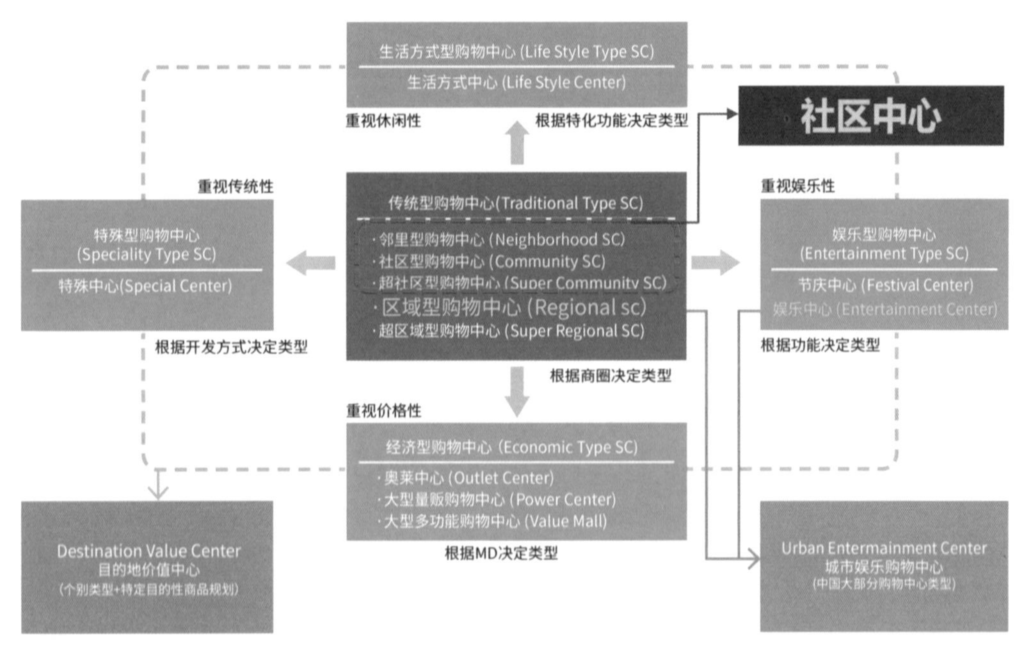

■ 社区购物中心的 POSITION

虽然国内各城市情况很难明确区分，但社区购物中心的所在位置是四个区域中的哪一个还是能区分的。这四个区域的简单特点如下：

办公区（Office Area）：办公区为办公室密集区域，主要流动人口是通勤人员。这类区域平日流动人口毫无问题，但是周末会形成空洞化现象。

居住区（Residence Area）：居住区是住宅及公寓密集区域，主要流动人口是下班后的人员及居民。

中央商务区（繁华区）（Retail/Entertainment & office Area）：中央商务区是起到消化市中心以及城市副中心的商业、商务功能的区域，一般又称作 CBD 区。

综合区（Multiple Market Trading Area）：综合区实际上在中国属于最常见的类型。不是一种明确的功能，而是融合 2 或 3 种特性的区域。

社区购物中心是针对社区消费者的商业，所以必须了解项目所在区域的特点及消费者的需求。比如同一个人，在办公地时的需求与在住宅区时的需求肯定不一样。很多上班族下班要坐公交回家，所以在公司附近一般不会去超市购买食材；居住区的消费者对社区商业没有很时尚很昂贵的商品需求；还有各个区域的聚集原因和目的也不一样。

1）居住区 / 社区中心案例

一. EMART Uiwang 店（易买得 义王店）

■ 开店日期：2018 年 12 月 13 日
■ 经营面积：9 917 m^2
■ 物业条件：地下 1 层—地下 2 层（商业），地下 3—5 停车场
■ 主题：提供购物，文化生活、外出就餐的滞留型环境

“世界上独一无二的未来型线下折扣店”

义王店是大胆打破现有实体大型折扣店的卖场模式，并且这是易买得继 2016 年 6 月金海店开业之后，时隔 30 个月首次推出的大型折扣店商场。这是典型的居民区大卖

场改为社区中心的成功案例。计划将现有的大型折扣店减少一半做超市，以与地区社会一起使用的文化设施代替以书籍为中心的 Quiration 文化空间“Culture Lounge”，将运营方式从包括人工智能服务指南机器人“Tro.e”从 Analog 方式的纸张转换成全面引进电子价格标示器和数码显示器的“paperless 数码卖场”。

平面布局

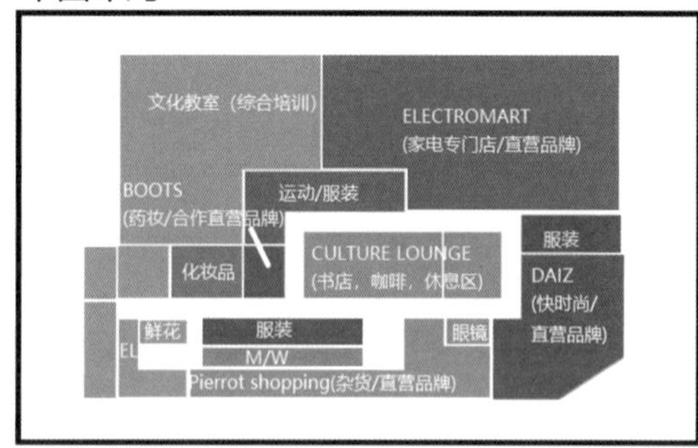

地下1层

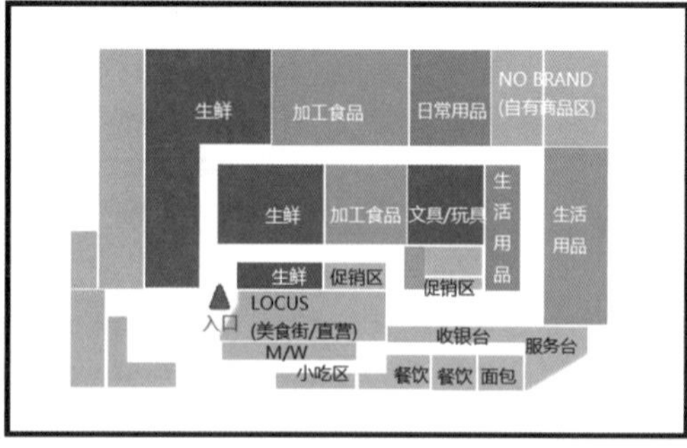

地下2层

卖场构成的最大变化是，将折扣店卖场大幅压缩，整个卖场面积的一半改成以专卖店为中心，在占卖场总面积一半的地下 2 层布置了约 5 000 m^2 规模的折扣店，将购买频率较高的食品设置在中心位置。

在相当于营业面积一半的地下 1 层（5 000 m^2）的布局是，在中心位置规划义王店首次引入的易买得“Culture Lounge”。这是由图书展示销售和咖啡吧构成的区域，专为当地居民和顾客增加停留时间和体验要素而准备的文化空间。其次还有 Electro mart（家电专门店 /1 200 m^2）、DAIZ（快时尚 /800 m^2）、Pierrot Shopping（杂货 /650 m^2）、BOOTS（药妆店 /100 m^2）等易买得自营大型品牌。

■ B1 层 Mall 区：Culture Lounge

■ B1 层 Mall 区：自营专门店品牌及其他品牌

在 B2 层易买得的生鲜区柜台上设置“数码 SIGN 显示器”。数码 SIGN 显示器是使用 LED、LCD 等数码显示器的数字公告栏。人靠近蔬菜区周围时，就能看到价格；如果距离较远时，就提供一些蔬菜的说明或者有关广告及宣传。

易买得的宗旨是通过数码卖场环境，最大限度地减少不必要的印刷及纸张使用，实现绿色经营，同时强化工作效率和准确性，向顾客传达更加与众不同的数字购物经验和乐趣。

■ B2 层超市食品区的果蔬货架上设置的数码 SIGN 显示器

■ 层超市区：各商品区

2）综合区 / 社区中心案例

一. LOTTE Mart SeoCho 店（乐天马特 瑞草店）

■ 开店日期：2017 年 7 月 27 日
■ 经营面积：9 425 m²
■ 停车位：650 台
■ 物业条件：地下 1 层—地下 2 层（롯데마트），地下 3—5 层停车场
■ 主题："城市生活人的康复空间""食 + 吃的一体化"

韩国传统大型折扣店的开发模式是将约为 1 万平方米的经营面积分开两层，将大部分面积在一个空间内形成共同收银形式，并在柜台正面和出入口附近布置租户（也会在收银线里面布置销售专门商品的租户）。但是此项目是为提高商圈消费者的便利性和舒适性、以超市为主力店的社区中心概念而开发，商圈内有很多写字楼，相对比年轻人的比例高，所以根据此特点打破传统概念，进行了 Tenant 和自有品牌的 section 店铺形式（专门店形式）规划，特别是为了增加上班族顾客在午饭时间和家庭顾客在休息时间滞留在项目内的时间，将店铺最好的位置（地下 1 层和地下 2 层连接 M/W 侧面）作为顾客休息空间。使整个店面成为具有“城市康复空间”主题的与居民区不同定位的综合商圈的社区中心的成功案例。考虑到上班族重视购物的时间，食品以外的商品设置在地下 1 层。商场地下一层是由上班族偏爱的集客力高的 MUJI、化妆品、高知名度品牌构成的美食街、专为有儿童的家庭布局的玩具店（儿童反斗城）组成，特别还布局自营的 pb 商品专卖店（鞋子、内衣、运动、宠物、服装服饰店）。地下 2 层规划生鲜和食品、日用商品共同收银的超市。这项目的第二特点是在各生鲜商品区里面设置相关的烹饪空间（蔬菜、水果、鱼类、牛肉），并在新鲜食品的中间位置安排就餐空间，购买商品后不仅可以带回家，还可以体验到在超市内亲自品尝的乐趣。

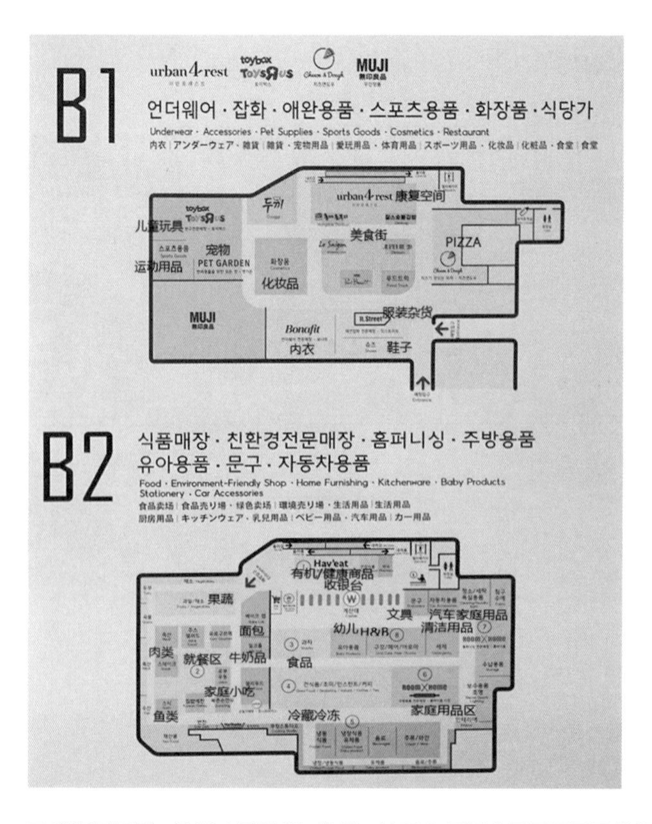

■ **商场平面图：地下 1 层是 Mall 区，地下 2 层是食品及日用品的超市**

■ **B1 层 Mall 区：康复空间－休息区**

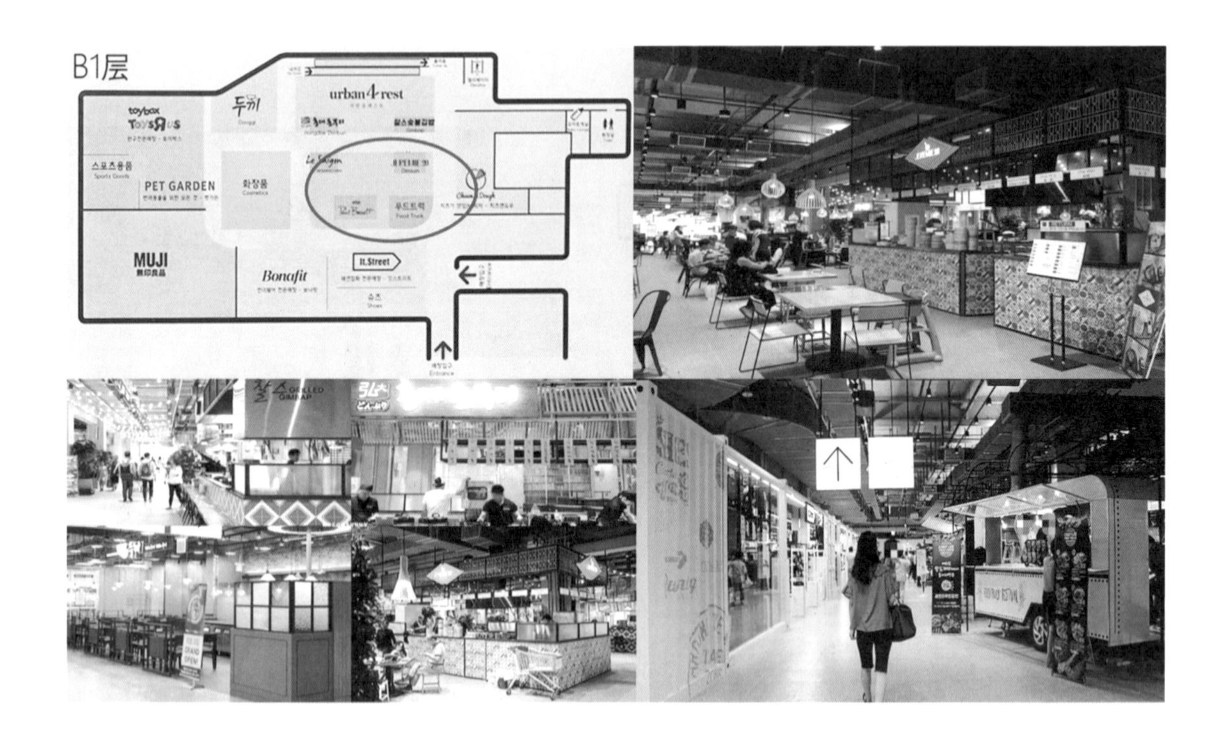

■ B1 层 Mall 区：各商品区租户（含自有品牌）-1

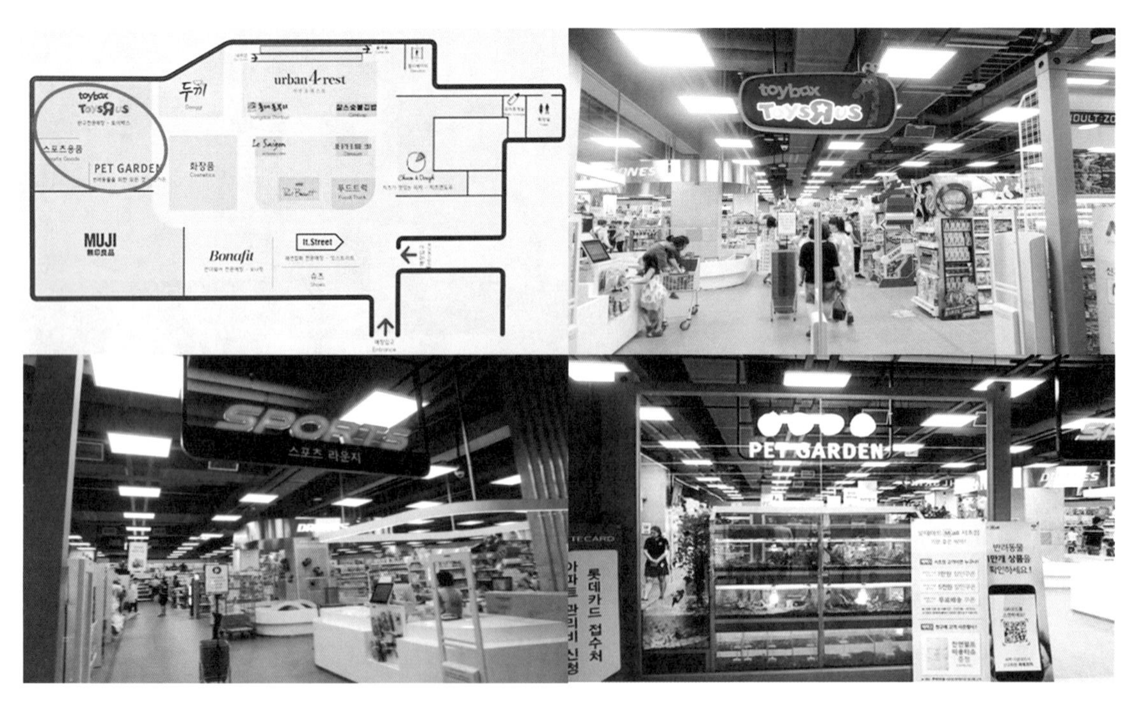

■ B1 层 Mall 区：各商品区和租户（含自有品牌）-2

■ B2 层超市区：生鲜商品区

■ B2 层超市区：各商品区

■ B2 层超市区：烹饪空间和就餐区

2. 超社区型购物中心
SUPER COMMUNITY SHOPPING CENTER

1）E-MART TOWN 易买得城堡

（1）项目概要

店铺概要			
地址	韩国，高阳市	店铺数	30
开业时间	2015 年 6 月 18 日	建筑概要	地下 3 层 -2 层（屋顶停车）
占地面积	100 000 m^2	停车位	1 400
经营面积	30 000 m^2	开发投资金额	2 500 亿韩币 （约 15 亿人民币）
开业 1 年业绩（2015.6-2016.6）	1. 营业额：2 535 亿韩币（约 15.2 亿元人民币）；2016 年业绩：超过 3 000 亿韩币（约 17 亿元人民币）。 2. 客流量：435 万人。 3. 客单价：11.4 万韩币（680 元人民币）。其中易买得单店（275 元人民币）:250%；Traders（425 元人民币）:160%。 4. 商圈范围：20 km 以外占 38%（一般大型商业 10 km 以外来店率 10% 以下）。 5. 平均停车时间：122 分钟（首尔大型商业平均 67 分钟）。 6. 两小时以上滞留顾客率：29.3%（比其他易买得高 12.2%）。 7. 主要顾客：30—40 岁占 39%（比其他易买得高 10%）。		

（2）商品规划的特点

－整体规划及自有品牌主（次）力店

RF	停车场
2F	易买得/易买得文化中心/The LIFE/客服中心/眼镜店 药店/牙科/Benjamin Moore/苹果维修店
1F	易买得/Peacock Kitchen/星巴克/幼儿.儿童体验馆 餐饮街（4家餐厅）
B1	Traders(会员制仓储式折扣店)/ Electronic Mart（家电）/Molli's petshop（宠物）
B2	停车场 Beauty Zone/头发管理·美容·美发·美甲
B3	停车场 洗衣店

emart
PEACOCK kitchen
The Life
ELECTRO MART
E·MART TRADERS
Molly's PET SHOP

易买得城堡与其他以租赁为主的购物中心及大型超市形态不同，由专业化直营专卖场和大型销售以模块的形式组合，打造出丰富多样、高水准价值的新型一体化购物空间。如今消费需求日益多样化，1—2 人用的小型家具需求量增加，人们也越来越重视健康和家庭生活，社会文化发生着改变，顾客的生活方式也不断变化。开店及线下营业、手机及线上等业态之间的竞争也不断深化，折扣店的发展进入停滞期。在这样的情况下，跳出发展的局限，快速判断并满足消费者新的需求，是易买得城堡的经营宗旨。除了儿童体验品牌之外利用公司旗下的业态业种形成了主（次）力店，大型租户面积达到 90%。

• 主（次）力店面积：

–. Peacock Kitchen（自有品牌美食街）：1 980 m^2

–. 易买得（旗下品牌大卖场，1—2 层）：9 000 m^2

–. Electro Mart（旗下品牌家电专门店）：2 700 m^2

–. The Life（旗下品牌家居专门店）：2 800 m^2

–. Traders（旗下品牌会员制仓储式折扣店）：9 000 m^2

–. Angel Baby 及 Kids Olympic（儿童体验）：1 800 m^2

（3）卖场商品规划

B1 层：美食街（食 + 买）+ 餐饮 + 日常用品 / 食品 + 婴 / 幼儿体验

■ **ELECTRO MART – 家电 / 电子产品专卖场**

ELECTRO MART 与现有的家电卖场有所区别，家电设备品种齐全，旨在发展成为顾客购买家电时的首选商场。卖场入口、墙面、立柱等各处都设计有超人、蝙蝠侠、钢铁侠等 ELECTRO MAN 的英雄人物形象，营造愉快的购物氛围。既销售各种大型、小型家电产品，也有数字家电、玩具等，还设有遥控飞机体验区、摄像机卖场、玩偶专区等独具特色的商品区，为顾客提供丰富多样的景观。

遥控飞机体验区独立成区，可以观赏二十多种遥控飞机亲自试演，成为吸引顾客的一大亮点。Gopro、索尼等摄像机卖场拥有国内最高端的机型，场内到处展示着国内少见的各类玩偶，数量达一千多个，如高达模型商城、啤酒泡沫机等。此外还有满足消费者心理需求的鸡尾酒卖场、专为男士打造的饰品卖场等，卖场整体趣味独特。

■ **仓储式折扣卖场**

Traders 是一个开放式仓储式卖场，不收会费，对大众开放，其中 45% 为进口商品。通过控制销售管理费用来降低成本，同时考虑到顾客的需求和体验比赛项目的难易度，商场严格挑选了约 4 000 件优质商品。为使商品与 1、2 层 E-mart 商品相区别，通过专业采购部门供应全新商品，将与 E-mart 商品的重复率从 4% 降至 1% 左右（重复商品 50 余件），并开发投入 650 余件新商品。

同时，包括 Anchor 力加 、4X 黄金 、Kaiserdom 凯撒等各种进口啤酒，高价位的 La-Z-Boy 沙发，老少皆爱的罕莎 Hansa，Toy 动物玩偶，平行进口的普拉达、巴宝莉（burberry）品牌包等，在其他国内商场少见的商品都有销售。可享受水上娱乐休闲是日山商业圈的一大特性，因此展示并以低于市场约 10% 的优惠价格销售国内首批 2 000 万台休闲快艇，成为国内流通市场的一大亮点。还为顾客提供各种有趣的事物，如露营用的移动式住宅大篷车、spa 洗浴用品等。

■ **MOLLY'S PET SHOP- 宠物用品专卖店**

E-mart 直营的宠物一站式综合体验店，提供宠物销售、宠物医院、宠物酒店、宠物幼儿园、宠物用品等与宠物有关的一条龙服务。

-1 层：美食街（食 + 买）+ 餐饮 + 日常用品 / 食品 + 婴 / 幼儿体验

■ PEACOCK KITCHEN – 美食广场

PEACOCK KITCHEN 是结合零售和餐厅服务的新概念集合店，专注于提高更专业化的餐饮服务，为消费者提供购物和餐饮一站式服务，打造与众不同的餐饮超市。

E-mart 一楼拥有 16 个餐饮部（300 个座位），面积达 1 980 m^2，包括中式、美式、欧式等世界各国代表性的美食。在这里，顾客不仅能够品尝美食，还能购买到卖场陈列的 Peacock 产品。

位于卖场中心的 PIAZZA 广场，既可以免费试吃 Peacock 产品，还能欣赏厨师使用 Peacock 产品做料理等，为消费者提供美食享受的同时，还营造出顾客与厨师直接沟通的互动空间，最大程度上丰富顾客的消费体验，打造新概念消费文化空间。

■ **KID' S OLYMPIC－儿童娱乐**

儿童专用体育多功能俱乐部“儿童奥林匹克”，摆脱以往以娱乐设施为主的儿童游乐场模式，加入儿童体育体验的内容，关注儿童的健康成长。室内主题为拳击、卡丁车、挑战者项目、空中拍球等形式多样的体育运动，在这里孩子们可以尽情地、安全地玩耍，十分适合平时缺乏运动锻炼的儿童。

■ **BABY ANGELS－婴幼娱乐设施**

“baby 天使”是专为婴幼儿打造的多功能空间，设有游泳设施和娱乐场地，适合 36 个月以内的婴幼儿，为其提供安全的趣味性空间。这里还有为妈妈们打造的餐吧，妈妈们既可以照看玩耍的孩子，还可以休息，受到妈妈们的喜爱。

"baby 天使" 婴幼儿多功能空间能充分满足父母和孩子的需求，持续成长为消费者喜爱的知名品牌。

■ 餐饮街

-2 层：易买得（百货）+ The Life（家居专门馆）+ 租赁区 + 培训中心

■ **The Life - 家具专门店**

The Life 的象征是云雀。云雀是一种把树枝一根一根衔回来筑窝的鸟。场内拥有丰富多样的创意型小品、设计小品，因此，30—40 岁的年轻女性顾客占比要高出其他卖场 40%。一般 E-mart 生活家居卖场的 30—40 岁的顾客占比为 28% 左右。

顾客在家具卖场购买家具时，一般都是反复挑选深思熟虑之后才会购买，因此与短期的倾销相比，The Life 更专注于吸引回头客。在占消费主体地位的女性消费者之间形成口碑，销售额亦超过了最初的目标。

The Life 的最大特征是给顾客装修提供参考样板，而非单纯地销售。在卖场搭建了客厅、厨房、卧室、儿童房等配套式的样板房，顾客可以从中获得装修的灵感，按照自己的喜好和装修定位，提前感受和构想适合的商品。同时还提供制作生产“定制型家具”服务，顾客只需在设计工作室挑选需要的材料、颜色、尺寸等即可。同时为方便顾客，只收取 4 000 韩元的基本费用（新增引导费 4 000 韩元，若物品价值超 50 万韩元另加 2 000 韩元），就可以享受所购商品的配送服务，同时解决了西方 DIY 式（如宜家家具）需要自己动手组装家具的局限。与西方重视自由生活方式的宜家家具不同，这里陈列着的五千余件商品，全都符合韩国国内的居住环境和生活习惯。

■ **BENJAMINMOORE－绿色涂料店** 无毒、绿色、调和涂料销售卖场

■ **文化中心** 文化中心举办丰富多样的讲座，包括生活主题和专业性的主题，全家人可以共同参与

■ E-mart 1-2 层

（4）成功的战略

随着消费者接触到的流通渠道越来越多，消费需求也变得日益多样化。1—2 人用的小型家具需求量增加，人们越来越重视健康和家庭，社会文化发生着改变，顾客的生活方式也不断变化。需要克服目前实体店千篇一律的规模化的局限，积极应对消费者生活方式的转变。非租赁式的直营管理模式，为满足顾客的生活方式打造风格迥异、连为一体的专卖场，让顾客获得全新的购物环境和商品的体验。

A. 兼顾居住特性，销售商品差异化是“第一”考虑点

考虑到大型超市和仓储式超市临近会产生负效应，E-mart 和 Traders 将各卖场内的商品重复率降至 1% 以内。

商圈内的顾客中，很多都是 E-mart 和 Traders 的共同顾客，按照双方的销售数据来看，周内光顾两地的顾客比例为 37%，周末为 42%。消费者在 E-mart 主要购买饼干类商品，在 Traders 大多购买冷冻、冷藏类商品，其次为代用食品、冷冻冷藏、饼干、水果。

因此，Traders 为实现商圈内的差异化，大量引进目前不多见的新型 MD，包括进口食品、进口玩具、平行进口品牌包、游艇、Jacuzzi 按摩浴缸、大篷车、露营房车、哈雷 - 戴维森摩托车等，展示和销售大型超市不多见的商品类型。

B. 实施准综合型购物中心开发战略

E-mart 所处商业区是典型的住宅卫星城（bed town），核心商圈（3 km）内公寓占比为 77.2%，高于高阳市的平均数 61.2%，女性消费者也比 E-mart 全店的平均数高出 3.4%。

主要居民为 30—50 岁的高学历人士以及养育小孩和学龄童的中产阶层，他们习惯于周内晚上或是周末享受文化生活，喜欢在外就餐和网络生活。特别是有过丰富多样的文化生活和海外旅行经历的人，对新信息和新品牌的接受度高。

因此，很多人担心在已建大型超市、商场、餐厅的处于饱和状态的该商圈内，E-mart 的入驻会使商圈变成流通战场，进一步加剧同行业之间的激烈竞争。

开业后的 2 周内，由居住在 10 km 以上的广域商圈内顾客贡献的销售额占整体销售额的 46%，高出同期日山德耳（13%）和日山店（16%）的 3 倍左右。周末来自距离超过 10 km 以上的顾客占比 52%，来自首尔的顾客为 29%。与一般大型超市相比，易买得城堡体现出准复合型购物商城中心的作用。

C. 多样化服务 MD，吸引顾客

易买得城堡中聚集着包括星巴克在内的各种美食店，可以满足顾客的多种口味需求。午饭时间经常要排 1—2 小时的队。

F&B 卖场很早就已超过最初销售目标的 145%。位于同层的儿童奥运空间也十分引

人注目。1 272.7 m^2 的儿童奥运空间内规划有多功能比赛场、攀岩、拳击、卡丁车等各种娱乐活动项目。

本杰明摩尔绿色涂料店也有口皆碑，这一品牌是 1883 年纽约创办的传统油漆品牌，无色无毒，墙壁和家具可以放心使用。

PEACOCK KITCHEN 的定位为 Grocerant（Grocery+Restaurant 百货销售 + 餐饮服务），打造购物和餐饮相结合的复合型文化销售卖场。这里有来自 16 个国家的美食专区，让顾客如同置身国外。

食物色香味俱全，不仅有快要溢出碗沿的各色沙拉，还有正宗意大利餐厅的披萨和意面，在西柚上插上吸管品尝西柚汁，是光顾 PEACOCK KITCHEN 顾客的必选项目。

PEACOCK KITCHEN 是由 E-mart PL 商品“PEACOCK”发展而来的。在开放式厨房内，顾客可以亲眼看到自己挑选的食材被料理的过程，感受与食物沟通的全新体验。中央 Demo kitchen 展示的料理演出也十分特别。每天 3 次，向公众介绍用 PEACOCK 产品制作主题料理的方法。

“为了向顾客介绍包含主题故事和特征的 PEACOCK 产品，商场准备了一个沟通交流的空间，使其发展成为文化空间。”

ELECTRO MART 内拥有大型家电、小型家电、数字家电、玩具等一切家电产品，同时包括遥控飞机体验区、摄像机卖场、玩偶专卖区等各具特色的商品区，是全新的综合性家电专卖店。ELECTRO MART 内还展示着一千多个玩偶、3D 打印机、啤酒泡沫机等奇特的商品，为男性消费者营造娱乐空间。

事实上，普通 E-mart 卖场的男性顾客占比为 27%，ELECTRO MART 的男性顾客占比则达 30%。

卖场不仅商品种类齐全，入口、墙壁、立柱、道旗等各处都装饰着超级英雄人物形象，有看电视的、有遥控飞机的、有打游戏的等等，做着各种诙谐的表情，营造出愉快有趣的卖场氛围。

通过整个卖场呈现出代表 ELECTRO MART 的 ELECTRO MAN 英雄形象，营造愉快趣味性的卖场氛围。

虽然 ELECTRO MAN 形象不够时尚，但是可以激发起同时代顾客的共鸣，彼此进行感情交流，与顾客不断地分享故事和沟通交流。

通过讲故事，ELECTRO MART 成为易买得城堡钟最聚人气的卖场，是一般大型 E-mart 卖场家电销售额的 2 倍。

以韩式 life style 家具店自居的 THE LIFE，主题概念和卖场外观不同于现在的 E-mart 生活用品、家具卖场，涵盖了家具、寝具、照明、装修用品等生活用品。

THE LIFE 的象征是云雀，因为云雀是一种将树枝一根一根衔回筑巢的鸟。商场为关注家庭生活空间、主张合理自主消费的顾客提供称心如意的产品。首先，准备了多种多样的创意型用品和设计产品，一般 E-mart 的 30—40 岁顾客占比为 28%，而 THE LIFE 的占比高达 40% 左右，年轻女性顾客的比例更高。

THE LIFE 的最大特点是为顾客提供装修的参考方案。卖场内装有客厅、厨房、卧室、儿童房等房间配套，顾客可以获取装修灵感，按照自己的喜好和装修风格来挑选适合的商品。

同时，消费者可以根据需要制作定制型家具，亲自选择材料、颜色、尺寸等，在设计工作室制作生产。

满足消费者日益多样的物流需求，帮助顾客设计自身所需的生活方式。

D. O2O（从线上到线下・Online to Offline）服务及 SNS 的使用

安装 E-mart 应用程序之后，打开智能手机的蓝牙，结账台上 E-mart 应用程序积分卡自动出现，省去寻找积分卡的麻烦。使用 E-mart 的 APP 积分卡积分，今年起可以享受新推出的 e 图章积分活动、电子收据管理、移动优惠券自动使用等优惠。扫需要配送服务商品的二维码，无需纸质凭单，就可以方便快捷地进行配送登记，提高顾客购物的便利性。

充分利用 SNS 和博客吸引远距离客流。根据易买得城堡的调查显示，开业首日只有 14% 的顾客是以听说或通过 SNS 的方式光顾，但是到开业第 6 天的 23 号，这一数字上升到 33%。

2）StarField CITY 慰礼店（Wi Rye）

店铺概要	
地址	韩国，河南市 慰礼新区
开业时间	2018 年 12 月
占地面积	11.8 万 m^2
建筑面积	16 万 m^2
营业面积	4.4 万 m^2
店铺数	120
主力店	新世界百货，Traders Club（仓储式大卖场），Aqua World（水乐园）等
停车位	1900
核心商圈 / 人口	3 公里 /34 万
开发理念	蕴含着琐碎而无比珍贵的我们的生活故事，怀揣着慰礼市消费者日常生活的城堡

■ StarField CITY 慰礼店项目概要

目前，韩国和日本一改以前在郊区为主建立大型购物中心的开发方向，开始呈现出积极向城市中心进军的趋势。以往主攻郊外的韩国大型购物中心 StarField 品牌，近年推出市中心型社区购物中心——“StarField CITY”。

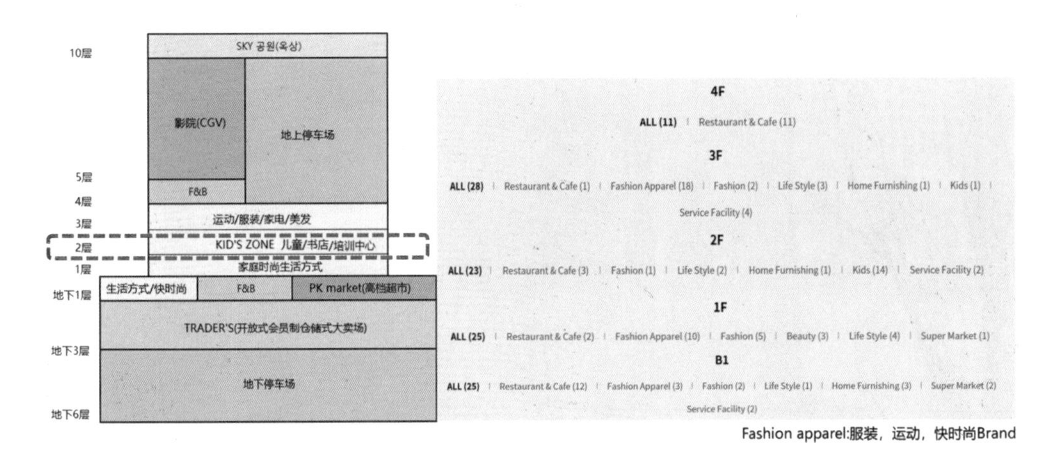

■ StarField CITY 慰礼店的垂直概要（2 层布局幼儿 / 儿童商品）

这个项目有两个重要的特点：

一是确定目标客群为社区居民，从客户立场出发的商品规划（思维转换，思维的单纯化）；

二是通过直营品牌实现差异化（思维转换）。

（1）目标客群为社区居民，从客户立场出发的商品规划

■幼儿 / 儿童商品的 2 层布局

与必须满足多种顾客群的郊外型大型店铺不同，考虑到比首尔 10 岁以下人口比率（7.2%）高 14% 的商圈内居住者的特性，项目把主力目标客群设定为 30—40 岁拥有婴幼儿的地区家庭顾客。

为了满足这个目标顾客群，在一般在购物中心配置主力品牌（商品）的 2 楼，StarField CITY 慰礼店在这层布局了儿童、幼儿商品。将儿童相关商品布局在二楼，无论在国内还是国外，都是影响店铺收益的重要因素，更影响到整体项目的商品规划。这种大胆的变革真的能成功吗？当然，项目开业后的短期收益肯定会受影响，而且在规划上肯定比通常的商品复杂一些。但是，如果考虑到目前严峻的竞争状况及顾客满意后的店铺再访问率，从长远来看，收益和规划都是完全可以预期的。

在开发新店时，如果设定了目标客户，为了满足目标客户的需求，通常都会把他们想要的商品安排到最容易到达且最重要的位置。例如，如果是家庭顾客为主的店铺，为了提高家庭老人和儿童的接纳度，可以在 1 层规划家庭型餐厅。那么在国内，如果商圈

内有儿童的家庭很多，就不应该恪守成规，将儿童相关业态安排在 3 层，而是可以积极地在低楼层进行规划。

2层 KID’ S ZONE(3300m2)

■ **StarField CITY 慰礼店 2 层商品规划**

在 StarField CITY 慰礼店 2 楼 3 300 m^2 的面积上，由超大体验空间的玩具店 “Toy kingdom”、具备文化中心幼儿讲座功能并拥有妈妈们休息和交流的 CAFE 等强化体验内容的 “mari’s babycicle”、可乘坐旋转木马的儿童服饰品牌集合店 “StarField Kid’s”、和父母一起以书籍为媒介的对话空间星光 kid’s(儿童图书馆) 及高级儿童 Cafe 等幼儿 / 儿童相关品牌和商品的构成。

A. Toy kingdom

在这个体验型卖场玩具店里，有可以遥控迷你赛车的 MiniTrack、可以玩乐高的大型桌椅、可以涂指甲油的梳妆台空间；在这里可以购买约 150 个种类卡通的玩具，每周还举办不同活动，激发儿童的快乐和五感，培养儿童的创造力。

■ **StarField CITY 慰礼店 2 层的 Toy kingdom**

B. 星光 kid’s(儿童图书馆)

星光 kid’s 以“头脑变好的图书馆”为理念，采纳儿童青少年心理专家的专业意见，使用了适合儿童的心理建筑工学，并借用以前的 StarField coex 店的星光图书馆的理念，为孩子们搭建了一个图书馆空间，营造出一个可以用轻松的姿态看书，或与父母一起以书为媒介的对话、与书亲近的空间。星光 kid’s 不仅具有图书馆的功能，它还有通过简单的测试发掘孩子们的隐藏能力、并根据测试结果推荐书籍的 S.I.Q（Strengths IQ）空间，这里可以测试孩子们的感性指数。

■ **星光 kid’s(儿童图书馆)**

C. Mari’s Baby circle

这里设置培训及交流空间“culture studio”及辅食 CAFE 等，可以增加带着婴幼儿前来的家庭客群顾客的滞留时间。

■ **StarField CITY 慰礼店 2 层的 Mari’s Baby circle**

D. 高档儿童 CAFE - KIDAMO

儿童和父母一起享受体验空间的高端儿童餐厅

■ **StarField CITY 慰礼店 2 层的 KIDAMO- 高端儿童餐厅**

E. StarField Kid’s

将 7 个儿童品牌编辑到一个空间，向顾客提供通常是购物中心短板的丰富商品，同时提高了商品的专业性。此外，空间内还设有旋转木马，为儿童提供专业设备和体验。

■ StarField CITY 慰礼店 2 层的 StarField KID’ S/ 儿童服饰编集店

（2）通过直营品牌实现差异化

StarField CITY 慰礼店为了提高在以地区居民家庭为中心的商圈占有率，并不是单纯地增加卖场数量或让大型业态入驻，而是果断地缩小现有的流行商品品牌，并入驻了许多生活方式店铺，特别引入直营店铺或自有品牌，与竞争店铺形成了差异化。

比较分析同一购物中心的业态也有意义，但是这就出现了将竞争者限定为同一业态的问题。所以分析其他业态，增强购物中心业态的薄弱环节，也有很大的意义。传统购物中心业态的各店租赁方式很难具备商品的丰富性，虽说拥有与其他项目不同定位和主题，但最终还是由相似的品牌构成，顾客很难发现购物中心之间的差异化。为了克服这样的问题并拥有属于自己的定位和主题，必须要有自己的品牌（商品），以此为主轴向顾客传达差异化的形象。为此，购物中心应该实现从房地产业向零售经营业的思维转变。

StarField CITY 慰礼店导入百货业态的直营方式，通过对品牌的重新编辑打造，形成自有品牌，向顾客传达自己强烈的形象。这就与其他购物中心形成区别，在其他业态上也具有竞争力。

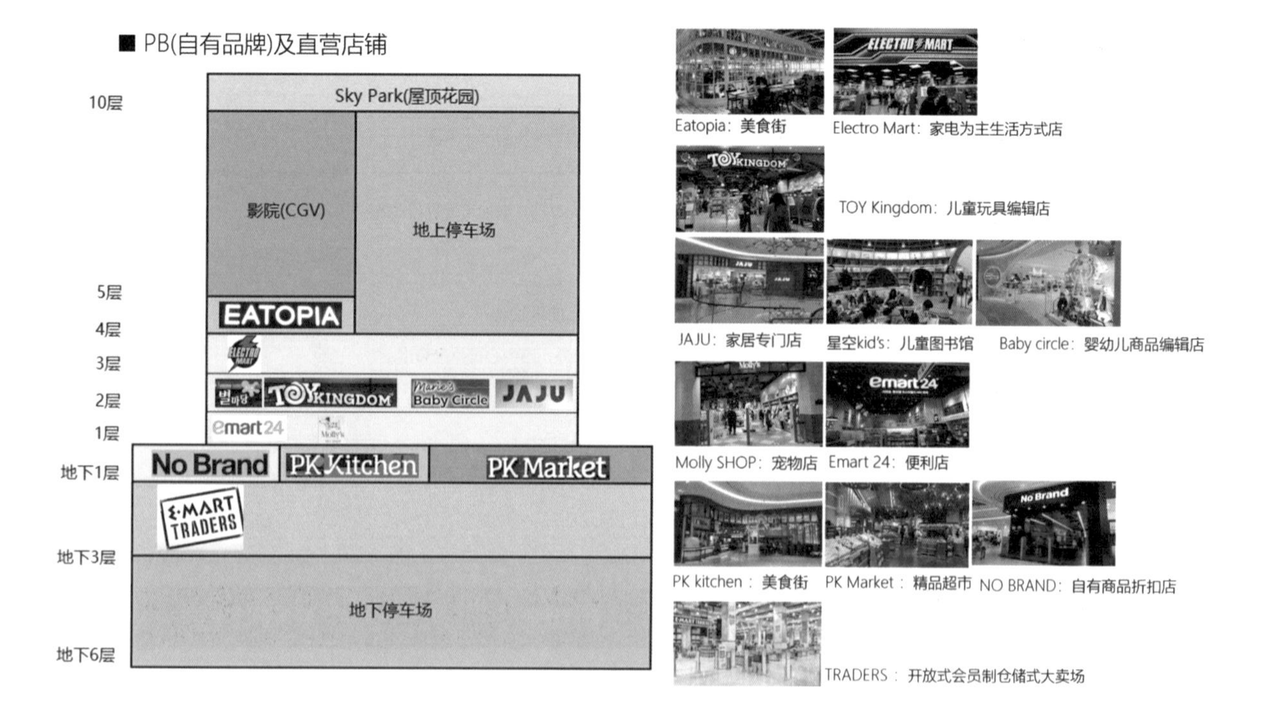

■ **StarField CITY 慰礼店的自有品牌及直营店铺**

3. Urban Enertainment Center（城市娱乐中心）案例

接着是 Shopping Center 的类型中目前国内 Shopping Center 中占最多比例的 Urban Entertainment Center（城市娱乐中心）。

传统意义上，结合休闲娱乐中心的娱乐性、休闲性的购物中心通过合理组合零售、餐饮、娱乐功能，以连锁效应为目的的购物中心，一般比例分别维持在 20%—50%、20%—30%、30%—50%。国内开发的很多位于城市中心的综合体项目，可同时提供包括购物、休闲、娱乐功能。但可惜的是他们都以无差异化的同质性定位被开发。

1）UEC 的导入背景

因素	背景及特征
零售竞争的深化	-随着零售设施的过度开发，落后的设施，独立位置上开发的大型折扣店、奥莱以及与大型量贩购物中心相同的价值指向型零售设施的等级、低价战略设施的迅速增长，引发了城市新型娱乐商业设施的开发需求。
按生活方式组合的卖场出现	- 反应个人生活方式的特定卖场的偏好 - 对于休闲型、体验为主的卖场需求增加
餐饮需求增加	-随着传统的家庭观念的变化，增加了就餐空间变化的必要性 -餐饮同零售、娱乐共同作为吸引力要素，对于体验的需求增加
娱乐的延展	-追求经济性效率性的休闲 -社会变化和技术发展相结合，以传统娱乐为基础，增加可促进互动的空间 -甚至延伸到餐厅、博物馆，扩大了范围
休闲娱乐产业的扩张	-休闲娱乐项目中消费者对于购买体验的期待值提高 -在购物中心中引入以体验为基础的店铺的正能量效果
城市再次活性化	-第2次世界大战以后，随着生活圈移动到郊外，市中心等逐渐衰退 -认知到市中心的活力是影响区域整体经济发展的要因的必要性 - 为实现市中心再次活性而进行的与休闲相关联的综合开发

2）UEC 的 3 大消费特性

分类	零售设施	餐饮设施	娱乐设施
功能	引发消费行为	延长消费行为	诱导消费行为
消费特性	商品认知消费	生理性消费	体验性消费
消费对象	购买行为与对象是商品	可原地消费到的饮食或饮料	虽是瞬间，但可以提供快乐的体验
作用	引发购物行为	延长滞留时间 提高再访问率	商圈范围的确定 扩大年龄范围和地理区域

3）必要性

分类	必要性
开发商立场	策划并提供丰富多样的趣味点，从而吸引消费者来此并产生长时间的消费行为。
顾客立场	不仅满足购物需求，而是满足多样的体验需求。

4）UEC 的社会性功能

功 能	特 征
区域社会功能	起到区域交流功能。不仅为实现经济收益，还为消费者和社区居民提供多样的便利设施，是展现地域文化价值的设施。
家庭活动功能	充分满足使用者多样需求的“城市中的城市”功能。
文化名所功能	除现有设施以外，各种活动促销带来的愉悦与感动的要素相结合，形成区域社会的新型文化名所化。
地标功能	拥有先进信息的基础建设功能和核心信息的城市功能，具有拉动整体城市功能的象征性功能。
活用空间功能	以空间高效利用及推动地区公益而打造“城市公园化”，可以提供商业目的以外的空间功能。

5）UEC 案例：LOTTE TOWER MALL（乐天塔 Mall，韩国首尔）

店铺概要	
地址	乐天TOWER&MALL 乐天世界塔
开业时间	2015年01月14日
占地面积	87 · 182㎡
建筑面积	807,500㎡
营业面积	428,934㎡
店铺数	1000多个
主力店	水族馆、乐天玛特、HIMART、HONG GROUND、影院、音乐厅、免税店、AVENUEL
停车位	3773
销售额	
特点	集购物+观光+文化的尖端生活方式的地方。 123层 · 555米高的世界第六高摩天大厦。

■ **项目概况**

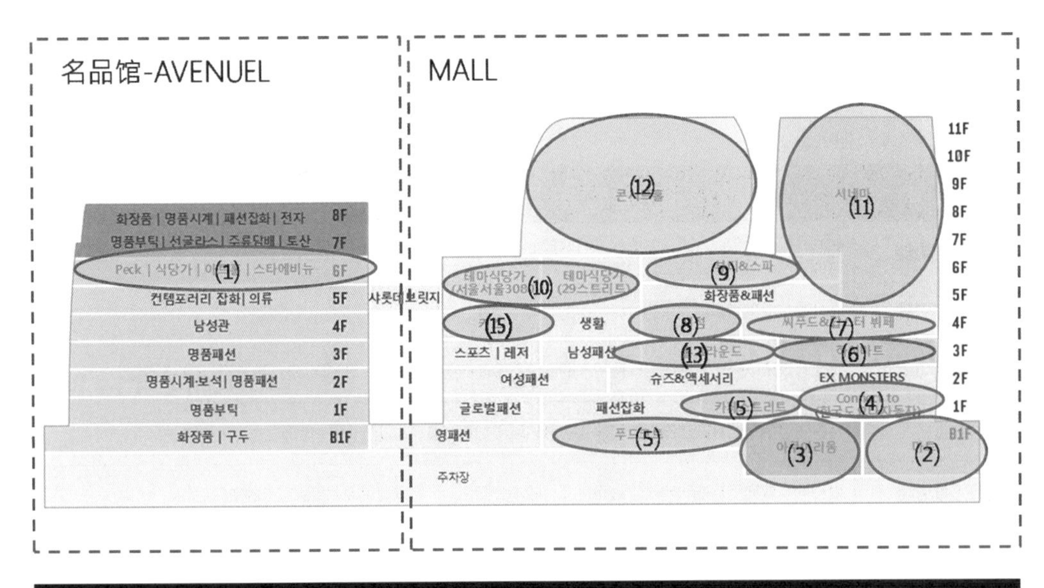

(1):高档餐饮街 (2):大卖场 (3):水族馆 (4):汽车展厅吧 (5):café街 (6):家电
(7):海鲜主题餐厅 (8):书店 (9):spa&美容 (10):主题餐饮街 (11):电影院 (12):剧场
(13):年轻主题餐饮街 (14):美食街 (15):儿童乐园

■ 垂直规划及特色区域及主力店

■ B1 层主力店（海洋馆）及美食街

SEOUL SEOUL
3080
5F
6F
SEOUL SE
STREET

■ 5F、6F 主题场景区

TEDDY BEAR ZOO
HONG GROUND
SUPER G PLEX
BANDI LUNI'S

4. 主题购物中心案例

购物中心从字面分析就是购物的场所，无论购物的对象为商品、娱乐、休闲或其他形态，均可实现购物功能的商业设施。简单讲在购物中心内最大体验是购买商品的乐趣。购买商品以外的体验（建筑 / 环境、服务等）为背景体验。所以规划符合目标客群的商品，提供有趣、舒适的购物环境，打造购物中心内体验及统一主题空间最为重要。但是目前国内购物中心大部分偏向于娱乐、休闲及儿童商品或者局限于特性商品的体验。体验并不是发生于单纯一个部分，而是需要在整体购物中心内感受到体验才能视为成功的项目。

并非单纯租赁商铺，而是根据商圈分析设定定位（目标客群），分析顾客心理、购买习惯、行动方式等元素整合业态业种特征的 MD 规划。

主题购物中心不是一种特定形态的购物中心，就是指在现有的购物中心类型中设定了特定的目标客群后，为了针对满足目标客群，在商品和环境上结合，成为拥有很强的自己主题的购物中心类型。为了满足特定阶层的特定要求，而不是多重消费者的商业设施同时具备顾客层狭隘化的缺点。但反过来想，这是与同业态的竞争，也是与其他业态，特别是与线上业态的竞争中具有强大的竞争力之处，其目的性很强，而且具有与其他竞争对手不同的直接性和及时性。下面介绍在非常激烈竞争的城市中心区商圈和在稍微脱离城市中心商业区的业务中心地区，以小规模的商业设施发挥巨大吸引力的成功项目。

■ NEWOMAN *vs* KITTE

1）项目概要对比

NEWoMan

东京都 新宿区
新宿站
营业面积：7,600㎡
地上7层（站内，站外）
约100个品牌
目标客户：都市女性
主题：为了生活在新时代的所有新女性

项目位置

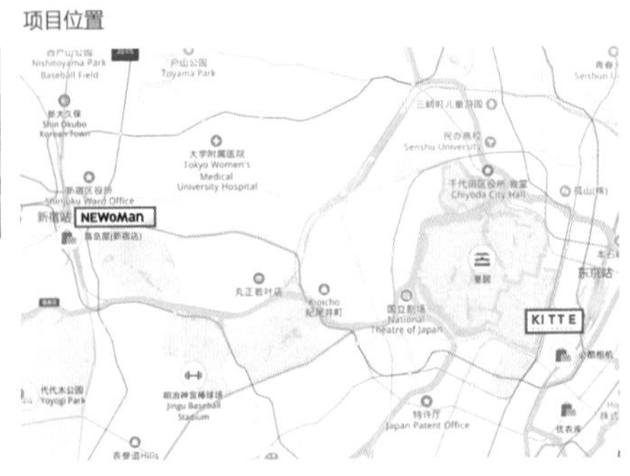

两个项目都是在竞争激烈的成熟商圈内为小型规模的商业

KITTE
MARUNOUCHI

东京都 千代田区
东京站
营业面积：9,400㎡
地上6层地下1层，
约100个品牌
目标客户：都市女性
主题："日本的审美意识"，"过去与新感性的融合"

■ **两个项目都是在竞争激烈的商圈内的小规模的商业**

2）项目定位 / 主题对比

NEWoMan		KITTE MARUNOUCHI
城市女性	目标顾客	城市女性
为了生活在新时代的所有新女性	项目主题	日本的审美意识, 过去与新感性的融合
利用游客和访客熟悉的品牌做空间地标 新宿为日常生活的人们提供便利的空间和同时提供高端服务的奢华空间	TENANT 规划特点	为了优待以继承传统为业的人,先给他们腾出购物中心的重要位置，所以很多销售日本各地传统的店铺 有很多个人型概念店，有其他地方很难发现的商店,提供值得一看的乐趣,
BLUE BOTTLE COFFEE　AKOMEYA　Aēsop.　ROSEMARY'S TOKYO　まちなか菜園	主题代表 TENANT	override　金子眼鏡店　鶴平　HACOA

3）两个项目的目标客户是一样的，但主题不一样，不一样主题下规划的商品也不一样，来访的目的也肯定不一样，看下面的图看得出两个项目之间的差异

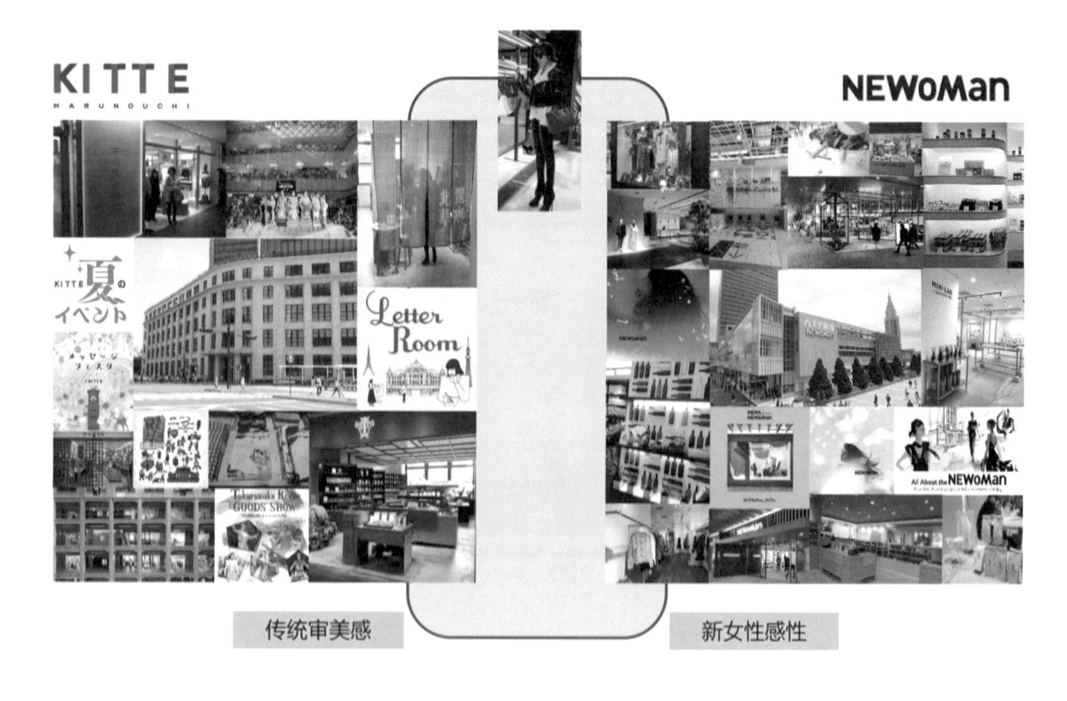

4）两个项目的不同之处

（1）NEWOMAN

主题：为了生活在新时代的所有新女性

NEWOMAN是与日本新宿站相连的综合购物中心。坐落于地铁内部和外部（2处）。

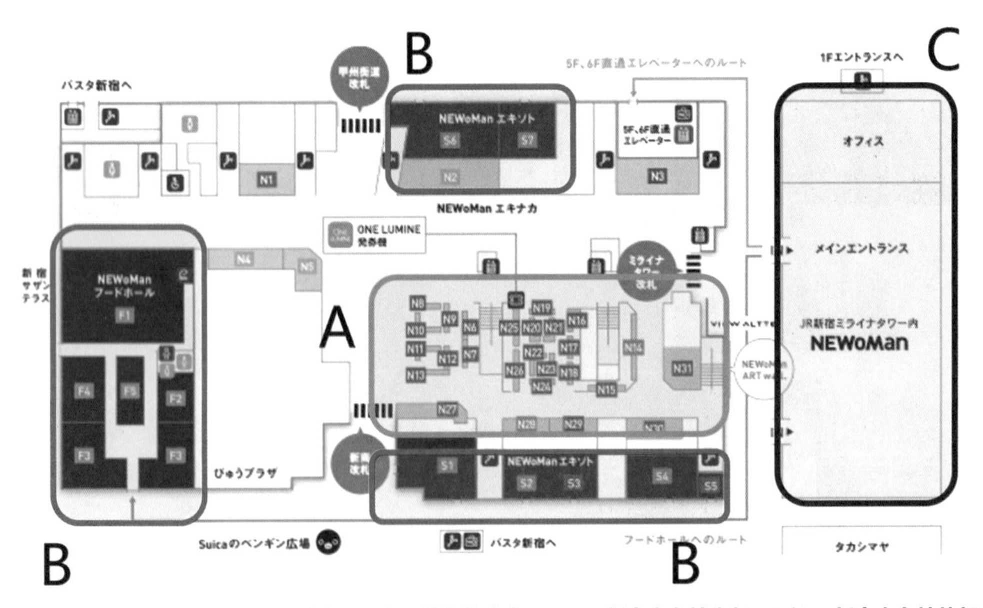

■ 不是在一个区域内集中，而在火车站内部和外部均有布局。A：新宿火车站内部，B/C：新宿火车站外部

向女性目标顾客持续展示明确的概念和信息，并通过卖场各处的艺术墙（ARTWALL）和DISPALY给顾客留下深刻印象的卖场。此外，品牌也按照他们的理念入驻。从地下1层到7层入驻的店以时尚、美容、生活方式、咖啡及餐饮、美食、其他（生活便利设施）6种类别构成，构成以“高级时尚”和“编集店”为主的日本和海外人气的多样的品牌阵列。

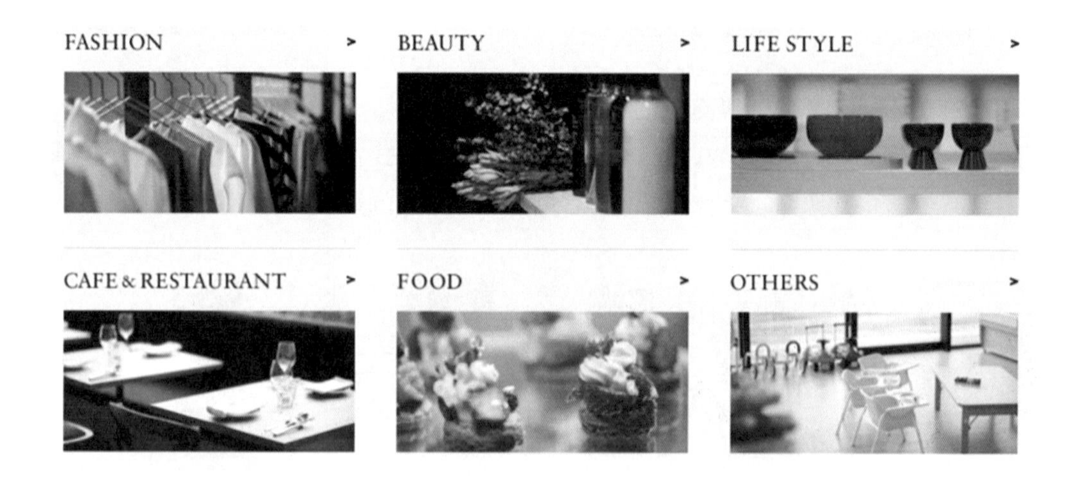

商品规划特点

A. 用游客和访客熟悉的品牌形成空间地标

1层是来自california的咖啡店《blue bottle/ 蓝瓶》和以“大米”为主题表现生活方式的〈AKOMEYA〉、高品质护肤品牌〈Aesop〉等让来东京的游客和消费者感兴趣，可以作为见面场所或地标性建筑的象征性，有熟悉的品牌入驻。

2—5 层有 NEWOMAN 选定的多种多样的时尚、咖啡厅、美容、生活方式品牌入驻于此，空间概念根据 NEWOMAN 提出的当时生活方式主题，进行室内装饰。特别是用现代的感性表现了都市女性谁都想拥有的小秘密庭院的氛围。

■ 各层品牌展示

■ 上：餐饮品牌展示 / 下：火车站内小吃街

■ **FOOD HALL**

■ **共用部门环境**

B. 新宿为日常人员提供便利空间的同时提供高端服务的奢华空间

5 层以上只能比 1 层和 2 层低一些。所以这里既是享受个人生活方式的私人空间，也是为出入新宿站的人们准备的生活便利设施。NEWOMAN 利用与新宿站相连这一空间优势，为上下班上班族或学生提供必需的设施——妇科（包括儿科在内的）诊所、药店、保育院等，各类问题在购物的同时都可得到处理。

■ 上：体检诊所 / 中：诊所 / 下：托儿所

C. 专为我准备的私人奢华空间："美容和保健"；向都市人提议健康生活方式的空间："屋上庭院"

专为顾客准备的私人空间有美甲店、美发店和奢华保健品牌〈BODY STYLE THE TOKYO〉，可塑造身心，稳定身心。屋顶庭院是与 Sorandofarm 合作以会员制运营的市中心农场。在屋顶设置了可出租的田地，种植蔬菜。纽曼将屋顶花园的活动称为高级生活方式。考虑到上班族上下班时间，屋顶庭院从凌晨开放到深夜。

D. 人和文化聚集的新宿，Creator 和创造力交叉的新宿

新宿是东京的人、物、文化交错相连的中心地区。因此，利用这个空间连接日本和全世界的创意力，重新设定创意性聚集的场所，开始了“JAPAN CREATIVE TERMINAL”概念的“LUMINE 0”项目。“LUMINE 0”空间在时尚、设计、美术、工艺、饮食、娱乐等各类型方面，都表现得与生活方式相关，展现出令人瞩目的视觉内容。是可演出、可展示的综合文化空间，既可大观，也可在纽曼举办策划活动。

E. NEWoMAN 提案的生活方式主题："有故事的文化艺术空间"

NEWoMAN 以"为了女性们帅气的生活方式"为关键词，每个季节、每个季度都以较快的时机提出生活方式主题，重新确定新概念（Concept Image）和品牌。这样确定的主题会与艺术家合作，在空间显示（Windows Display）上表现，在 YouTube、Instagram 和 Facebook 上衍生并传达故事。NEWoMAN 网站还提供合作艺术家的信息和网站，与艺术家相互生息。

【案例】2018 SS vol.2 "享受新的相遇时机"

– 概念 /Concept Image

春天是新的开始，是见面、交流的时期，是伙伴的部门转移和晋级、孩子的升学、各种活动和庆典开始的时候。所以也可能是艰难的时期。希望努力生活的女性不要害怕，相信自己，支持自己，享受这个时期。

– 空间构成 /Windows display

展出了皮革制品。皮革是随着时间的推移而变化的材料，皮革制品随着时间的推移其气度也越来越深，也随着使用的人而变得成熟。

WINDOW 展示了皮革变成商品的过程，皮革作坊在京都与用天然染料处理皮革的 sukudo 合作。

【其他案例】城市女人为主的主题展厅

（2）KITTE

主题：Feel JAPAN

正如日本邮政历来在全国各地经营邮局一样，KITTE 提出“提供体验和再认识日本”的“心情好”等的场所。然后，“人与人，距离与距离，时代与时代”相连，传递出许多“扑通扑通”。

■ **KITTE MARUNOUCHI（上）、博多（HAKATA）店（左）、名古屋（NAGOYA）店（右）**

A. KITTE 成功的理由大致可以分为两种。

第一是有独特的开发故事。

KITTE 是日本邮政（Japan Post）在 2013 年首次推出的商业设施，KITTE 的名称来自邮票的日语。此外，日语中还包含了“欢迎光临”的意思。

KITTE 1 号店是东京 MARUNOUCHI 店（2013 年 3 月开业），2 号店是博多（HAKATA）店（2016 年 4 月开业）。随着 3 号店名古屋（NAGOYA）店（2016 年 6 月开业）的开设，KITTE 在日本拥有了 3 家分店。

KITTE MARUNOUCHI 的所在地本来是 1931 年建成的日本最大规模的邮局，是蕴含历史和传统的空间。但是，随着急速发展的数字化，邮政的人气大幅下降，来邮局的人越来越少。邮局的收益性也自然而然地减少了。

所以开发想到的是综合文化购物中心。过去虽然是邮局，但作为城市再生事业的一环，重新诞生的空间这一说法传开后，很多好奇的顾客蜂拥而至。

第二个成功原因是传统和现代的结合。

查看 KITTE 各分店内部，可以发现几乎没有大型连锁店。一般购物中心常见的 SPA 品牌或咖啡连锁店在这里也很难找到，取而代之的都是小商小贩店铺。

而且为了优待继承传统的人，制定了先让出购物中心重要位置的政策。也许正因为如此，去 KITTE 的话，能看到很多销售日本各地传统物品的品牌。为顾客提供寻找现代设计与传统相结合的店铺的乐趣。

Onitsuka Tiger
Onitsuka Tiger
G-SHOCK

nop de nod
WNW
WORK NOT WORK
AYANOKOJI
override
gelato pique
Kate Rose
spiral market
MARcourt
BAOBAO
uka
MUJI to GO
G-SHOCK
STORE
Tabio
金子眼鏡店
DURBAN
PG GAUZE
THE
Hacoa
ANGERS
bureau
CONFECT
MANO
H TOKYO
Onitsuka Tiger
DIFFERENCE
GOOD DESIGN STORE TOKYO
snow peak

■ **服饰及生活方式品牌**

HACOO
READING STYLE
BOOK
MUJI
GOOD DESIGN STORE
TOKYO
by NOHARA
nugoo
KOKUYO DESIGN AWARD
中川政七商店
北草
氷

■ 内部环境和品牌

■ 餐饮品牌

B. KITTE 具有独创性，也就是连贯性。

第一，进入商场会发现里面没有一根柱子，通到 6 楼的空间感让人心情舒畅。在这个空间里，隐藏着另一个现代的过去或过去式的现在。原来作为中央邮局使用时，这个空间里立着密密麻麻的柱子，因为没有柱子就无法建造建筑。但是现在即使没有柱子也能支撑建筑，所以用空间感代替柱子填满了建筑。为了展现空间，虽然拆除了柱子，但是没有抹去过去。在地板上形成六角形框架，留下柱子的痕迹。另外，因为在天花板上铁制的线条像拥抱过去一样，沿着柱子形状像装饰一样下垂。保存过去的场所性，同时也是表现当代装饰要素的干练方式。

第二是内外衔接。玻璃做隔墙使店铺内部开放，在里面也可以看到周边的外景。强调各店铺内购物可视外部的连结性。

■ 通过透明玻璃窗户，店铺内外部连接

■ 环境和屋顶花园

C. 社会贡献

2016 年迎来开馆 3 年的社会贡献设施（博物馆）“Intermedia Tech”。这是通过日本邮政株式会社和东京大学综合研究博物馆（UMUT）协同运营的公共设施，其使命是通过学术的普及和启蒙，为社会做出贡献。展示的是东京大学 1877 年（明治十年开学后积累的学术标本和研究资料等被称为“学术文化遗产”）以来的藏品：像鲸鱼、长颈鹿等大型动物的骨骼标本、矿物或标本等。另外，装饰展品的柜子是实际在研究现场使用过的物品，散发出不凡的魅力。

5. 目的地中心案例

目的地购物中心具有非常全面的领域。传统商圈中大小不同及类型各异赋予商业设施以非常强的目的，不是等待客户，而是要客户找到购物中心。

1）旅游（超广域）型目的地中心

MALL OF THE EMIRATES，迪拜

除了汇集了超过 560 家国际顶尖品牌，还拥有众多适合家庭的活动场所，包括迪拜室内滑雪场、迪拜社区剧院和艺术中心、魔术星球游乐中心、The Dubai Aquarium and Underwater Zoo 等。

2）郊区型体验目的地中心

（1）Madrid xenadu Shopping center，马德里 / 西班牙

郊区型体验目的地中心：不仅仅是购物场所，还有室内滑雪场、海洋馆等，是一家人的假日中心，更是一家人的情感中心。

（2）EXPO CITY OSAKA，大阪 / 日本

EXPO CITY 是日本最大级的大型复合设施，以“游玩、学习、发现”为主题，辐射 20 分钟交通经济圈内的 120 万人口，并计划通过娱乐性及体验性吸纳全国乃至国际旅游客流。

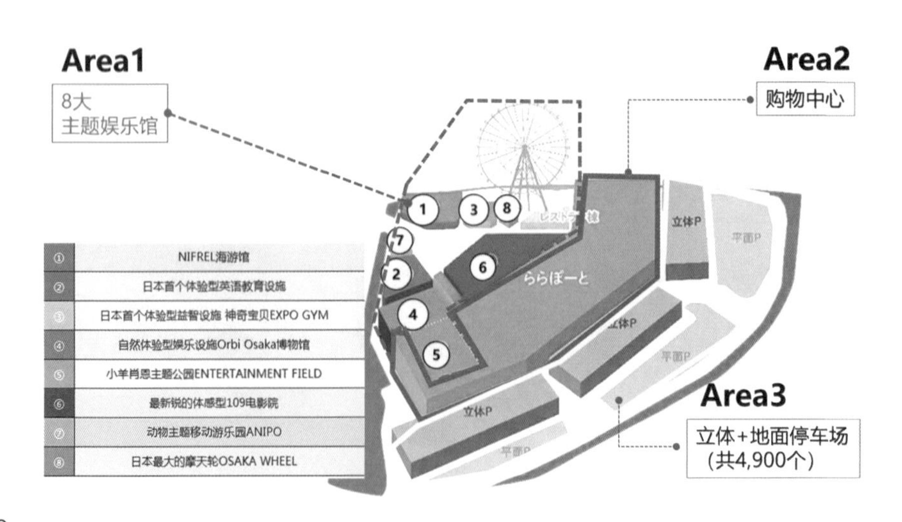

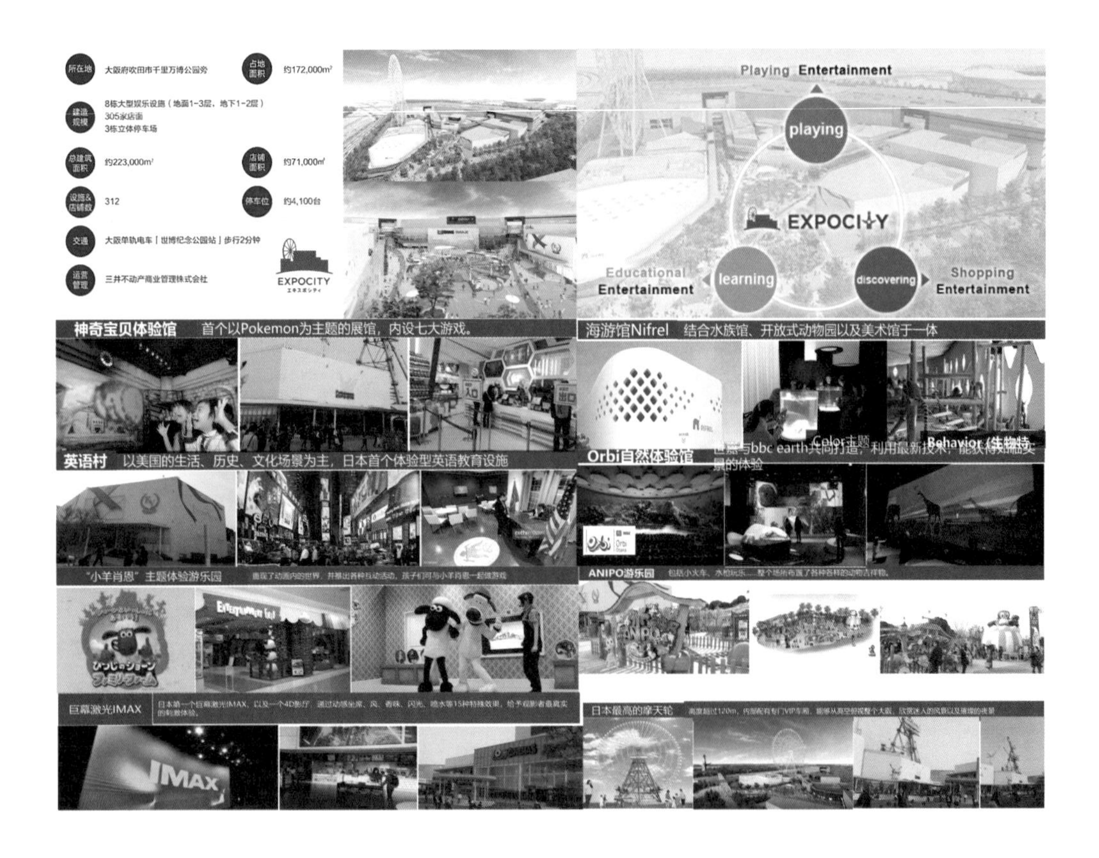

3）郊区休闲生活方式型目的地中心

9-BLOCK，京畿道 / 韩国

CAFE+ 酒店 + 餐厅（室内 / 户外）+ 零售 + 游泳池 + 展示厅 + 户外运动等组合

4）时间消费型生活方式目的地中心

湘南 T-SITE，藤泽市 / 日本 / 社区型

打破现有的各租户（专门店）罗列的方式，通过空间环境和商品的融合，提高顾客参与度的商场，实现顾客愿意滞留及消费。此外，社区还为社区居民提供多项公益活动及各种服务设施，为居民的居住生活服务，而不仅仅是为购物提供便利。

河南 StarField 购物中心，河南市 / 韩国

由室内（部分室外）运动、室内水乐园、KTV、几处主题餐饮区及家庭为主的各专门店等构成。

可以与宠物一起入场，不单单提供商品购买，还提供全家人愉快度过一天的业态、业种及环境。

5）主题（目的）型目的地购物中心

Tsawwassen Mills Mall，Twawwassen/加拿大

13 万平方米，由开发商和区域原住民一起开发的、为了提高区域贡献的项目，通过主力店表现出很强的主题。

6. 目的地中心案例详细分享

详细介绍在前面介绍的目的地中心（+ 社区中心）事例中，虽然规模较小，但凭借出色的商业企划能力，吸引着远距离消费者群的 T-SITE 和位置在郊区有大众交通不便的缺点，仍吸引着众多家庭客群的 StarField（+ 广域型购物中心）案例。

1）"SHONAN/ 湘南 T-SITE"

2014 年 12 月开业的湘南 T-SITE 坐落于距东京只有一小时车程的藤沢 /FUJISAWA 市（人口：43 万 /2018 年）。松下集团为达到 ECO 城市（比 1990 年代还少的二氧化碳排出量）的目标，与藤沢市合作，在原松下工厂的位置改造并建设了 SMART CITY，占地约 1.4 万平方米，建筑面积 7000 平方米，使用 Seamless 技法（从顾客的立场来看，商业设施内的品牌没有明确的界限或区分，充分融合，就好像一个商场一样）。最终实现了在这里不只是买东西、吃东西和进行娱乐体验的场所，而是具有差别化的内容（CONTENTS）、消费者也参与的消费“时间”的商业设施。

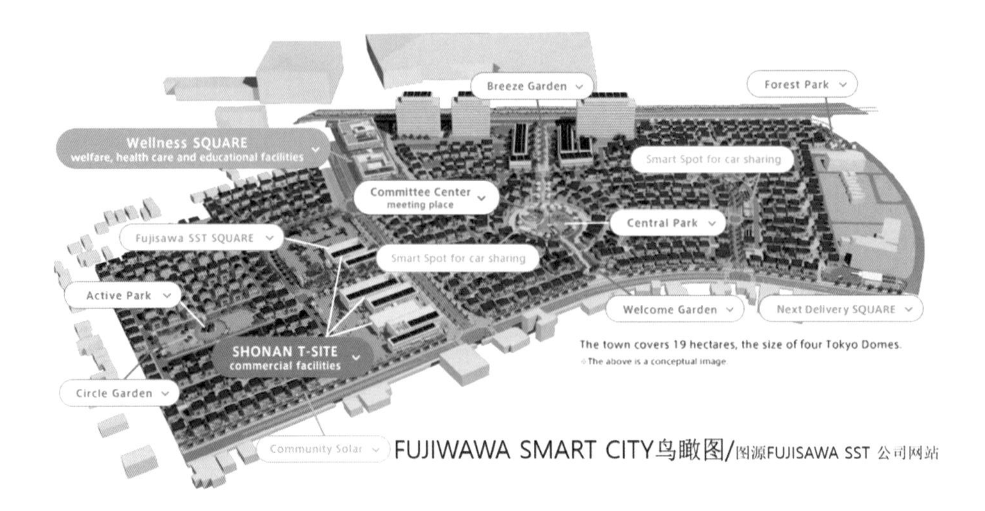

FUJIWAWA SMART CITY鸟瞰图/图源FUJISAWA SST 公司网站

SHONAN（湘南）T-SITE 的三个主题：

• 慢食（SLOW FOOD），慢生活（SLOW LIFE）的建议。

• 享受趣味和数码生活的方法提案。

• 父母和子女的交流提案。

通过这三个明确的主题，位于神奈川县 /Kanagawa 的藤沢市 /FUJISAWA（湘南是神奈川县南部沿海一带的地区名称）的复合文化设施——SHONAN（湘南）T-SITE 通过书店及与主题相呼应的 30 个个性丰富的店铺的充分连接，共同提案了“湘南生活方式”。

以 PREMIER senior 为目标顾客的代官山 T-SITE（2011 年开业）成功开业后，项目所在地被选定为日本人最想居住的地方之一，现在周边居民每年都在增加。以占居民的多数的 Premier senior 次世代、Premier junior 世代（有子女的年轻父母家庭）为目标的 SHONAN（湘南）T-SITE，是代官山 T-SITE（各品牌共融，考虑 T-SITE 整体发展的 SEAMLESS 关系的创造，代官山直营率：90%，湘南直营率：30%）升级版的卖场。

在中间轴的通道中，以书籍（MAGAZINE STREET、BOOK&CAFE）为中心，将时尚、日用百货、时尚杂货、宠物用品、餐厅、超市、家具、家电、儿童体验等专卖店有机连接，同时筛选出理解并共享 T-SITE 价值观的品牌并入驻，并且提出了在其他任何地方都找不到的 T-SITE 的生活方式——差别化的复合文化设施。

SEAMLESS 技法：摆脱现有各专卖店布局的方式，消除各品牌之间的界限（隔断），让顾客产生在一个卖场内消费的感觉；站在品牌立场的角度而非考虑卖场的利益，考虑以整体商业发展的目的，相互联动总体供应的效果。

A. 环境概要

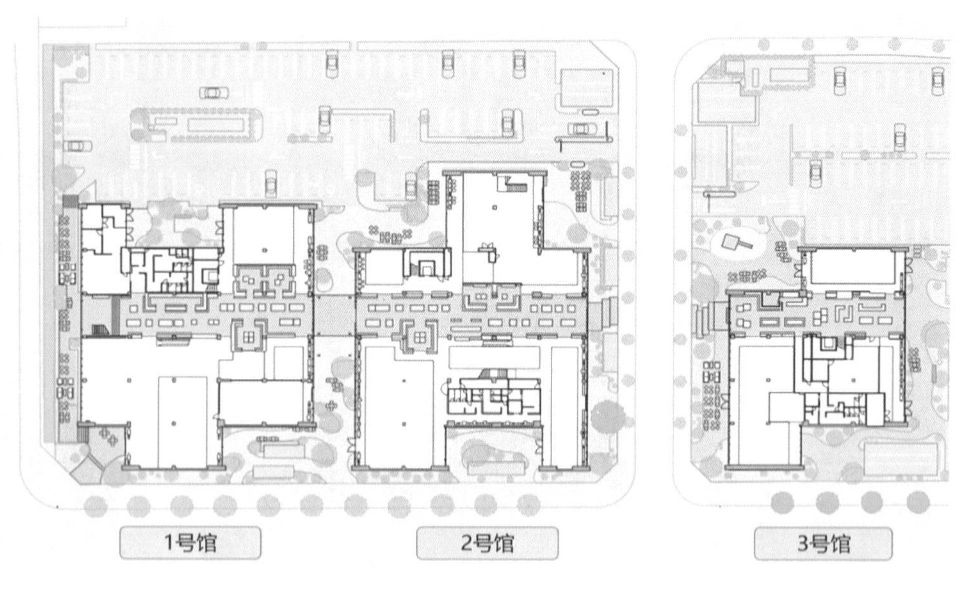

■ FloorPlan

考虑到东西方向的住宅区，SHONAN（湘南）T-SITE 由南北向出入口的 3 个简约设计的建筑构成，计划以 HUMAN SCALE 为基本的温馨空间，以 MAGAZINE STREET 为核心，打造具有律动节奏感的街区及室内外很好连接的舒适空间，将人（顾客）与商品、空间环境融为一体进行规划；同时考虑到整体投资，进行了层数和外观的设计。

■ **建筑外观**

■ **室外环境：外部空间和内部空间有机连接，利用爬山虎藤叶（湘南形象植物）的温和设计。**

■ 室内环境：有自然阳光的、舒服的 HUMAN SCALE 设计。

B. 商品概要

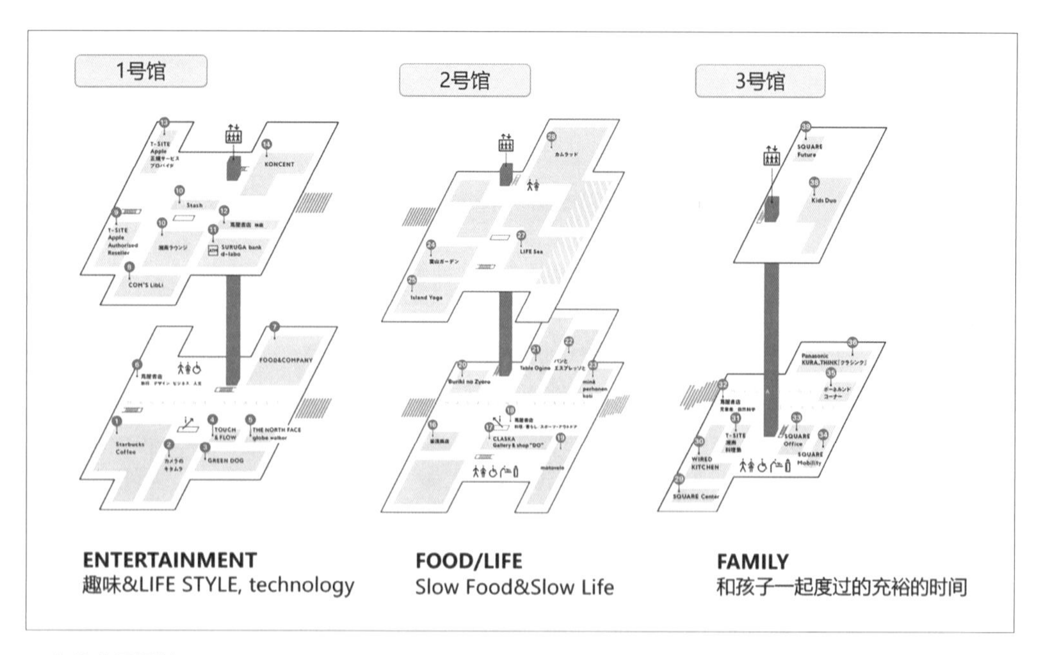

■ 各栋商品规划

1 号馆：ENTERTAINMENT

趣味 &LIFE STYLE、Technology

■ 1 号馆入住品牌

1 号馆由趣味和娱乐为主的品牌店和书店组成。茑屋书店的 1 层是旅行、设计、人文、商务、摄影相关的书籍，二楼是音响和影片（含出租）。同时配有与此相连的咖啡厅、超市、宠物美容院、苹果专卖店等专业店铺。1 层是由星巴克、旅游为主题（含 The North Face 等户外物品）的服装及旅行专业用品编集店“globe work”、宠物专门店“GREEN DOG”及考虑周边居民的便利性、销售健康的原材料和健康绿色食品的“FOOD & COMPANY”超市组成。虽然书籍和超市的结合多少有些陌生，从顾客日常生活方式提案的意义上讲，也有一种非常新鲜的感觉。此外，还有销售日记本、笔记本、钢笔、杂货、手表、饰品、眼镜等多种设计商品的“TOUCH & FLOW”。

■ 1F 茑屋书店的 MAGAZINE STREET

■ 1 层租户

二楼以享受属于自己时间的休息区为中心，设置了很多 Vintage 杂志；临近还布置了茑屋书店的电影、音乐、唱片卖场；同时还设置了苹果公司和 CCC 公司正式合作的苹果店，消费者可体验及购买智能手机、应用软件及配件，同时可享受正规的售后服务。电梯附近规划了雪纺针织衫商品和相关书籍，以及引发顾客对手工艺品的好奇心的“STASH”。此外二楼还设置了包含设计生活用品、家电产品、各种各样杂货的商品店“KONCENT”、美容院“COM’ S LibLi”以及投资理财和金融咨询为主的“SURUGA”银行。

■ 2 层湘南 LOUNGE

■ 2 层租户

2 号馆：FOOD/LIFE

SLOW FOOD，SLOW LIFE（慢曼食，慢生活）

■ 2 号馆入住品牌

2 号馆以慢食（SLOW FOOD）& 慢生活（SLOW LIFE）为主题，集合能享受闲暇生活、自由和富裕生活的品牌和餐厅为主。茑屋书店以装修、建筑、饮食、健康等书籍为主；书店周边以衣食住为中心，规划了在生活中经常需要购买的东西以及与此相关的体验空间或者品牌店，打造了提案日常生活的乐趣空间。

■ **1 层茑屋书店**

1 层是“既想在吃上花点心思、又方便又有购买欲的食物”以及“每天都可以去的、每天想吃的食物”为主题，通过全国的合约农户提供新鲜的季节性蔬菜和各种不同食材的料理，让顾客享受“原本需要经过很长时间烹饪的慢食，在这里却能以快餐的感觉享用”的生活方式。包含杜绝化学调料、发色剂等的法国“slow fast food”的品牌“Table Ogino”、提案美丽的花和新鲜的植物融合的绿色生活方式的“Buriki zyoro”、在原宿表参道相当有名的面包店“Bread and Espresso”、以靠垫、毯子、椅子等产品装饰家庭环境的生活用品品牌“mina，perhonen Koti”，此外还配有日常生活用品店、自行车专卖店“motovelo”等品牌。

■ **1 层租户**

2 楼布局的是湘南地区山地农家直接配送食材、在大众媒体上成为话题的知名 chef（厨师）料理的餐厅，各种形态的聚会或带着儿童的家庭可以享用的餐厅品牌“产食”，以及东京的著名餐厅“LIFE”和可以享受闲暇时间的意大利餐厅“LIFE sea”等 2 个大型餐厅。同时，2 楼还布局了“无论是跟谁都能无压力参与、丰富多样的项目，不管是否有经验，儿童、孕妇、婴儿、男女老少均能放心购买的健康相关物品”的瑜伽 & 普拉提工作室“Island Yoga”；以“不被时代所污染、不会厌倦、能和家人一起生活、共同度过岁月，并且从父母到子孙后代都可继承”为概念的，制作出符合各种生活方式的提案、适合顾客的喜好的定制型家具“葉山家具 /HAYAMA garden”。

■ 2 层租户

3 号馆：FAMILY

和孩子一起度过的充裕的时间

■ **3 号馆入驻品牌**

3 号馆一层是以儿童书籍为主、延伸到儿童用品玩具等商品和体验的空间；举办与智慧城市居民交流各种兴趣爱好相关的讲座或活动的空间；咖啡与慢食共同经营的料理教室；特别是这里还有为居民之间的交流作出很大的贡献的，提供艺术与音乐、运动、游戏、读、图案模块、Hands on Math 等各个角度教授英语的儿童英语学院，不仅产生销售，还提供生活方式和交流经验的场所。另外，租车品牌的入驻，也提供了不一定非要购买而可以共享车辆的生活方式。

■ **1 层蔦屋书店**

■ 1层 SQUARE Lab/KURA THINK

■ 3 号馆租户

■ **FUJISAWA SST 办公室及 COMMUNITY 设施**

另外，在沟通极少的现实时代，网络的壁垒难以打破。通过专业咨询师的建议，以湘南休息室为中心，这里以每年举办 1 000 个活动或研讨会为目标，提供新的生活方式创想。

■ **EVENT 场地**

在竞争逐渐激烈的零售业现状中，用与他人同样的方法进行商业策划，很难取得成功。在只注重商品包装（环境），而失去商品本质的国内零售业的现实中，我们要从仅给顾客销售商品的单纯思维中走出来，综合分析目标客群的需求，去提供符合他们的概念和价值观的商品，为他们的生活提案。在这一点上，湘南 T-SITE 给我们未来的商业方向提供了很多很好的参考意见。

其实，国内很多商业相关人员都曾参观过 T-SITE 或茑屋书店，但国内为什么还没有出现这样的项目？这种项目形式不符合国内以地产为主的商业开发逻辑，其中的原因或许是社会和文化不同、消费者的观念和生活习惯不同、零售业的成熟度和专业能力不同、策划能力和执行力的差异等。但笔者认为最大的原因，首先是开发商的错误思维“我满意，就是消费者也肯定满意”，第二个原因是“不看长远，只看眼前，没有深刻研究商业界的领头人的思维和态度”。商业是许多新技术嫁接的未来指向性产业，而且只有在被消费者选择时才会有生存意义。希望从现在开始，这篇文章可以长时间被消费者选择。如果希望商业企业可持续发展，就应该深刻研究分析像 T-SITE 一样的好的案例，并且灵活运用于国内的创新零售业态。

2）“StarField 河南”

A. 开发理念

“我们要做出如棒球场一样的、合家共享的、快乐 / 休闲的地方”

“未来我们的竞争对手不是零售业态，而是主题乐园”

B. 项目主题

购物、文化、娱乐、旅游融合的时间消费性空间会愉快地夺走顾客时间的，“Shopping Theme Park”。

项目概要

■总建筑面积：46 万 m^2(土地面积：11.8 万 m^2)

■营业面积：15.6 万 m^2

■停车位：6 400 台

■开店日期：2016.9.9

■建筑规模：地下 3 层—2 层 (屋顶停车)

■总投资额：1 兆韩币 (约 58 亿人民币)

■ 1 年营业额：8 500 亿韩币 (约 50 亿人民币)

■品牌数：750(百货：450；Mall：300)

■主力店：新世界百货 (4 万 m^2)，Traders Club(仓储式大卖场 /1.1 万 m^2)，Aqua World(水乐园 1.3 万 m^2)

■次主力店：影院 (5 900 m^2)，家居生活方式店 (3 300 m^2)，精品超市 (3 400 m^2)；儿童玩具 (1 700 m^2)，家电专门店 (3 700 m^2)，汉森家居 (3 300 m^2)；Sports Monster(室内运动 5 300 m^2)，EaTopia(美食街 2 900 m^2)；H&M；MUJI；ZARA home；宠物店等

■顾客分析：85% 外地 (非河南市) 来的顾客，其中 50% 是来自首尔的顾客

■客流量：2 500 万人 / 年 (约 7 万人 / 天)

■租金收入：2017 年 1—6 月 (上半期)：540 亿韩币 (约 3.2 亿人民币)

■出租率：100%

■营业毛利：2016 年：−31 亿韩币 (−1 800 万人民币)

2017 年上半年：126 亿韩币 (7 300 万人民币)

■投资回收：预计 30 年 (因房地产升值的原因没有计算在内)

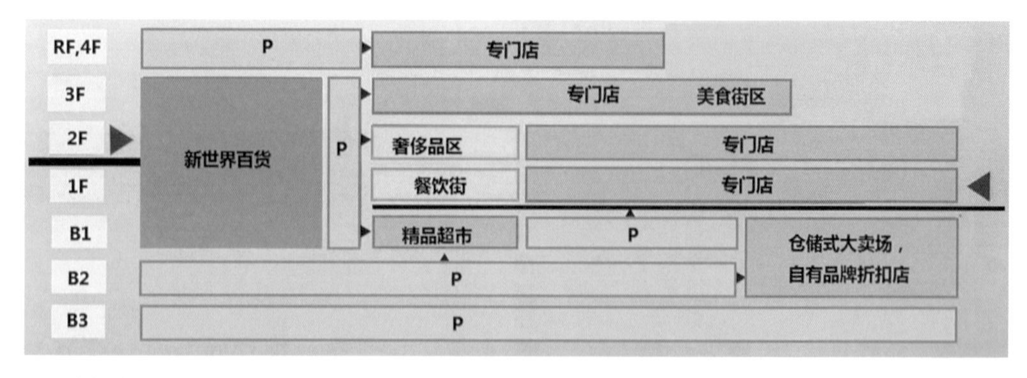

■ 垂直构成

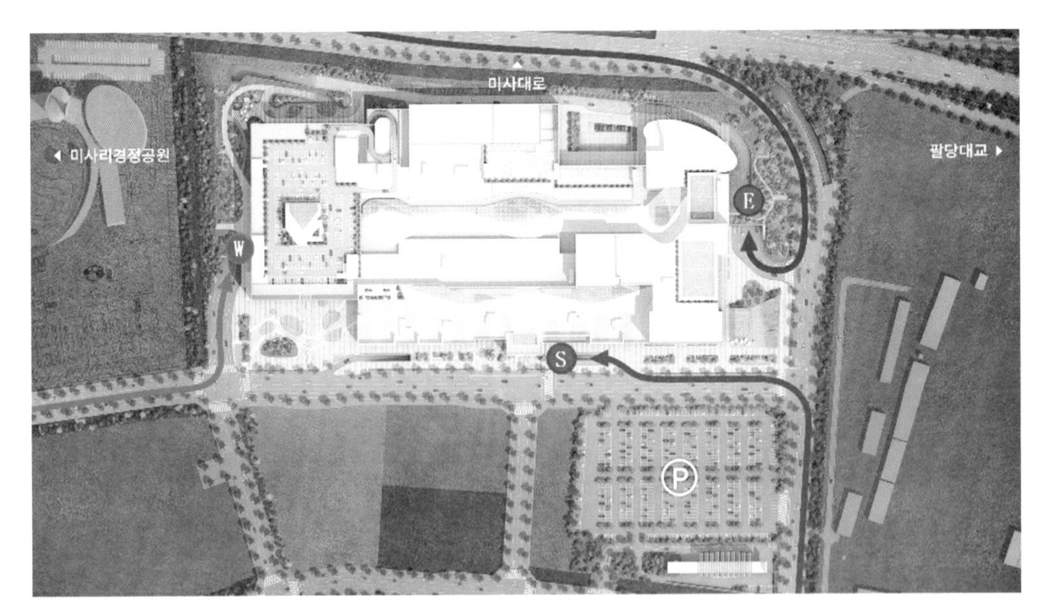

地上地下停车场入口　2F落客区　地上停车场　屋顶停车场

■ **总平面及车辆出入口**

■ **停车场位置：B3F、B2F、B1F、1F、2F-4F、屋顶**

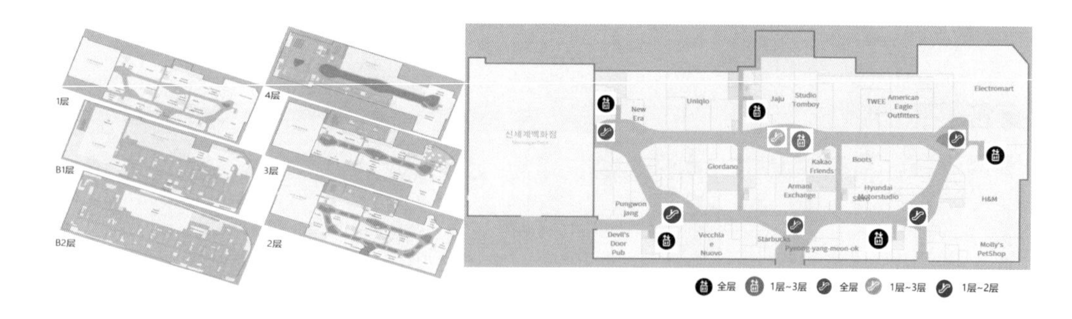

■ **各层平面规划及垂直规划**

C. 商品规划（Tenant Mix/MD 规划）

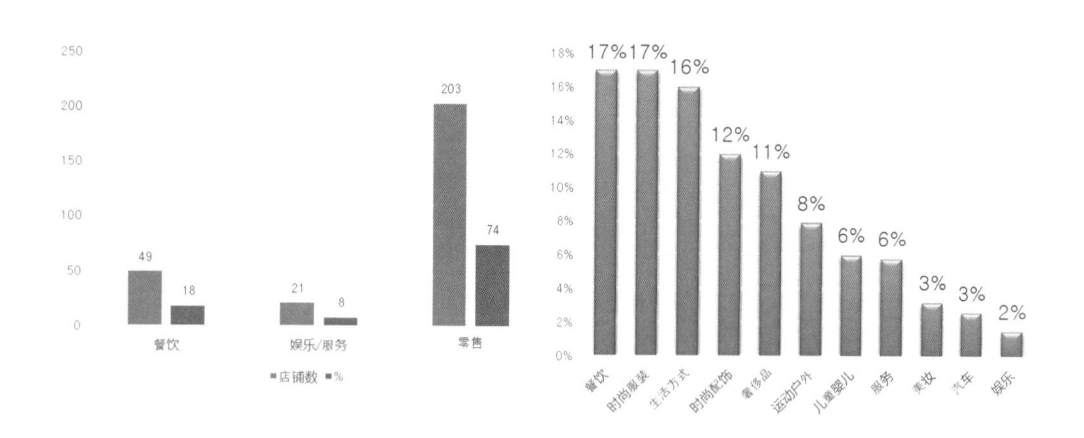

百货和折扣店、超市等主力店算是一个品牌，百货里面的业种及各业态里面的餐饮不算在内，所以整体的品牌数和餐饮的比例有一点低，但是还是与以餐饮和娱乐为主的国内购物中心有差异。

商品规划的特点：

第一，站在顾客立场上的商品计划。

主目标客户：中产家庭。

次目标客户：高档家庭。

所以，1 层给主目标客户的场所，2 层给次目标客户。

形成针对主目标客户的、从地下 2 层到 4 层之间的垂直链接。

规划次目标客户满足的动线。

与其他购物中心以基本收益为开发立场相比，StarField Hanam（河南）从顾客的立场出发，首先配置商品：在 1 楼为主目标客户中产阶层配置家庭商品，然后在 2 楼为次目标客户配置奢侈品店。并且，为了以家庭为单位的顾客，还在 1 层配置了家人喜欢的饮食品牌，组成了美食街。

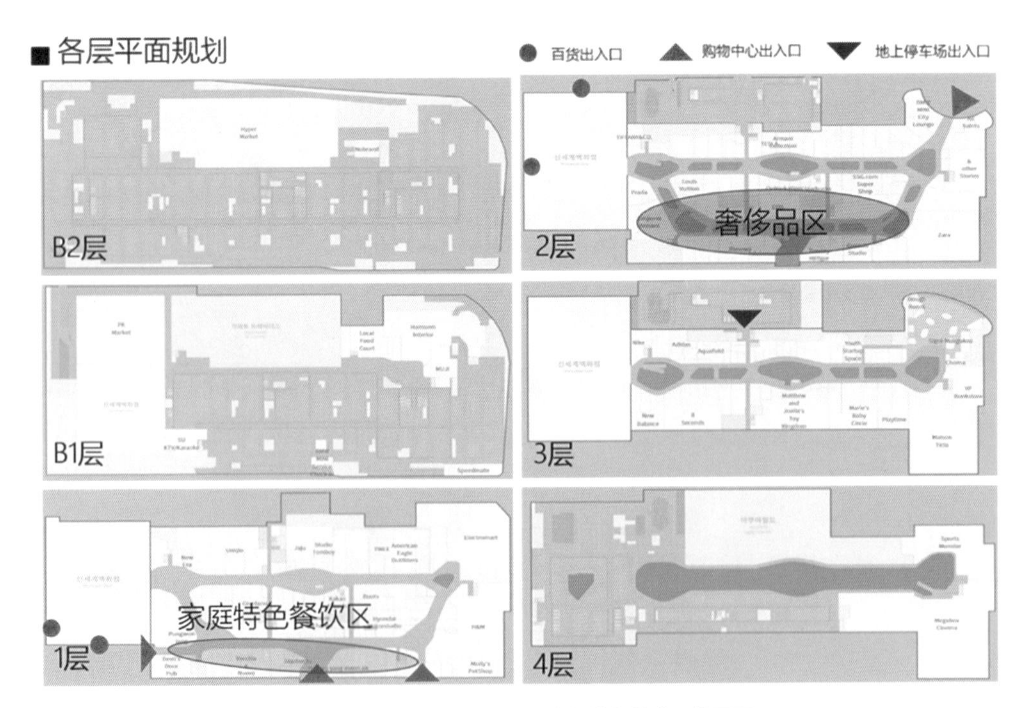

■ **StarField Hanam（河南）各层平面 / 根据定位及建筑条件上做成最佳平面**

在 1 楼主入口正面空间布局了顾客喜欢的各领域最负盛名的美食店，并汇集大型购物中心难得一见的二十多个餐厅品牌，组成约 200 米的含 Terrace（外摆）的“Gourmet street”。

■ **StarField Hanam（河南）1 层内外连接的 Gourmet street（美食街）**

第二，根据目标客户排名及客户购买属性进行商品配置。

■ **1—3 层室内图片（以目标客层规划楼层的品牌）**

■ 品牌布局
■ 上：1 层餐厅，2 层奢侈品牌
■ 下：1 层快时尚、生活方式店，2 层奢侈品牌

从上附的 1—3 层的照片可以看出，该购物中心商品规划的特征明显：奢侈品牌布置在 2 楼，1 楼以家庭商品为主，而不是流行服饰品牌。这是因为项目的主要目标客户是中产阶级家庭客户，次目标客户是高端家庭。因此，为了主要目标顾客，并不在 1 楼布局奢侈商品，而在 1 楼安排了中产阶层顾客喜爱的商品，在 2 楼为了次目标顾客安排了奢侈品牌。这布局对从地下层到 4 层的整体客户层之间的循环动线也产生了很好的影响。另外，规划中还利用购买2楼奢侈品牌顾客的购买心理，从下车地点（2层下客区）开始，以最短距离，就可移动至奢侈品牌区域。

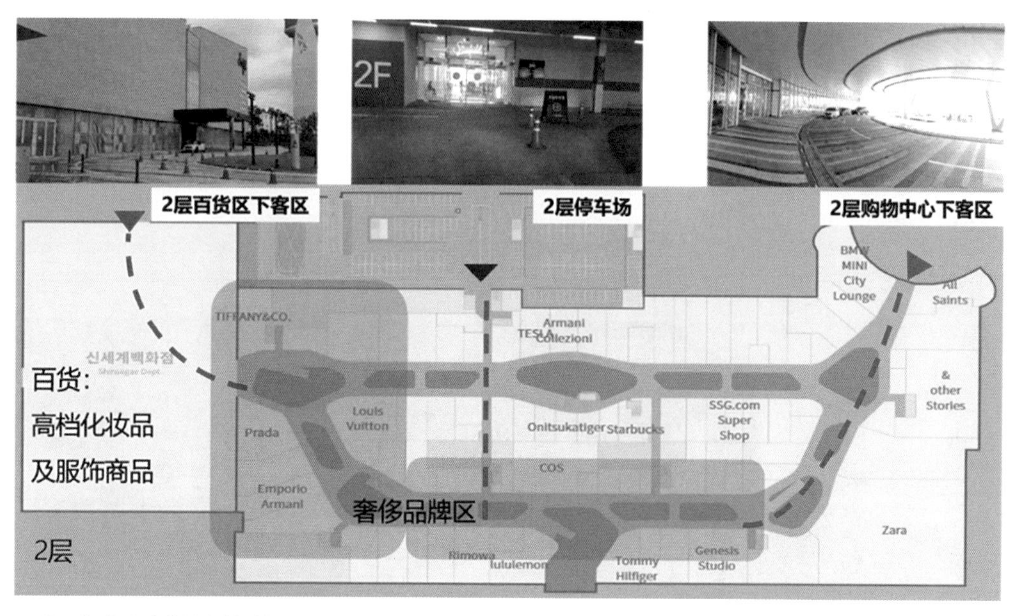

■ 次目标客户（高端）的计划动线

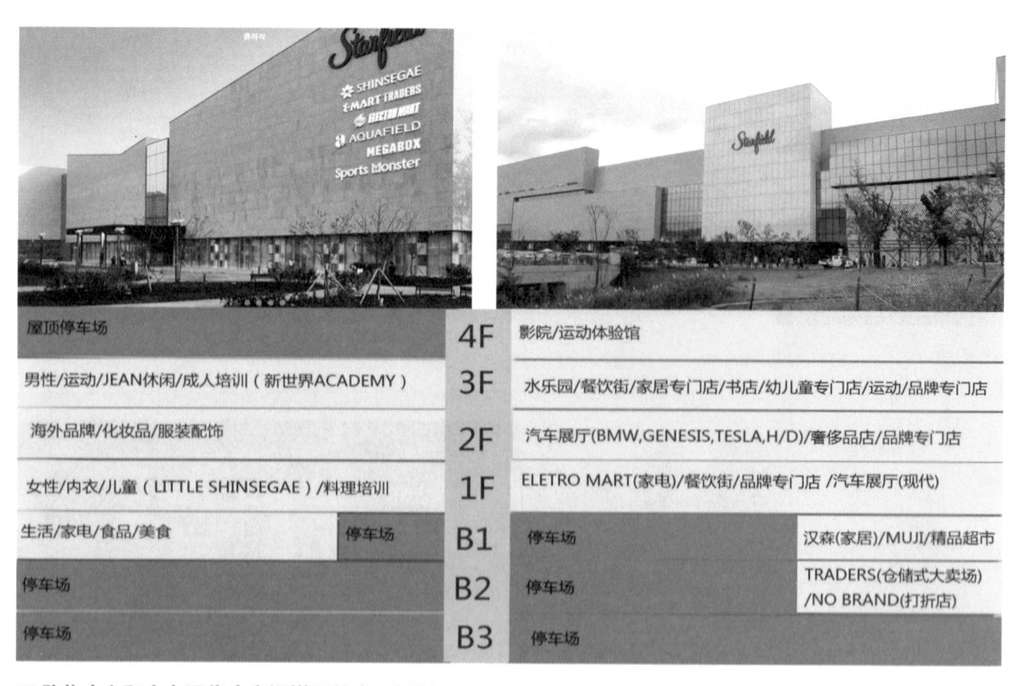

Starfield
SHINSEGAE
E-MART TRADERS
ELECTRO MART
AQUAFIELD
MEGABOX
Sports Monster
Starfield
屋顶停车场
4F
影院/运动体验馆
男性/运动/JEAN休闲/成人培训（新世界ACADEMY）
3F
水乐园/餐饮街/家居专门店/书店/幼儿童专门店/运动/品牌专门店
海外品牌/化妆品/服装配饰
2F
汽车展厅(BMW,GENESIS,TESLA,H/D)/奢侈品店/品牌专门店
女性/内衣/儿童（LITTLE SHINSEGAE）/料理培训
1F
ELETRO MART(家电)/餐饮街/品牌专门店 /汽车展厅(现代)
生活/家电/食品/美食
停车场
B1
停车场
汉森(家居)/MUJI/精品超市
停车场
B2
停车场
TRADERS(仓储式大卖场)
/NO BRAND(打折店)
停车场
B3
停车场

■ 购物中心和主力百货店之间搭配的商品规划

B1层
HANSSEM
LIVE IDEA
PK Market
Mall区MD:超市，开放式会员制折扣店
百货MD:家庭用品，家电，家居，特色食品，美食街

■ 地下1层

1层
COOKING STUDIO
WONDER A MARKET
Mall区MD:中产家庭为主的专门店及编辑店/餐厅
百货MD:儿童，女性服装，女性配饰，培训，咖啡厅等

■ 1层

2层
Dior
PRADA
LOUIS VUITTON
Mall区MD:奢侈轻奢品牌为主的高端商品
百货MD:化妆品，高档设计珠宝，国际时尚品牌，时尚配饰等

■ 2层

3层
SHINSEGAE ACADEMY
Mall区MD:运动，美食街，男性，儿童，SPA等与4层一起做成家庭购物及娱乐区
百货MD:男性，运动，牛仔休闲，成人培训等

■ 3层

规划以家庭客户为目标的大吸客力的体验、娱乐、购物（次）主力店。

规划（次）主力店的时候，品牌需求的位置提供和国内布局方式不一样。不只是考虑品牌的影响力，还研究了是否有针对性地满足目标顾客（中产阶层）需求的属性，根据各区的主题或设定的生活方式及提供最舒服的顾客动线，所以不是依靠（次）主力店单独吸客力而是全购物中心的品牌和（次）主力店合起来发挥更大的吸客力。

■主力店：新世界百货（4 万 m^2），Traders Club（仓储式 1.1 万 m^2），Aqua World（水乐园 1.3 万 m^2）。

■次主力店：影院（5 900 m^2），家居生活方式店（3 300 m^2），精品超市（3 400 m^2）。

儿童玩具（1 700 m^2），家电专门店（3 700 m^2），汉森家居（3 300 m^2）,Sports Monster（室内运动 5 300 m^2），EaTopia（美食街 2 900 m^2），H&M，MUJI，ZARA home，Molly shop（宠物店）等。

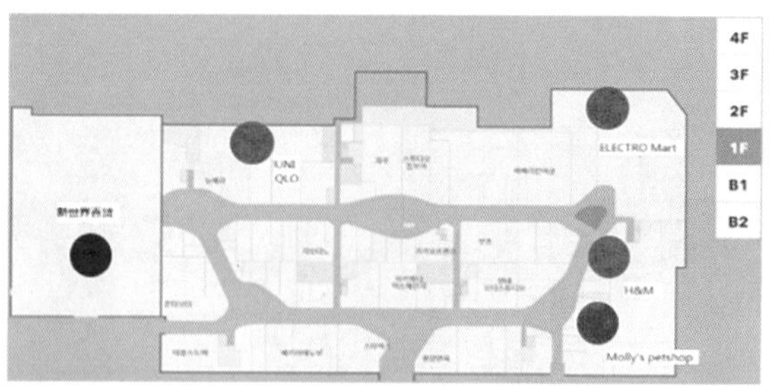

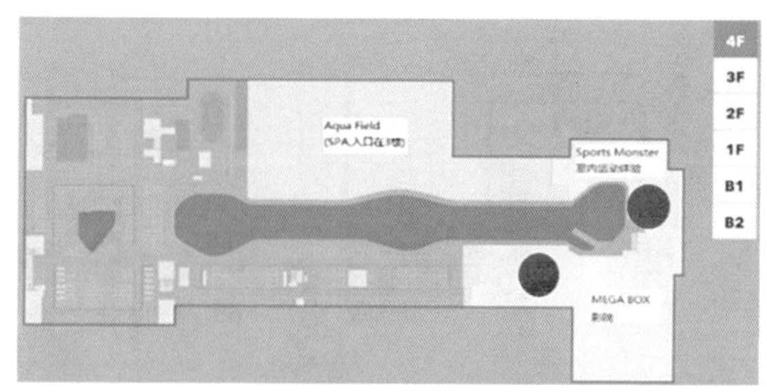

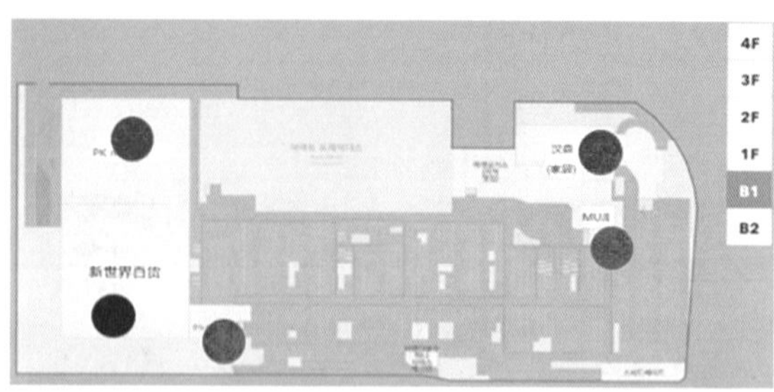

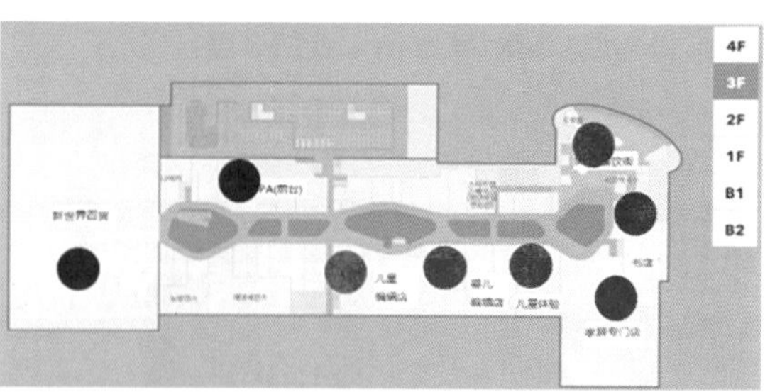

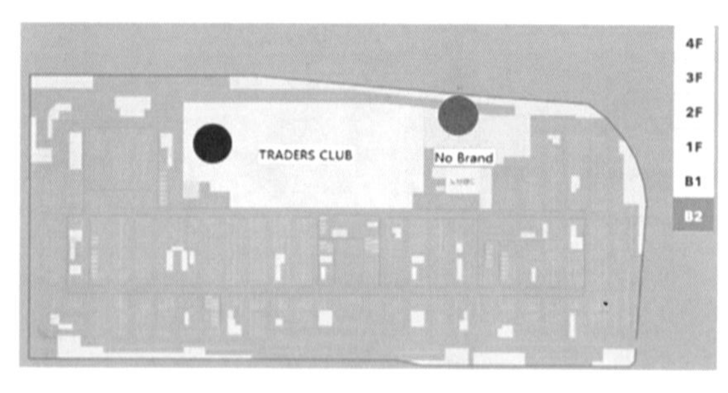

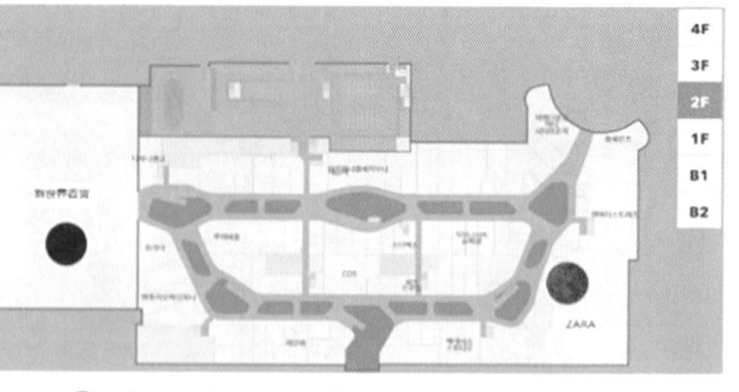

● 主力店　● 次主力店

■ **主力店及次主力店布局**

主力店：

■ 新世界百货（4 万 m^2，B1—3 层）

■ Traders Club（仓储式大卖场 1.1 万 m^2，B2）

■ **Aqua World（水乐园 1.3 万 m^2，3—4 层屋顶）**

次主力店

No Brand(超级折扣店)　MUJI(生活方式店)　HASSEM(家具生活方式店)　PK Market(高端超市)

ELEC MART(主题家电专门店)　Molly's pet shop(综合宠物店店)　UNICLO(快时尚店)　H&M(快时尚店)

ZARA HOME(家具生活方式店)　DELUXE BRAND(奢侈品牌)　汽车展厅　TOY's kingdom(玩具编辑店)

Mary's BABY CIRCLE(母婴集合店) PLAY TIME(儿童娱乐) Maison TICIA(家具集合店) YP Books(书店)

EATOPIA(美食街)

Sports Monster(运动主题体验店)

megabox(影院)

通过 PB（自有品牌及自营品牌）竞争差异化及提供丰富的商品战略：

SHINSEGAE

3F	TOY KINGDOM PLAY, Baby angels, Maison TICIA, emart24 With Me
2F	SSG.COM SUPERSHOP
1F	emart24 With Me, SugarCup, DAIZ, ELECTRO MART, Molly's PET SHOP, JAJU
B1F	PK Market, MARKET *LOCUS
B2F	No Brand, E-MART TRADERS

- ■ **TRADERS：仓储式大卖场**
- ■ **PK Market：精品超市**
- ■ **DAIZ：快速服装时尚**
- ■ **Molly SHOP：宠物店**
- ■ **WITH ME（现为 Emart 24）：便利店**
- ■ **TOY Kingdom：儿童商品编集店**
- ■ **MAISON TICIA：家居生活方式店**
- ■ **MARKET LOCUS：主题美食街**
- ■ **NO BRAND：自有商品折扣店**
- ■ **Sugar Cup：化妆品编集店**
- ■ **Electro Mart：家电为主生活方式店**
- ■ **JAJU：家居专门店**
- ■ **SSG．COM：线上体验店**
- ■ **Baby Angeles：婴幼儿商品编辑店**
- ■ **SHINSEGAE：百货**

PB 的品牌形态大致可分为两种。一个是现有的专业品牌，一个是向顾客提供可以比较的丰富商品、作为没有其他商业及单独店铺的编集卖场形式的购物中心自身创作的品牌，是能够与其他购物中心产生差别的品牌。特别是以租赁为主的购物中心业态的特性上，将商品或品牌构成编集形式、单独进行品牌化，并不是一件容易的事情，但从店铺的差别化及顾客视角优先的观点来看，这将是非常有用的要素。

环境部分：

项目选址不是市中心的中心地带，而是选择了非常具有自然生态感的郊区的位置条件，客户可以到此享受一天的时间；同时在室内也营造出仿佛置身于野外的舒适感觉，创造自然的室内环境。此外，与中国国内许多购物中心最大的不同点是，它没有将环境推到商品的前面来营造购物中心的主题，而是将环境作为租户的背景，把租户（商品）更加凸显出来，创造成为与定位融合的环境。

■ 项目的位置在首尔郊区的汉江边上，所以环境的主题为河流的故事

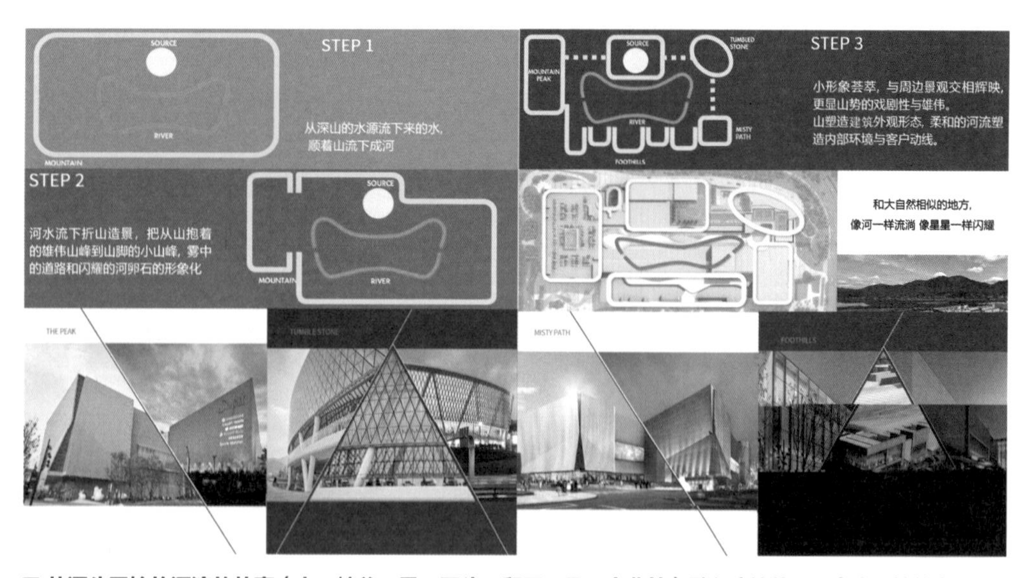

■ 从源头开始的河流的故事（山、峡谷、星、石头、卵石、风、弯曲等）融入建筑外观及室内环境的主题

■ 各个设计因素应用的建筑外观及灯光效果

■ 河流的形态和外面的蓝天融合的采光顶设计

■ 提高开放性的中空及通道

图书在版编目（CIP）数据

破圈：购物中心开发思维的革新/(韩) 卢泰彻等著. -- 上海：上海文艺出版社, 2022.8
ISBN 978-7-5321-8209-1
Ⅰ.①破… Ⅱ.①卢… Ⅲ.①商业区－城市规划－中国 Ⅳ.①TU984.13
中国版本图书馆CIP数据核字(2022)第131836号

发 行 人：毕　胜
责任编辑：毛静彦

书　　名：破圈：购物中心开发思维的革新
作　　者：(韩) 卢泰彻 等
出　　版：上海世纪出版集团　　上海文艺出版社
地　　址：上海市闵行区号景路159弄A座2楼　201101
发　　行：上海文艺出版社发行中心
上海市闵行区号景路159弄A座2楼206室　201101　www.ewen.co
印　　刷：上海安枫印务有限公司
开　　本：787×1092　1/16
印　　张：17.75
图　　文：284 面
印　　次：2022年9月第1版　2022年9月第1次印刷
I S B N：978-7-5321-8209-1/C · 0091
定　　价：148.00元
告 读 者：如发现本书有质量问题请与印刷厂质量科联系　T: 021-64348005